"十二五"国家重点图书出版规划项目

典型生态脆弱区退化生态系统恢复技术与模式丛书

基于生态承载力的空间决策支持系统开发与应用

上海市崇明岛案例

王开运 徐建华 俞立中 等 著

科学出版社

北 京

内 容 简 介

本书简要总结了县域空间决策支持系统的基本理论和技术方法，并针对上海市崇明生态岛建设中所关注的重大决策问题，开发了崇明生态岛建设管理决策支持系统软件。软件以区域"社会 - 经济 - 自然"复杂系统过程模型和生态承载力评估模型为基础，通过复杂系统结构关系模拟、情景预测、策略方案优化、决策方案评估和人机对话界面设计，给管理者提供一个友好、可视的会商决策平台；实现了崇明生态岛建设中集重大生态和环境问题的决策辅助、过程监控、效益评估、科普教育展示、数据共享与网络信息发布等功能于一体的数字化管理目标。

本书可供各级政府有关管理人员，经济、管理、农林、环境、规划、地理信息、计算机等专业的大专院校师生及科研人员参考。

图书在版编目 (CIP) 数据

基于生态承载力的空间决策支持系统开发与应用：上海市崇明岛案例／王开运等著 . —北京：科学出版社，2011

（典型生态脆弱区退化生态系统恢复技术与模式丛书）

"十二五"国家重点图书出版规划项目

ISBN 978-7-03-030984-6

I. 基… Ⅱ. 王… Ⅲ. 崇明岛 - 生态环境建设 - 研究 Ⅳ. X321. 251. 013

中国版本图书馆 CIP 数据核字 （2011） 第 081081 号

责任编辑：李 敏 张 菊／责任校对：刘小梅
责任印制：徐晓晨 ／ 封面设计：王 浩

科 学 出 版 社 出版

北京东黄城根北街 16 号
邮政编码：100717
http://www.sciencep.com

北京京华虎彩印刷有限公司 印刷

科学出版社发行 各地新华书店经销

*

2011 年 7 月第 一 版 开本：787 × 1092 1/16
2017 年 4 月第二次印刷 印张：17
字数：400 000

定价：**150. 00元**

如有印装质量问题，我社负责调换

《基于生态承载力的空间决策支持系统开发与应用：
上海市崇明岛案例》
撰 写 成 员

主　　笔　王开运　徐建华　俞立中
成　　员　巩晋楠　杨　洋　杨晓菲　李　恺　葛振鸣
　　　　　黄沈发　查珊珊　于　彪　胡　青　王志海
　　　　　李　响　周　晓

总　　序

我国是世界上生态环境比较脆弱的国家之一，由于气候、地貌等地理条件的影响，形成了西北干旱荒漠区、青藏高原高寒区、黄土高原区、西南岩溶区、西南山地区、西南干热河谷区、北方农牧交错区等不同类型的生态脆弱区。在长期高强度的人类活动影响下，这些区域的生态系统破坏和退化十分严重，导致水土流失、草地沙化、石漠化、泥石流等一系列生态问题，人与自然的矛盾非常突出，许多地区形成了生态退化与经济贫困化的恶性循环，严重制约了区域经济和社会发展，威胁国家生态安全与社会和谐发展。因此，在对我国生态脆弱区基本特征以及生态系统退化机理进行研究的基础上，系统研发生态脆弱区退化生态系统恢复与重建及生态综合治理技术和模式，不仅是我国目前正在实施的天然林保护、退耕还林还草、退牧还草、京津风沙源治理、三江源区综合整治以及石漠化地区综合整治等重大生态工程的需要，更是保障我国广大生态脆弱地区社会经济发展和全国生态安全的迫切需要。

面向国家重大战略需求，科学技术部自"十五"以来组织有关科研单位和高校科研人员，开展了我国典型生态脆弱区退化生态系统恢复重建及生态综合治理研究，开发了生态脆弱区退化生态系统恢复重建与生态综合治理的关键技术和模式，筛选集成了典型退化生态系统类型综合整治技术体系和生态系统可持续管理方法，建立了我国生态脆弱区退化生态系统综合整治的技术应用和推广机制，旨在为促进区域经济开发与生态环境保护的协调发展、提高退化生态系统综合整治成效、推进退化生态系统的恢复和生态脆弱区的生态综合治理提供系统的技术支撑和科学基础。

在过去10年中，参与项目的科研人员针对我国青藏高寒区、西南岩溶地区、黄土高原区、干旱荒漠区、干热河谷区、西南山地区、北方沙化草地区、典型海岸带区等生态脆弱区退化生态系统恢复和生态综合治理的关键技术、整治模式与产业化机制，开展试验示范，重点开展了以下三个方面的研究。

一是退化生态系统恢复的关键技术与示范。重点针对我国典型生态脆弱区的退化生态系统，开展退化生态系统恢复重建的关键技术研究。主要包括：耐寒/耐高温、耐旱、耐盐、耐瘠薄植物资源调查、引进、评价、培育和改良技术，极端环境条件下植被恢复关键技术，低效人工林改造技术、外来入侵物种防治技术、虫鼠害及毒杂草生物防治技术，多层次立体植被种植技术和林农果木等多形式配置经营模式、坡地农林复合经营技术，以及受损生态系统的自然修复和人工加速恢复技术。

二是典型生态脆弱区的生态综合治理集成技术与示范。在广泛收集现有生态综合治理技术、进行筛选评价的基础上，针对不同生态脆弱区退化生态系统特征和恢复重建目标以及存在的区域生态问题，研究典型脆弱区的生态综合治理技术集成与模式，并开展试验示范。主要包括：黄土高原地区水土流失防治集成技术，干旱半干旱地区沙漠化防治集成技术，石漠化综合治理集成技术，东北盐碱地综合改良技术，内陆河流域水资源调控机制和水资源高效综合利用技术等。

三是生态脆弱区生态系统管理模式与示范。生态环境脆弱、经济社会发展落后、管理方法不合理是造成我国生态脆弱区生态系统退化的根本原因，生态系统管理方法不当已经或正在导致脆弱生态系统的持续退化。根据生态系统演化规律，结合不同地区社会经济发展特点，开展了生态脆弱区典型生态系统综合管理模式研究与示范。主要包括：高寒草地和典型草原可持续管理模式，可持续农—林—牧系统调控模式，新农村建设与农村生态环境管理模式，生态重建与扶贫式开发模式，全民参与退化生态系统综合整治模式，生态移民与生态环境保护模式。

围绕上述研究目标与内容，在"十五"和"十一五"期间，典型生态脆弱区的生态综合治理和退化生态系统恢复重建研究项目分别设置了 11 个和 15 个研究课题，项目研究单位 81 个，参加研究人员 463 人。经过科研人员 10 年的努力，项目取得了一系列原创性成果：开发了一系列关键技术、技术体系和模式；揭示了我国生态脆弱区的空间格局与形成机制，完成了全国生态脆弱区区划，分析了不同生态脆弱区面临的生态环境问题，提出了生态恢复的目标与策略；评价了具有应用潜力的植物物种 500 多种，开发关键技术数百项，集成了生态恢复技术体系 100 多项，试验和示范了生态恢复模式近百个，建立了 39 个典型退化生态系统恢复与综合整治试验示范区。同时，通过本项目的实施，培养和锻炼了一大批生态环境治理的科技人员，建立了一批生态恢复研究试验示范基地。

为了系统总结项目研究成果，服务于国家与地方生态恢复技术需求，项目专家组组织编撰了《典型生态脆弱区退化生态系统恢复技术与模式丛书》。本丛书共 16 卷，包括《中国生态脆弱特征及生态恢复对策》、《中国生态区划研究》、《三江源区退化草地生态系统恢复与可持续管理》、《中国半干旱草原的恢复治理与可持续利用》、《半干旱黄土丘陵区退化生态系统恢复技术与模式》、《黄土丘陵沟壑区生态综合整治技术与模式》、《贵州喀斯特高原山区土地变化研究》、《喀斯特高原石漠化综合治理模式与技术集成》、《广西岩溶山区石漠化及其综合治理研究》、《重庆岩溶环境与石漠化综合治理研究》、《西南山地退化生态系统评估与恢复重建技术》、《干热河谷退化生态系统典型恢复模式的生态响应与评价》、《基于生态承载力的空间决策支持系统开发与应用：上海市崇明岛案例》、《黄河三角洲退化湿地生态恢复——理论、方法与实践》、《青藏高原土地退化整治技术与模式》、《世界自然遗产地——九寨与黄龙的生态环境与可持续发展》。内容涵盖了我国三江源地区、黄土高原区、青藏高寒区、西南岩溶石漠化区、内蒙古退化草原区、黄河河口退化湿地等典型生态脆弱区退化生态系统的特征、变化趋势、生态恢复目标、关键技术和模式。我们希望通过本丛书的出版全面反映我国在退化生态系统恢复与重建及生态综合治理技术和模式方面的最新成果与进展。

典型生态脆弱区的生态综合治理和典型脆弱区退化生态系统恢复重建研究得到"十五"和"十一五"国家科技支撑计划重点项目的支持。科学技术部中国21世纪议程管理中心负责项目的组织和管理，对本项目的顺利执行和一系列创新成果的取得发挥了重要作用。在项目组织和执行过程中，中国科学院资源环境科学与技术局、青海、新疆、宁夏、甘肃、四川、广西、贵州、云南、上海、重庆、山东、内蒙古、黑龙江、西藏等省、自治区和直辖市科技厅做了大量卓有成效的协调工作。在本丛书出版之际，一并表示衷心的感谢。

科学出版社李敏、张菊编辑在本丛书的组织、编辑等方面做了大量工作，对本丛书的顺利出版发挥了关键作用，借此表示衷心的感谢。

由于本丛书涉及范围广、专业技术领域多，难免存在问题和错误，希望读者不吝指教，以共同促进我国的生态恢复与科技创新。

丛书编委会

2011 年 5 月

前　言

　　区域是地球表层人类从事社会经济活动的具有相对稳定性的地域空间。从生态学研究的观点来看，区域也可被看做是由"自然、经济和社会"组成的一个复杂生态系统。区域复杂生态系统各要素间的相互作用和反馈驱动了区域的发展。而区域的可持续发展则取决于复杂生态系统内的物质生产、人的再生产和生态承载潜能再生产中诸多过程的平衡与和谐发展的程度，而人类调控和引导区域实现可持续发展的关键手段之一就是对区域复杂系统过程的决策管理。

　　县域生态建设空间管理决策支持系统的开发和应用是区域可持续发展理论的重要实践活动之一。县域生态建设决策过程异常复杂，纵贯社会、经济和自然等诸多领域，涉及不同层次、不同部门的决策者，是一类典型的半结构化的多层次、多目标和多决策者参与的决策。

　　自20世纪80年代中后期以来，融合决策支持系统（decision support system，DSS）的多模型组合建模技术和地理信息系统（geographic information system，GIS）空间分析技术形成的空间决策支持系统（spatial decision support system，SDSS）是GIS真正走向实际应用与实现可视化决策的关键，但目前该领域仍面临一些困难，主要是：①区域SDSS在理论和方法论上尚处于探索与发展阶段，例如，面向决策分析的过程框架多应用静态指标评估，而缺乏决策问题备选方案的动态指标分析、优化信息反馈与策略合成的能力；从辅助决策对象上看，多数针对小尺度、单目标决策，而对于区域大尺度、多目标SDSS开发，无论是理论框架还是技术手段，都面临重要的创新要求。②区域生态系统的复杂性和系统过程的多层次、非线性互作、反馈与延滞特性，使得特别决策过程的不确定性增加。③区域生态系统内外物质、信息交流的可变性更加复杂和难以定量化，例如，人口、水资源、土地和植被的数量与质量不仅受区域内水利设施建设、内河点、面源污染等因子的影响，还显著受区域外因素影响甚至控制。因此，对这些关键过程的模拟是进行科学决策的关键。④SDSS以区域多源空间集成数据为基础，而多源数据获得、标准化和管理是一项长期的重要的系统和基础工程，任重而道远。⑤决策部门、决策者的知识和参与性仍然影响着决策支持系统的应用有效性。⑥友好、高效的人机交互技术仍然在完善中。

　　近年来，在"十一五"国家科技支撑计划重点项目"典型脆弱生态系统重建技术与示范"课题"崇明岛生态系统修复关键技术开发及应用研究"（2006BAC01A14），芬兰科学院、芬兰科技局特聘杰出教授项目（Finland Distinguished Professor Programme，FiDiPro）

"Sustainable Production of Bio-fuels, with Management of Carbon Sink/Source Dynamics in the Boreal Forests and Mires" (127299-A5060-06)，上海市科学技术委员会崇明生态岛建设重大专项 "崇明岛数字生态建设决策支持系统的开发与利用"（07DZ12037）、"崇明岛碳源/汇监测网络及发布平台建设关键技术集成研究"（10DZ12011）、"崇明岛生态承载力与生态安全预警系统研究"（05DZ12007），国家自然科学基金面上项目 "区域生态承载力动态模拟与分析"（30670315），中法国际合作项目 "滨岸多功能型防护林体系构建和持续管护技术研究"（063907040）等项目资助下，针对上海市崇明生态岛建设的需求，我们在县域空间决策支持系统的理论与应用方面进行了深入和广泛的探讨，工作重点是：①区域 "社会–经济–自然" 复杂系统过程模型的开发；②基于 "跨越式" 可持续发展模式和指标体系情景，预测复杂系统的长期发展趋势；③区域生态承载力多目标阈值的发展预测；④区域多源数据的监测、共享管理以及区域空间决策支持系统的开发和应用。

本书作为上述研究工作的部分总结，共分9章，依次涉及县域生态建设决策问题需求分析，区域空间决策支持系统理论与技术支撑，崇明生态岛建设空间决策支持系统框架设计，系统合成体、模拟体、评估体、数据库及其管理系统以及系统界面和操作指南等内容。本书可供各级政府有关管理人员，经济、管理、农林、环境、规划、地理信息、计算机等专业的大专院校师生及科研人员参考。

在研究项目的实施和本书的编写与出版过程中，得到了上海市科学技术委员会、崇明县各级政府、上海市东滩国际湿地开发公司等单位的领导和工作人员的热心支持，以及来自华东师范大学、复旦大学、同济大学、上海交通大学、上海市环境科学研究院等单位的百余名研究人员和研究生的贡献，在此一并致谢！

王开运

2011 年 1 月

目　　录

第1章　崇明生态建设决策问题需求分析

崇明、长兴、横沙三岛（以下简称崇明三岛）是由长江泥沙冲积而成的世界最大的河口冲积岛群，总面积1361 km²，位于西太平洋中国海岸线的中段和长江的入海口，南与浦东、宝山及江苏太仓等地隔水相望，北与江苏海门、启东一衣带水，具有重要的战略地理位置。崇明三岛的自然资源数量，特别是滩涂土地、风力、太阳能、丰富的生物能以及绵长稳定的深水岸线在本区域具有相对优势，同时，也是目前长江三角洲地区受人类活动，特别是工业化影响较小的地区。

由于崇明三岛独特的区域位置和自然优势，2001年5月，国务院正式批复《上海市城市总体规划（1999~2020年）》，规划明确提出要把上海建设成为"现代化国际大都市和国际金融、贸易、经济和航运中心之一"。在其"城市布局的发展方向"部分中，在战略层面上将崇明三岛确定为上海的可持续发展空间和城市未来拓展的重点地域之一，并确定崇明新城为上海市城市总体规划中的11个新城之一。2004年7月胡锦涛总书记视察上海工作时亲临崇明岛，充分肯定了上海"坚持科学发展观、建设生态崇明"的总体设想，并鼓励县政府"只要认准了方向，就不要动摇"。上海市委、市政府十分重视崇明三岛的发展，2006年9月通过了《崇明三岛总体规划》，提出了崇明三岛联动发展、总体规划、分类指导、实施差别政策、设立崇明生态建设基金等原则，并明确提出要举全市之力支持崇明生态岛建设。崇明三岛正面临着难得的发展机遇。

一是科学发展观的确立，奠定了建设生态崇明的理论基础。以胡锦涛同志为总书记的党中央提出的以人为本、全面协调可持续的科学发展观，为崇明三岛实施"科教兴县"战略、走"生态型发展"道路、探索与实践循环经济和资源节约型的经济社会发展模式，指明了发展方向、奠定了理论基础。

二是上海城市功能的整体提升，提供了建设生态崇明的有力依托。随着上海国际化大都市和"四个中心"的建设，上海城市综合功能快速提升、产业结构不断优化、城市整体实力持续增强，对崇明三岛的辐射能力日益加大，为崇明三岛发展新型生态型产业、培育生态功能、建设生态崇明提供了有力依托。

三是"三岛联动"战略决策的实施，创造了建设生态崇明的有利条件。长兴、横沙两岛划归崇明县管辖，使崇明三岛的区域资源得到进一步整合，成为上海未来最大的战略发展空间，从而为三岛形成产业优势互补和高度集聚格局奠定了基础。

四是上海长江隧桥工程的建设，扩大了建设生态崇明的辐射效果。随着上海长江隧桥的建成通车，崇明三岛南接浦东、北连苏鲁，将成为上海向长江三角洲北翼辐射的新纽带，并将进一步增强上海国际大都市对中国东部沿海地区的辐射效应。

1.1 崇明岛生态建设定位和发展目标

1.1.1 功能定位

根据《上海市城市总体规划（1999～2020 年)》、《崇明三岛总体规划》和《崇明县国民经济和社会发展第十一个五年规划纲要》，崇明三岛总体功能定位是：以科学发展观为统领，按照构建社会主义和谐社会的要求，围绕建设现代化生态岛区的总目标，大力实施科教兴县主战略，坚持三岛功能、产业、人口、基础设施联动，分别建设综合生态岛、海洋装备岛和生态休闲岛，依托科技创新，推行循环经济，发展生态产业，努力把崇明县建成以优美的生态环境为品牌、以闻名的游乐度假为主导、以发达的清洁生产为支撑的、环境优美、经济发达、文化繁荣、保障健全、城乡融合的上海世界级生态岛区和优美的"海上花园"，成为上海连接长江三角洲和沿海大通道的北翼纽带，形成国内领先、国际一流的人类生态环境与生态活动示范岛区。具体体现在以下 6 个方面。

1）森林花园岛。大力推进崇明岛区生态森林的建设，森林面积规划达到 600 km²，约等于中心城区的面积大小，森林覆盖率超过新加坡和加拿大等世界一流绿化地区；大力整治全岛水系，形成"一环五湖二十九河"的全覆盖格局，"林溪间杂"将成为岛区自然环境的标志性特征；大力维护好岛屿东滩、北滩等一系列海涂湿地，大力维护好岛屿整体的田园风光，坚持适度城市化的原则，形成完全有别于上海中心城区的田园式的岛区城市和城镇风格，基本建成国际上高标准的以森林、水系、湿地、田园风光为主体的森林花园岛。

2）生态人居岛。保持生物多样性和维持生物圈的完整性，建立高标准的东滩国际湿地公园，建设东滩标志性的东亚最大的候鸟保护区；大力促进传统农业向高效持续有机生态农业的转变，推进第二产业的清洁化生产和倡导零污染排放的产业组合，发展农村清洁能源，实施垃圾和污水的全覆盖处理与全达标排放；促进城乡居民的传统生产和生活方式及价值观念接轨环境友好、资源高效、系统和谐的生态文化；加强生态村、生态镇和生态社区建设，力争将崇明全岛或部分地区作为联合国环境规划署的"全球 500 佳"评选的亮点地区之一，基本建成国际示范性的生态环境维护、生态产业升级、生态文化培育、生态居住高档的生态人居岛。

3）休闲度假岛。借助良好的生态环境和低廉的土地资源，全力引进一系列世界级主题乐园，将崇明建设为世界级旅游度假岛；结合良好的自然环境，大力推进森林型度假中心、疗养基地、会议中心、旅游宾馆以及大型的公共高尔夫球场、体育马场和特色游乐设施、运动健身场所的建设，适度发展国际性的休闲度假别墅区，为上海进一步走向国际化和富裕化社会提供假日休闲、高档居住、游乐运动的必备空间，成为面向西太平洋沿岸的最适宜旅游休闲和度假居住的"海上花园"。

4）绿色食品岛。围绕建设现代化生态农业，切实保护耕地，稳定基本粮田，促进粮食增产增收；重点发展崇明岛东部优质蔬菜生产区、西部经济林果生产区、北部集约农业生产区、中部优质水稻生产区等农业片区；促进建设有机农业、优质水稻、优质蔬菜、优质蟹种、优质林果等农业基地，加强优质大米、特色蔬菜等绿色农产品的种植，扩大中华绒螯蟹和长江口特种水产养殖面积，稳步发展奶牛、白山羊等养殖业；建设集加工、冷藏、运输、交易、渔需等功能为一体的横沙国家一级渔港，形成以有机农产品、特色种养业和绿色食品加工业为主体的生态绿色食品岛。

5）海洋装备岛。以长兴岛为基地，发展船舶制造和港机制造产业，拓展海洋装备制造等海洋产业和船舶配套产业发展空间；高起点、高标准地加快推进中船江南长兴造船基地建设，为建设我国第一大造船基地打下基础；积极鼓励引进海洋装备重大项目和扩大现有重点生产企业规模；结合中海修船基地和振华港机、上海港机等建设，开发现代船舶、港机制造产业的配套产业园区，进一步夯实长兴海洋装备产业发展基础，基本建成以船舶、港机制造业为主的海洋装备岛。

6）科技研创岛。吸引国内外追求绿色郊区办公区位的大企业将办公服务总部或研发中心落户崇明；吸引国际名牌和成规模的教育机构在崇明创建国际教育园区与科技创新园区；吸引各类国际咨询论坛或主题展览会落户崇明，举办以崇明为固定基地的具有国际影响的重要国际会议或咨询论坛；争取成为上海或中国沿海地区最为集中的国际或洲际组织机构布局地，使崇明成为上海市科教兴市的产业化基地之一，成为上海世界级城市的国际交往活动区之一。

1.1.2　功能分区

据《崇明三岛总体规划》和《崇明县国民经济和社会发展第十一个五年规划纲要》，按照生态崇明的总体目标和功能定位，结合"统一规划、资源整合、优势互补、联动发展"的要求，崇明本岛划分为五大功能分区，加上长兴、横沙两岛各作为一个分区，共七大功能分区（图1-1）。

1.1.2.1　崇东分区（大通道景区与生态示范、休闲运动区）

崇东分区位于崇明岛东端，崇明越江通道东侧，由东滩湿地、候鸟自然保护区、规划中的上实生态园区和上海一城九镇序列中的陈家镇组成，面积逾 180 km²。崇东分区是崇明生态岛未来的门户地区之一，是全国沿海大通道的生态窗口展示地区，也是崇明生态岛通达性最高的地区之一。

上海实业（集团）有限公司（简称上实集团）将利用崇明东滩的围垦地，建设上实生态园区，展示世界农业的风采，探索中国农业的方向，使之成为上海市政府面向海外的一个窗口。陈家镇南距上海市中心城区约 45 km，距浦东国际航空港约 50 km，独特的地理位置造就了其优越的生态环境和瞩目的战略空间。即将开工建设的全国沿海大通道上海长江隧桥工程，将根本改变陈家镇以及崇明岛与上海市区交通不便的格局，将使陈家镇进入跨越式发展阶段。按照国际生态社区标准建设的上实生态园区和陈家镇生态示范镇，将以旅游度假、科教研发、会议会展功能为依托，大力推进有机农业、循环工业和清洁能源建设，力求成为全国生态社区建设的试点窗口和国际性的科教博览基地；另

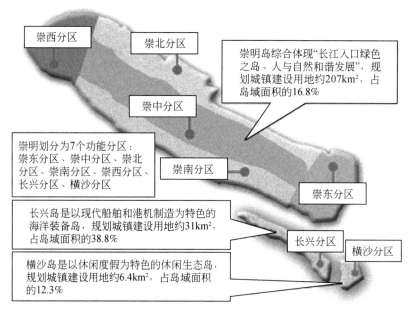

图 1-1 崇明三岛总体规划布局

外，依托陈家镇的通达性，崇东分区将重点发展休闲运动产业，建设上海国际公共高尔夫中心、马术活动中心，并作为上海奥林匹克公园布局预留地之一，成为上海健康户外运动的重点地区。

1.1.2.2 崇南分区（田园城市化中心城区）

崇南分区位于崇明岛南沿，城桥、堡镇、新河、庙镇、竖新、向化、中兴 7 个镇组成的全岛现状最主要的城镇群，居住人口稠密，也是全岛经济的密集地带，面积约 200 km²。崇南分区是全岛的政治、经济和文化中心，是人口和城镇稠密区及产业的集中区，对全岛经济和社会的空间辐射效果强大。规划将崇南分区确定为全岛田园式的城市化中心地区，是人口和园区产业布局最为集中的地区，也是全岛农村城市化和农民市民化的导入空间。

崇南分区主要建设城市之一——新城，位于张网港以西、三沙洪河以东、长江南汊岸线以北、南横引河以南的地区，总面积约 28 km²，是 21 世纪崇明大发展的重要依托，也是实现上海国际性生态化大都市新发展格局的战略步骤之一。城市发展方向将顺应岛域空间发展的布局特征，依托旧城，以崇明大道为发展轴向东扩展，重点开发老滧港西侧地区；力求体现生态型海岛的风貌特色，尊重城区的自然特征，留足自然生态空间，运用现代城市设计手法，精心组织新城的河湖水系，以水作为城市景观的灵魂和骨架，营造富有田园、滨水城市特色的景观风貌；借助崇明海口"水清、土肥、气明"的优越条件，坚持"以人为本"的原则，配套完善的生活服务功能、高品位和多样化的居住社区，营造具有良好适居性的生活环境，塑造低密度、生态型、人工与自然和谐发展的城市环境。同时，启动崇明新城和堡镇、庙镇、新河、向化 4 个中心镇片区建设，扩大中心城镇规模，将全岛较分散的居民点人口、产业向此地带集中，推进崇明城市化的质量和水平，高标准建设城镇间的生态林地、交通网络和市政基础设施，高标准地建设好居民小区、教育医疗设施和社区文化设施，成为全岛基本现代化进程中的服务中心。在关闭全岛高污染"五小"企业的基础上，崇南分区将加强崇明工业园区各分区对劳动密集型、农副加工型和高科技型企业的承接作用，提供相当数量的就业岗位，同时，创建上海首家国家级清洁生产示范区和海洋产业创新基地，为经济发展提供新的增长点。

1.1.2.3　崇西分区（生态景湖区与环湖度假、国际会议办公区）

崇西分区位于崇明岛西端，是崇明越江通道崇海（门）大桥出口，拥有全岛最大的自然湖和崇西深水岸线段，由绿华镇、三星镇一部分和新海、跃进农场组成，面积约 150 km²。崇西分区是崇明全岛距市区最远、水质最好、环境幽静的地区，明珠湖周边分布有崇西水闸、边滩水库等一系列生态湖泊和东风西沙等岛外岛，是崇明岛自然风光最为优良的地区之一。

1.1.2.4　崇北分区（主题乐园区与有机生态农业展示区）

崇北分区位于崇明岛北沿，是现状农场、崇明新垦区和江苏垦区混杂分布的带状地区，也是远期环岛公路北线及沿海大通道高速公路的贯穿地区，规划面积约 170 km²。崇北分区是全岛土地成本最为低廉的地区，并有沪崇苏高速公路穿越，土地增值空间较大，是崇明战略性开发的重要棋子之一。

1.1.2.5　崇中分区（中央森林区与休闲度假、教育研创区）

崇中分区位于崇明岛腹部，面积约 500 km²，现状以林农业为主，其中心地段分布有东平国家森林公园。崇中分区是全岛位置居中、面积最大的分区，是规划的崇明森林分布最集中的地区，在全岛社会经济和生态系统中均具有核心作用。

1.1.2.6　长兴分区（以船舶、港机制造业为主的海洋装备区）

长兴岛是上海近期重点建设的六大制造业基地之一，也是配合世界博览会的产业动迁基地。南部主要是船舶制造业发展带，规划同崇南产业发展带通过陈海公路和潘园公路与沪崇苏高速公路联系形成对外交通的通道，同时依托岛域的岸线条件和城镇建设基础，形成产业的发展和集聚区。规划中长兴分区将结合中船集团、振华港机、中海集团等大型海洋装备企业的建设，全面推进长兴海洋装备岛的开发，加快市政基础设施建设，同步建设好凤凰新市镇。北部区域将重点发展林业，主要以青草沙水源涵养林为主；农业方面，以发展果林生态农业为主，重点发展柑橘产业；配合横沙渔业资源建设，大力发展渔业生产。

1.1.2.7　横沙分区（休闲度假为特色的生态旅游度假区）

横沙岛的功能定位是"休闲度假岛"，将主要以高科技生态农业为主，建设农业生物工程产业园，吸引大型农业生物工程跨国公司入园，形成高新技术高度密集的新型农业产业高地；同时以横沙渔港为依托，建设国家级的中心渔港。横沙岛东部的片林区域，从空间上形成了三岛次级林地建设的廊道。同时，旅游业将作为另一发展重点，将注重开发国际会务会展中心、国际娱乐中心、低密度高档住宅区、游艇俱乐部等项目；建设高星级宾馆，增强和提升旅游、会展接待能力，全面提高旅游管理和服务水平。

1.1.3 规划目标

参考《崇明三岛总体规划》、《崇明国民经济和社会发展第十一个五年规划纲要》以及其他行业和部门规划，崇明三岛规划目标包括人口、经济、环境、交通及城市化水平等主要方面，其他指标如表1-1所示。

表1-1 崇明规划目标汇总

建设领域	指标	2008年目标（《崇明三岛总体规划》）	2010年目标（《崇明国民经济和社会发展第十一个五年规划纲要》）	2020年目标（《崇明三岛总体规划》）
经济发展	GDP增长率（%）	—	不低于12	—
	人均GDP（美元）	4 000	—	20 000
	第三产业占GDP比例（%）	45	40	65
	财政收入年均增长率（%）	—	不低于20	—
	全社会固定资产投资总额年均增长率（%）	—	28左右	—
	社会消费品零售总额年均增长率（%）	—	10左右	—
	万元GDP综合能耗（tce/万元）	0.85	比"十五"期末降低20%左右	0.5
生态与基础设施	森林覆盖率（%）	26	24左右	55
	地表水环境质量	—	基本达到Ⅲ类功能区标准	Ⅱ-Ⅲ类全面达标
	大气环境质量	I-II类标准	二氧化硫和氮氧化物保持国家一级标准	I类标准
	城镇生活污水集中处理率（%）	30	60以上	100
	城镇生活垃圾无害化处理率（%）	60	100	100
	工业用水循环利用率（%）	25	—	60
	人均公共绿地面积（m²）	10	—	20
	公路网密度（km/10²km²）	—	87	—
	电力网络供电负荷（万kW）	—	60~70	—
	环保投入占GDP比重（%）	—	5	—

续表

建设领域	指标	2008 年目标（《崇明三岛总体规划》）	2010 年目标（《崇明国民经济和社会发展第十一个五年规划纲要》）	2020 年目标（《崇明三岛总体规划》）
社会发展	平均预期寿命（岁）	77	—	80
	城市化率（%）	—	40 以上	—
	新增劳动力平均受教育年限（年）	—	14.5	—
	适龄人口大专学生比重（%）	—		50
	城镇居民家庭年人均可支配收入和农村住户年人均纯收入增长率	—	不低于全市平均水平	
	就业岗位（个）	—	新增 5 万	—
	研发投入占 GDP 比重（%）	2	3	3
	教育经费投入占 GDP 比重（%）	3.5	4	5
	人均居住面积（m²）	22	—	35
	千人拥有医生数（人）	>5		6.5
	社会保障覆盖率（%）	90		100
	居民登记失业率（%）	3		3
	恩格尔系数（%）	32		30

1.1.3.1　人口规模

根据《崇明三岛总体规划》，到 2020 年，三岛人口规模将达到 80 万，较目前增加 10 万左右。其中，崇明岛人口规模控制在 68 万以内，长兴岛规划人口 10 万左右，横沙岛规划人口为 2 万左右。按照统筹城乡、协调发展的要求，规划形成"新城 – 新市镇 – 中心村"的三级城镇体系，包括 1 个新城，即城桥新城，规划人口 20 万；9 个新市镇，包括堡镇、凤凰、新河、向化、庙镇 5 个综合型新市镇和陈家镇、明珠湖、北湖、新民 4 个休闲型新市镇，规划总人口 42.5 万，其中，崇南链状新市镇群将成为三岛经济和人口集中的主要导入地带；150 个左右中心村，是将现有的自然村落逐步予以归并，总人口约为 17.5 万。

1.1.3.2　经济发展

围绕建设现代化生态岛区的总体目标，崇明的产业结构将进一步调整和优化。根据《崇明三岛总体规划》，到 2008 年第三产业占 GDP 的比例达到 45%，2020 年达到 65%。《崇明国民经济和社会发展第十一个五年规划纲要》提出，第三产业比例到 2010 年达到 40%，比《崇明三岛总体规划》稍低。在此基础上，崇明将积极探索和发展循环经济，努力促进经济增长方式的转变，使"十一五"期间 GDP 年均增长不低于 12%，县级财政收入年均增长不低于 20%，全社会固定资产投资总额年均增长 28% 左右，社会消费品零售总额年均增长 10% 左右，万元增加值综合能耗比"十五"期末降低 20% 左右。预计到

7

2020 年，人均 GDP 达到 20 000 美元，基本实现工业化。

1.1.3.3　生态保护

按照三岛功能定位，加大自然保护力度，重点保护东滩鸟类自然保护区和东滩湿地、北湖周边湿地、长兴岛青草沙与中央沙以及横沙岛东部湿地，加快修复崇明西沙湿地，严格执行禁渔禁捕制度；建设城乡森林和绿地生态网络，到 2020 年，使森林覆盖率达到 55%；加大水系设施建设力度，改善水环境，加快建设污水收集、处置系统，有效控制生活污水和工业废水超标排放，在 2020 年前城镇生活污水集中处理率达到 100%；加强对固体废弃物和其他污染源的治理，使城镇生活垃圾无害化处理率在 2010 年达 100%；大气环境质量保持较高标准，"十一五"期间重点控制煤烟型污染，燃煤电厂烟气脱硫达到 80%以上。

1.1.3.4　交通

根据崇明相关规划，现今岛内主要的两条交通干线陈海公路、北沿公路和规划中的沪崇苏高速公路将连接崇明岛与上海市区、江苏的各个通道，成为岛内外沟通的交通命脉。

1.1.3.5　城市化进程

城市是社会文明进步的标志之一。城市化作为传统社会向现代社会转变的一个组成部分，是社会经济发展的必然趋势。一般认为，城市化率在 30% 以下是城市化的初始阶段，它通常发生在工业化初期；城市化率在 30% ~70% 是城市化的加速阶段，通常出现在工业化的中期向后期过渡阶段；城市化率超过 75% 时，城市化水平将会徘徊不前，城乡人口转移处于互动状态，并且出现郊区化或者逆城市化现象。

2004 年，崇明县总人口为 70.1 万，城市化水平为 25.32%。根据《崇明三岛总体规划》，到 2008 年，崇明城市化水平为 64%；2020 年，崇明城市化水平达到 71.6%。

1.2　崇明岛生态建设现状

1.2.1　地理概况

1.2.1.1　区域位置

崇明岛区主要由崇明、长兴和横沙三岛组成（图 1-2）。崇明岛是我国现今河口沙洲中面积最大的一个典型河口沙岛。它位于东经 121°09′30″ ~121°54′00″，北纬 31°27′00″ ~31°51′15″，位于中国东部黄金海岸和长江黄金水道交汇处的长江入海口，三面临江，东濒东海，南与江苏常熟、太仓，上海嘉定、宝山、川沙等地区隔江相望，北与江苏海门、启东一衣带水。东西长 76 km，南北宽 13 ~18 km，形似卧蚕。全岛地势平坦，地面高度为 3.4 ~4.3 m（吴淞水准点零标准）。长兴岛位于吴淞口外长江南水道，东邻横沙岛，北伴崇明岛。岛呈带状，东西长 26.8 km，南北宽 2 ~4 km。南沿有深水岸线近 20 km，一般水深 12～16 m，最深可达 22 m，可停靠 30 万吨级轮船。横沙岛是长江入海口最东端的一个岛屿，三面临江，一面临海，背靠长兴岛，北与崇明岛遥相呼应，南与浦东隔江相望。岛呈海螺形，南北长 12 km 左右，东西宽 8 km 左右，平均海拔 2.8 m，周边岸线总长逾 30 km，其中南端约有 2 km 深水岸线，水深 12 m 左右。

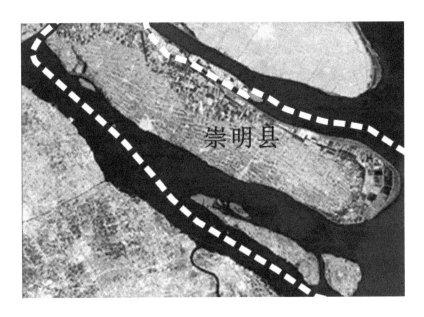

图 1-2　崇明岛区区位

1.2.1.2　地形地貌和地质

崇明岛自公元 7 世纪开始，由长江入海口的泥沙堆积而逐渐形成，现在为我国第三大岛，其东部滩涂面积还在不断增长（张玉兰和贾丽，2004）。岛区地貌属河口砂嘴、砂岛地貌类型区，是典型的河口冲积岛，由挟带大量泥沙下泄的长江径流与落潮海流会合偏向长江口南岸淤积形成。全岛被第四纪疏松地层所掩盖。区内埋深 20 m 以内普遍分布有灰色的砂土、粉土。这些砂土、粉土具有时代新、埋藏浅、地下水位高、饱水等特性。区内浅层具有砂厚度大，岩性、物理力学指标显著变异等特点。三四百米疏松沉积层以下埋藏着坚硬的基底岩系，其中最老的地层为紫红色石英砂岩、灰黑色粉砂质泥岩等，主要分布在岛的西北部庙镇至草棚一带；其余地区则被侏罗纪上统中酸性火山熔岩和火山碎屑岩所占据。本岛新构造单元隶属于江苏滨海拗陷南缘。自新近纪以来，新构造运动以持续沉降为特点。因此，岛内沉积了厚层（最厚达 480 m）的新近纪和第四纪地层。

崇明岛地势坦荡低平，岛上无山冈丘陵，地形总趋势为西北部和中部稍高，西南部和东部略低。新村乡、新海农场北部、红星农场南部、长征农场东部、长江农场中部、兴隆沙、建设镇中部和北部及东南部、新河镇东北和东南部、竖新镇北部和中部及东北部、东平河口两侧、港沿镇北部以及堡镇东部等地区，地面标高均在 4 m 以上。界河口两侧、鸽龙港北口西侧、东平河河口东侧，部分地面标高超过 4.5 m。三星镇北部和西南部、庙镇、小竖河两侧、城桥镇北部和南部、向化镇东北部、陈家镇东南部、前哨农场的地面标高在 3.5 m 以下。地面标高 3.2 m 以下的低洼地区分布在陈家镇北部、张网港口两侧，局部洼地地面标高低于 3.0 m。

1.2.1.3 气候及主要灾害特征

崇明岛地处北亚热带，气候温和湿润，四季分明，夏季湿热，盛行东南风，冬季干冷，盛行偏北风，属典型的季风气候。年平均气温为 15.3℃，最高年（1961 年）为 16.2℃，最低年（1980 年）为 14.6℃。月平均气温以 1 月的 2.8℃ 为最低，以 7 月的 27.5℃ 为最高。岛的东、西部气温略有差异，东部年平均温度高于西部，而年较差则低于西部。东部气温变化较平稳，春季气温回升迟于西部，秋季气温下降则比西部稍慢。全年总雨日（日降水量≥0.1 mm），最多年为 150 天，最少年为 99 天。降水主要集中在 4～9月，平均月降水量大于 100 mm，总降水量占全年降水量的 70.7%；总雨日平均为 75.1 天，占全年总雨日的 57.8%。全年平均日照时数为 2104.0 小时，日照百分率为 47%。2 月日照时数最少，为 131.1 小时。11 月至次年 2 月多北风和西北风，3 月至 8 月盛行东南风，9 月、10 月常吹北风和东北风。

崇明的主要自然灾害包括台风、暴雨、风暴潮、盐水入侵和洪涝灾害。根据对崇明气象站提供的 1949～2005 年影响崇明的台风观测记录的统计分析可以看出，崇明每年受台风影响的概率为 73.21%，其中 12 级以上台风的发生概率为 2.97%（表 1-2）。

表 1-2　崇明不同等级台风发生概率

指标	台风等级（级）					
	1	2	3	4	5	6
风速（级）	6～7	8	9	10	11	12
发生概率 p（%）	17.81	22.75	15.83	9.89	3.96	2.97
累计概率 P（%）	73.21	55.40	32.65	16.82	6.93	2.97

台风暴雨是台风的首要致灾因子。对 1949～1990 年崇明气象站的台风暴雨观测数据进行统计分析可以看出，能带来大到暴雨的台风发生概率为 15%（表 1-3），主要集中在 7～9 月，尤以 9 月概率最高，其概率达到了 38.5%。

表 1-3　崇明不同等级台风暴雨发生概率

指标	降雨量（mm）				
	<60（弱）	60～99.9（中）	100～199.9（大）	200～399.9（特大）	>400
发生概率 p（%）	1.6	9.3	10.9	3.6	0.5
累计概率 P（%）	25.9	24.3	15.0	4.1	0.5

根据科学技术部灾害综合研究组 1949～2002 年我国风暴潮灾害统计资料，54 年间崇明共有 34 次风暴潮，风暴潮累计发生概率为 63.0%，其中严重风暴潮的累计发生概率为

4.0%，一般风暴潮的累计发生概率为34.8%（表1-4）。

表1-4 崇明不同等级风暴潮发生概率

指标	风暴潮等级	
	1（一般）	2（严重）
风暴增水（m）	>1	>2
累计发生概率 P（%）	34.8	4.0

长江河口为特大型的多级分汊河口，盐水入侵的最大特点是除受外海盐水入侵外，南支还受北支盐水倒灌的影响，使南支盐度的时空变化与一般河口显著不同、更加复杂。北支因喇叭形状和流入的径流量小，枯季被高盐水所占据；而靠崇明一侧的外海的盐度远较南支盐度更大，因此在科氏力的作用下，南支的涨潮流和向陆的密度流加上北支倒灌盐水团的下移，使盐水入侵较为严重。全年中，崇明岛沿江地区最大盐度一般出现在1~3月，据1992~2001年长江南支堡镇、南门、新建测点氯化物实测资料分析，堡镇氯化物最高含量达5130 mg/L（折成盐度为9.3）（1992年1月18日），南门氯化物最高含量为2730 mg/L（折成盐度为5.0）（1999年3月25日），新建氯化物最高含量为1780 mg/L（折成盐度为3.2）（1999年3月21日）。1~3月堡镇多年平均氯化物含量高达491 mg/L，南门为244 mg/L，新建稍低为144 mg/L。1~3月南支盐水入侵情况较为严重，特别是南门以东地区，主要受到南支盐水上溯的影响；南门以西地区主要受到北支盐水倒灌的影响。据2001年3月初对全岛内河418个测点水质氯化物进行普查的结果分析，内河水质平均氯化物含量为397 mg/L。从地区分布看，岛内北部内河水质氯化物较高，平均氯化物含量大于800 mg/L，尤其是北鸽龙港地区平均氯化物含量高达1088 mg/L；南沿一带稍低，其氯化物含量也均在200~300 mg/L。从普查点分布数量看，氯化物含量≥2000 mg/L的测点共有2个，占总数的0.5%；氯化物含量≥1000 mg/L的测点共18个，占总数的4.3%；氯化物含量≥500 mg/L的测点共144个，占总数的34.4%。根据国家饮用水标准（氯化物含量小于250 mg/L），长江枯水期崇明岛饮用水氯化物浓度普遍超标，这对生态岛的建设极为不利。

从崇明1971~2003年33年间不同阶段洪涝灾害发生的概率和强度看，崇明洪涝灾害的影响范围大，时间长。春季和夏季汛期洪涝灾害的发生概率较高，尤以汛期最为突出（表1-5）。

表1-5 崇明不同季节洪涝灾害的发生概率及强度

季节	总概率（%）	特大洪涝概率（%）
春季4~5月	15.2	—
梅雨期6~7月	9.5	7.1
夏季7~8月	36.4	9.1
秋季9月	9.1	—

1.2.2 自然资源特征

1.2.2.1 水资源

（1）河流水系

崇明岛四面环水，境内河道纵横，两条引河贯通东西，并串联南北骨干河道，与横河、泯沟交织成遍布全境的繁密水网。崇明岛现有河道已基本形成一个市县、乡镇、村三级沟河相互通连、交织成网的水系格局，各河段均为双向输水，引排结合。目前，崇明岛境内各级河道约 1119 条，总长度 2027.94 km，河网密度达到 1.95 km/km²，境内河道水面积总量为 46.02 km²，河道面积 55.97 km²，河道水面率 4.13%，河面率 4.97%。崇明岛现有市、县级骨干河道 33 条，共同组成崇明骨干河网，是主要引排水河道；此外，乡（镇）级河道（包括农场范围）447 条，总长 1191.27 km；村级引水河 639 条，总长 273 km；泯沟 1 万多条，总长约 6520 km（图 1-3）。

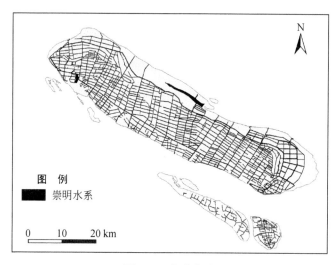

图 1-3 崇明水系

（2）水资源总量及分配

崇明岛地表水资源的补给来源主要包括大气降水形成的地表径流及利用已有口门（主要是水闸）自流进入崇明岛河网的潮水。根据《崇明县水资源普查报告》（崇明县水资源普查报告联席会议办公室，2001），崇明岛多年平均降水总量为 10.93 亿 m³（平均降雨深为 1049.3 mm），扣除区域陆地蒸发量 7.48 亿 m³（平均蒸发深为 718.0 mm），本地天然多年平均径流量约为 3.45 亿 m³（折合平均径流深 331.3 mm）。多年平均可引潮水量约为 30.15 亿 m³。崇明岛多年平均补给地表水资源总量为 33.60 亿 m³；其中，本地径流占 10.27%，可引潮水量占 89.73%。崇明岛浅层地下水开采利用较少，承压水一般埋深在 200～300 m。近年随着地表水质变差、农副产品深加工与饮料、酿酒业的发展需要和居民对饮用水水质要求的提高，深井地下水开发逐年增多，目前全县已有深井 110 眼，年开采量约为 686.62 万 m³。

崇明岛 32 条市县级别骨干河道（另有北横引河未进行普查）常水位下的槽蓄量为

1716.51 万 m^3，总淤积量为 1099.40 万 m^3；443 条乡镇级河道（另有 4 条未进行普查）常水位下槽蓄量为 863.81 万 m^3，总淤积量为 885.53 万 m^3（表 1-6）。

表 1-6 崇明岛不同级别河道淤积量、槽蓄量总体状况

河道级别	河道数量（条）	河道长度（km）	河道淤积量（万 m^3）	河道槽蓄量（万 m^3）
市级河道	1	77.36	137.27	416.33
县级河道	32	390.31	962.13	1300.18
乡镇级河道	447	1191.27	885.53	863.81
小计	480	1658.94	1984.93	2580.32

注：河道槽蓄量和淤积量未包括未进行普查的河道的数据

资料来源：崇明县水资源普查报告联席会议办公室，2001

（3）水资源利用及历史趋势

崇明水资源利用分析主要基于取水许可数据、崇明县水资源普查数据和上海市水资源普查数据。

崇明县 2004 年度取水许可证年审显示，全岛工业取水许可水量为 901 万 m^3，实际取水量为 744 万 m^3（表 1-7），占全岛实际取水量的 1.5%。取水许可主要集中于冶金、金属、化工、建筑、建材、造纸、纺织、食品等行业，其中纺织、冶金、造纸 3 个行业是用水大户，分别占到全岛 2004 年工业实际取水量的 34.3%、22.9%、22.2%；生活用水许可水量为 3393 万 m^3，实际取水量为 2873 万 m^3，占全岛实际取水量的 5.7%；农业取水许可为 49 569 万 m^3，实际取水 47 090 万 m^3，占全岛实际取水量的 92.8%，在当前崇明岛实际取水中占到绝对主导地位。因此，无论是工业实际取水、生活实际取水，还是农业实际取水，均未超出计划量，表明崇明岛当前用水定额普遍较宽，各取水许可单位的用水定额能够满足生活及工农业生产的需要。

表 1-7 基于不同统计口径分析结果的比较

项目	工业用水	生活用水	农业用水	公共用水	畜牧用水
基于取水许可数据[1]（万 m^3）	744	2 873	47 090	—	—
基于崇明县水资源普查数据[2]（万 m^3）	1 414	4 158	42 231	—	1 637
基于上海市水资源普查数据[3]（万 m^3）	2 822	2 221	43 181	342	

注：[1]取水许可数据的年份为 2004 年；[2]崇明岛水资源普查数据的年份为 2001 年；[3]上海市水资源普查对公共用水的定义为包括第三产业、服务设施、公共建筑、绿化用水和其他非工业单位（包括机关、学校、医院、科研院所等）的用水

《崇明县水资源普查报告》（崇明县水资源普查报告联席会议办公室，2001）反映了1999～2001 年崇明岛水资源情况。2001 年崇明岛全年总用水量约为 49 440 万 m^3。其中城乡居民生活用水约 4158 万 m^3，占全部用水量的 8.4%，人均用水 54 m^3；农业用水 42 231万 m^3，占 85.4%；工业用水 1414 万 m^3，占 2.9%，主要集中在冶金、电力、化工、机械、食品、纺织、造纸等行业；畜牧用水 1637 万 m^3，占 3.3%。可以看出，农业用水在崇明岛常规用水量中占了相当大的份额（表 1-7）。

《上海市水资源普查报告》（上海市水务局，2001）对上海市水资源现状及用水状况

的综合系统普查，在常规区属企业外，还涵盖了农场及市属企业的用水。普查数据表明：崇明工业用水为 2822 万 m³，生活用水为 2221 万 m³，农业用水为 43 181 万 m³，公共用水为 342 万 m³（表 1-7）。

基于 2004 年崇明岛用水数据汇总，国民经济总用水为 75 709 万 m³，其中工业用水 2742 万 m³，生活用水 3416 万 m³，农业用水 50 360 万 m³，畜牧用水 1366 万 m³，鱼塘用水17 825万 m³。

崇明岛 1997～2004 年工业用水量呈现先降低再升高的态势，尤其是 2004 年出现明显增加迹象（图 1-4）；生活用水量表现出较为平稳变化态势，基本保持在 3000 万～4000 万 m³；农业用水量表现出稳步增加变化态势；畜牧用水量表现出相对稳定的变化态势，即在 1000 万～1500 万 m³ 徘徊。

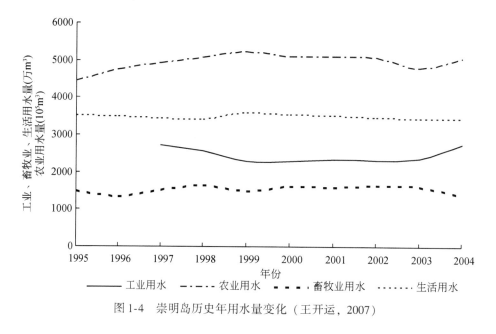

图 1-4 崇明岛历史年用水量变化（王开运，2007）

1.2.2.2 土地资源

土地利用是牵涉区域生产力布局与区域发展的根本性问题，其原则应该是节约土地资源、优化土地利用、提高土地效益和促进经济发展。依据崇明三岛 2006 年 1∶5 万遥感影像解译结果，崇明三岛土地总面积为 1405.85 km²（包括部分潮滩湿地），其中农田 813.60 km²，居住用地 109.04 km²，公共设施用地 12.98 km²，工业用地 12.00 km²，交通用地 28.77 km²，绿地 63.13 km²，水域 361.08 km²，其他类型 5.25 km²（图 1-5）。

由于长江径流所携泥沙在河口地区沉积，崇明岛北部和东部滩涂不断淤涨，平均每年逾 500hm² 土地从江中长出。1989～2004 年的 15 年间，崇明岛土地年增长面积约为 9.232 km²。在各土地利用类型中，呈增长趋势的有交通用地、绿地用地、公共设施用地、水域和其他类型用地，呈减少趋势的是居住用地和农业用地。2005 年用地类型中，以耕地面积最大，占总面积的 57.87%，其余依次为水域占 25.68%，居住用地占 7.76%，绿地占

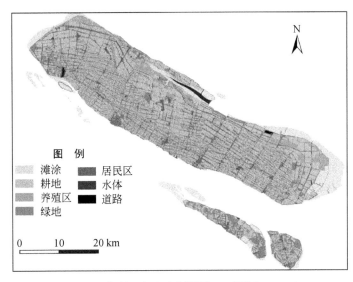

图 1-5 崇明三岛土地利用图（王开运，2007）

4.49%，交通用地占 2.05%，公共设施用地占 0.92%，工业用地占 0.85%，其他类型仅占 0.38%。其中，建设用地结构中，居住用地占 47.17%，工业用地占 5.20%，道路广场用地占 12.44%，绿地占 27.13%，居住用地比例较大，而工业用地比例较小。此外，崇明岛 2005 年人均居住用地达到 174 m^2/人，即超出了国家城镇建设用地指标，也超出了上海市农村居住用地的指标。如果对用地指标进行调整，光居住用地一项，就至少可为崇明岛节省 90.58~95.84 km^2 的土地面积，是崇明岛土地资源中可挖掘潜力最大的用地类型之一。因此，农村居住用地改革至关重要，配合崇明岛生态建设和社会主义新农村建设，生态村的建设将是未来崇明岛农村建设的主要内容之一。崇明三岛的用地结构中，代表城市化的工业用地、道路用地、基础设施用地等刚性土地利用类型的面积约 60.19 km^2，只占整个崇明三岛土地总面积的 4.28%，表明崇明岛目前的整体城市化水平较低，城镇建设有较大的发展空间。

虽然崇明县土地资源丰富，但相比于上海其他郊区，土壤质量难具优势。崇明岛土壤母质系江海沉积物，主要为水稻土、潮土和盐土。土壤耕作层厚度一般在 10~15cm。3 个土类呈东西向伸展、南北排列的条带状分布。水稻土占 49.88%，主要分布在西南部地区及南横引河一线以南；潮土占 39.98%，主要分布在上述地区的西侧及南横引河一线以北；盐土占 10.14%，主要分布在西北至东北部沿江海一带。土壤表层质地多轻壤、中壤，并常有深度不一的砂层，按表层质地分为黄泥（土）、僵黄泥（土）、黄夹砂（土）、砂夹黄（土）、砂土和滨海盐土。土壤有机质平均含量为（1.88 ± 0.54）%，全氮的平均含量为（0.109 ± 0.031）%，全磷的平均含量为（0.074 ± 0.011）%，速效磷含量平均为（9.8 ± 6.13）μg/g，均低于上海地区平均水平。速效钾含量相对较高，北沿地区土壤含盐较高。因此，崇明的高产稳产农田比例较低，仅占总耕地面积的 6%；全县耕地土壤偏碱性，养分偏低，水位偏高，从而在一定程度上限制了农业的发展。

1.2.2.3 能源

（1）利用现状

崇明岛区目前尚未勘探到化石燃料资源，煤、石油、燃气都靠外界供应。1999～2004年，崇明的能源消耗总量有较大幅度的增加。电力增加了52%；工业煤炭的消耗量增加了49%；液化气相对平稳增加了18%。就增长趋势而言，工业煤炭和电力消耗的大幅增长都出现在2002年以后；而液化气的消耗量自1997年以后，基本持平；人均消耗与总量变化趋势相同（图1-6和图1-7）。目前来看，崇明能源结构还较为单一，煤炭在能源消费中不但占主导地位（图1-8），其比例近年来还有上升的趋势（图1-6），而且这个数字还没有包括生活用煤。要适应生态岛建设的目标及可持续发展的战略，需进一步加大改善能源结构的力度。

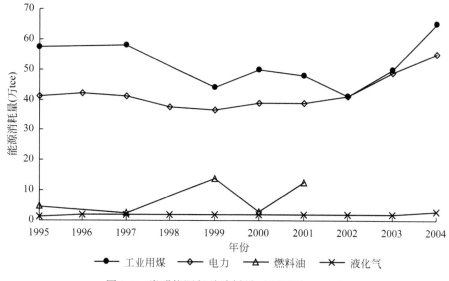

图 1-6　崇明能源年总消耗量（王开运，2007）

（2）开发潜能

由于崇明岛特殊的地理位置，岛上风能、太阳能及生物质能等可再生能源都特别丰富且分布相对集中，具有广阔的开发及利用前景。

1）风能。风能是目前可再生资源中最有效的能源技术之一，它不但可以缓解电力生产的环境负效应，而且可以提供较为稳定的能源供应。崇明凭江望海，为上海地区风力资源最丰富的区域。东滩地区风能测试结果表明，该区域常年风速大、频率高，在70 m高处平均风速达7 m/s，能量密度为329 W/m²，而且风力持久，年有效风力（4～25 m/s）累计时间超过7300小时，是我国开发风力发电的理论地域（图1-9）。如按照开发潜能250kW·h/km²测算，装机总容量可达150万kW，年总发电量可达30亿kW·h以上，将成为世界级的特大风电场（王开运，2007）。

2）太阳能。崇明地区空气透明度较高，日照充足，年日照时间为2104小时，日照率接近50%，年太阳能辐射总量4700 MJ/m²，潜在的年有效能量相当于20万tce，为

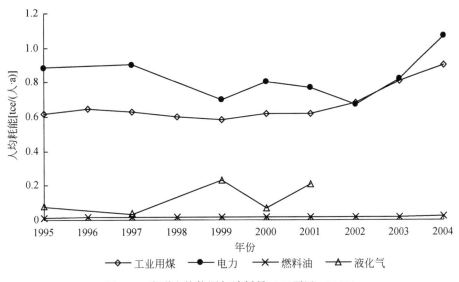

图 1-7　崇明人均能源年消耗量（王开运，2007）

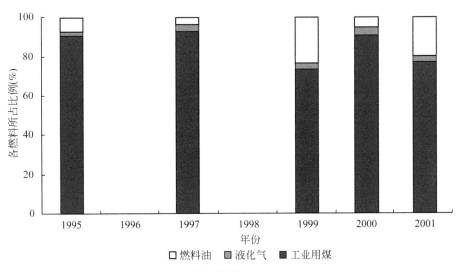

图 1-8　崇明能源结构（王开运，2007）

太阳能的光热利用和光伏发电提供了良好的条件。目前崇明仅有少量用于生活供热的太阳能设备，而且老式的农村住宅大多尚未安装太阳能低温热水器，城镇居民也多使用燃气供热。

3）潮汐能与波浪能。崇明岛东临东海和西接长江的自然地理条件，使得岛沿岸蕴藏着丰富的潮汐能和波浪能等海洋能资源。长江口河段被崇明岛分割为南北两支，北面周长 76 km，达到平均高潮位的水域面积 480 km²，平均潮差 3.04 m，最大潮差 5.95 m，平均潮位的吞吐潮量为 26 亿 m³，平均每日从长江上游流入的淡水径流量为 1.64 亿 m³。根据估算，可开发的潮汐能装机容量高达 70 万 kW，潜在的年发电量约 23 亿 kW·h 的潮汐电站，是上海未来可再生能源发展潜力之一。崇明长江口外的佘山和大戢山等岛屿位于海

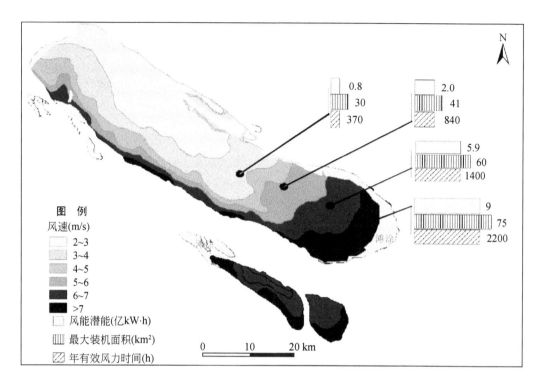

图 1-9　崇明风能估计（王开运，2007）

中，波浪能密度为 1.58 ~ 1.89kW，理论功率达到 165 MW，适合于建立离岸或岸边波浪发电装置。

4）生物质能。崇明县是上海的农业县，除粮食作物外还有蔬菜、花卉、树木、药材、畜禽以及芦苇等丰富的生物质资源。全岛每年仅作物的秸秆量就可达 20 万 t 以上，相当于 10 万 tce，加上其他生物质资源，总资源量相当于 15 万 tce，为开发生物质能储备了丰富的资源。

不难看出，崇明县拥有丰富的可再生能源资源，但由于一些客观原因制约，目前的利用率还较低。风能发电尚在规划建设阶段，目前在东滩建立了示范性风力发电设施，但仅有 13 台机组投入使用，在崇明县的电力供应中所占的比例还比较有限。生物质能的利用除部分秸秆直接燃烧用于炊事外，大部分直接烧毁，带来环境污染；早期应用生物质能的沼气池也都基本停止使用，例如位于东滩地区的前哨农场在 20 世纪 80 年代建设了地下沼气池，综合利用生物质能，可满足 200 户居民的炊事用能的需求，但 90 年代以来由于种种原因，这些沼气池逐渐停止工作。如果这些资源能够得到有效开发，不仅可为全岛的建设提供清洁的能源，还可为国际大都市上海提供宝贵的绿色能源，大大优化全市的能源结构。

1.2.2.4　生物资源

崇明岛是河口地区的冲积沙洲，特殊的地理位置为其带来了复杂而又独特的生态环境，生物多样性资源丰富。尤其是滩涂湿地生境，其丰富的底栖动物和植物资源为鸟类提供了丰富的食物来源，成为众多物种优良的栖息环境，是生物多样性最为丰富的地区。其中崇明东滩保护区面积为 326 km²，属长江口典型的河口湿地，处于我国候鸟南北迁徙的东线中部，地理位置十分重要。东滩滩涂辽阔，拥有丰富的底栖动物和植物资源，是候鸟迁徙途中的集散地，也是水禽的越冬地。崇明东滩记录的鸟类达 312 种，迁徙水鸟上百万只。其中国家一级保护动物 4 种，国家二级保护动物 43 种。属《中日候鸟保护协定》的有 167 种，属《中澳候鸟保护协定》的有 51 种。列入《中国濒危动物红皮书》的水鸟有 12 种。另外，1996 年春季调查统计到的涉禽数量表明，有 8 种超过或达到世界种群的 1%；3 种达到或超过停歇地大于 0.25% 的标准。1999 年崇明东滩正式加入东亚—澳大利亚涉禽迁徙保护网络，2002 年 1 月，湿地国际秘书处正式接纳崇明东滩为国际重要湿地。

根据 2005 年航片解译以及野外调查计算结果，目前崇明植被覆盖总面积为 140.4 km²，占其陆地总面积的 11.62%，其中林地面积包括防护林、特殊林种以及"四旁"林地，总计 60.78 km²。作为一个成陆历史很短的河口岛屿，崇明现有的森林生态系统主要是人类作用的结果，岛区植被群落结构比较单一，建群种丰富度低、适应性差。常见树种主要有香樟、水杉、白榆、杨树、广玉兰等 30 余种。为了配合崇明岛生态建设需求，目前岛上建立了许多大的苗圃基地，多培育观赏性强、珍稀树种。灌木多为人工引进，注重观赏性，如木芙蓉、紫薇、枸杞、夹竹桃、珊瑚树等，有 20 多种。草本层中刺果毛茛、佛座、大槽菜、猪殃殃、律草、婆婆纳、乌蔹莓、泽漆、早熟禾以及加拿大一支黄花、白花三叶草等主要构成物种并在全岛都有大量分布。此外，从景观尺度看，岛域植被的空间分布不均匀，连续性、通达性、多样性相对较低，与其他景观的协同性方面不是十分合理（图 1-10）。

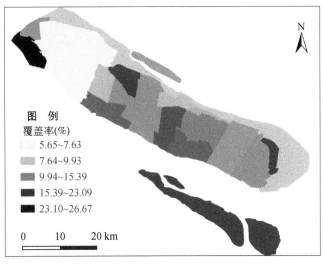

图 1-10　崇明岛区植被覆盖空间分布状况

资料来源：崇明三岛 2006 年航空照片

1.2.2.5 旅游资源

(1) 旅游资源特色

崇明三岛面江临海，气候宜人，自然环境非常优越。岛上地势平坦，空气清新，水质良好，土地洁净，林木茂盛，瓜果飘香，先天具有"水清、土肥、气明"的三大优势，可谓是闹市区边上的一块静（净）地，上海的"后花园"，被誉为长江口无污染的"绿宝石"。

崇明岛区具有丰富的生态资源、独特的人文资源以及特有的土特产资源，是上海都市旅游新的发展空间。生态旅游资源主要有位于崇明岛东部的团结沙、三角洲、东旺沙，北部新隆沙、永隆沙，西部西沙，长兴岛北部、中央沙、青草沙，横沙滩地等地文景观；明珠湖、白港鱼塘，崇明岛东滩、北滩、西滩，长兴岛北部和中西部滩涂，横沙岛沿海滩涂等水域风光；东平国家森林公园、东滩鸟类保护区等生物景观；以及崇明岛东滩、横沙岛的日月星辰观察地，崇明三岛的避暑气候地等天象与气候景观。由于崇明历史悠久、人才辈出、代有贤能，也不乏文化旅游资源，历史文化遗迹有崇明学宫、金鳌山、寿安寺等，民间文化艺术有灶花艺术、扁担戏、蟋蟀文化等。此外，崇明县土特产品丰富，如崇明四鲜"蟹、豚、鱼、鳗"、崇明双瓜"崇明甜包瓜和崇明金瓜"、崇明花酒、崇明白山羊、灶花、芦苇制品、情侣蟹等；长兴岛、横沙岛盛产柑橘、西红花，还有凤尾鱼、回鱼、刀鱼、鲈鱼、中华绒螯蟹等。

自然资源与人文资源的相互交融，使崇明县旅游资源具有三大特色，即独特的田园风光、崇明岛高品质的生态湿地及高科技的长兴岛工业基地。丰富的旅游资源决定了崇明县可以开展多种形式的旅游，优越的区位又使崇明县的旅游开发既可进行区内扩展延伸，并可与上海市郊、江苏、浙江等地区合作，形成长江三角洲地区的旅游品牌和线路，从而满足不同档次、不同区域、不同目的旅游消费者的需求。

(2) 资源开发现状及效益

崇明三岛旅游业自1987年起步以来，以崇明岛旅游业发展为主。经过几年的开发建设，崇明岛目前已初步形成了一批旅游景点和景区，旅游项目不断增加，旅游设施不断完善，旅游产品和线路逐步推出，旅游企业内部管理逐步走向规范化，形成了东、南、西、北四个方位的景点布局。东部东滩候鸟自然保护区，拥有大量的野生动植物资源，尤其是鸟类资源十分丰富；中南部文化旅游区，主要以崇明博物馆（学宫）、金鳌山、寿安寺为主体，包括南山广场、瀛洲公园、沿江观光工程、八一路购物街等，是一个以历史古迹、都市景观为主的旅游区；西部绿华境内的县水产养殖场拥有自然水面约2000亩（1亩≈666.7 m^2），素有"明珠湖"之称，是目前崇明岛上最大的天然内陆湖，周边地区有万亩橘园，其他绿化工程、生态示范区建设也在进行之中；特别是中北部东平国家森林公园地区，已基本形成旅游项目较多、住宿等旅游设施较为齐全的景区（王开运等，2006），是目前崇明的龙头景点，在2000年被评为国家AAAA级景点。另外，目前长兴岛建有芦荡迷宫、垂珠园、梦思园，还有上海科技城、上海振华港机长兴基地、红星青少年教育活动基地等；横沙岛主要以休闲度假为主，有综合服务区、度假别墅区、文化娱乐区、田园风光区、水上活动区、健身疗养区等功能小区。

1997～2004 年，崇明岛共接待游客约 520 万人次，年均增长 24.3%；旅游业直接收入 5.1 亿元，年均营业收入 8500 万元，年均增长 22.2%（图 1-11）；接待游客总量中，岛外游客占 55%，其主体来自上海市区。2005 年，按照崇明生态岛的功能定位，崇明积极开发新的旅游景点，新建了崇明西沙湿地生态修复实验基地和世界河口沙洲展示馆，新辟了明珠湖等。利用节庆活动的契机，打造崇明旅游品牌，成功举办了"环岛驾车游"、"森林嘉年华"、"明珠湖杯垂钓赛"、"前卫金秋生态文化节"、"渔家欢乐节"、"农家乐风采摄影展"等主题活动，吸引岛内外游客前来观光旅游。2005 年接待游客 79.2 万人次，比上年增长 2.6%；完成营业收入 1.9 亿元，比上年增长 27.3%。总体而言，崇明岛区的旅游业基本上仍然处于发展的初级阶段，相关旅游配套设施还有待进一步完善。

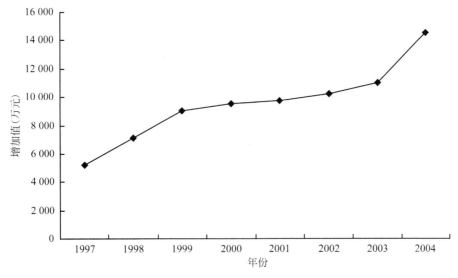

图 1-11　崇明旅游业发展情况

资料来源：上海市社会科学研究院，2006

（3）资源开发劣势

一是对外交通不畅，岛内交流基础设施条件较差。长期以来，对外交通一直是制约崇明岛区旅游业发展的"瓶颈"问题。目前，崇明岛与市区的交通联系仅依靠轮渡，速度慢，受气候影响大，通行能力有限。由于缺乏必要的陆路交通与上海市区和江北相连，特别是上海—崇明—苏北的越江通道尚未建成，严重阻碍了人流、物流、信息流的畅通，直接影响了旅游资源的开发进程。由于基础设施建设成本高，资源共享条件差，公共服务设施和文化、教育等公益性事业发展滞后，高素质人才外流现象严重，岛区内从业人员素质不高，服务质量较差。虽然其区位条件客观上极具优越性，但若变成现实，还需要具有多种条件。

二是经济落后，工业化水平较低。由于长江阻隔，严重制约了崇明岛的经济发展，虽然近年来崇明经济持续发展，但与上海其他各区域相比，发展速度相对滞后，在上海市区域经济发展格局中处于不利地位。与一江之隔的江苏南通地区相比，近几年来的发展差距也十分明显，成为沪苏发达地区之间的经济低谷，上海经济区的"西部地区"。由于崇明经济发展水平低、农村城镇化率不高，岛内重大基础设施投资进展迟缓。总的来说，崇明的住宿设施档次低，接待国内外游客的星级宾馆及床位数量不足。除少数中档宾馆外，其他住宿设备档次太低，难以满足各大城市、发达地区和海外的游客。

三是资源开发营销力度不够。崇明岛区除了东平国家森林公园较有名气外，其他大尺度、垄断性的旅游资源较少，而且像东滩候鸟保护区和崇西湿地等大多数生态资源需要保护，开发的限制因素多。再加上由于营销力度不够，至今没有形成区域旅游品牌，中远距离游客对崇明的旅游资源和区位知之甚少，影响了崇明旅游业的发展。横沙岛早在1992年就被列为首批国家级旅游度假区，崇明岛的东滩湿地也早在1992年被列入《中国保护湿地名录》，但从旅游的效益来看远远够不上国家级的等级。基于此，崇明的旅游业必须秉承"一流的资源，合理的开发，积极的营销"，着力开拓并占有市场，加快塑造旅游品牌，提高对外知名度。

1.2.3 社会经济状况

1.2.3.1 行政区与人口

目前崇明县由崇明、长兴、横沙三岛组成，包括16个乡镇（新村乡、绿华镇、三星镇、庙镇、港西镇、城桥镇、建设镇、新河镇、竖新镇、港沿镇、堡镇、向化镇、中兴镇、陈家镇、长兴乡和横沙乡）和9个农场（跃进农场、新海农场、红星农场、长征农场、东风农场、长江农场、前进农场、富民农场和前哨农场）（图1-12）。县政府所在地城桥镇是全县的政治、经济和文化中心。按照《崇明三岛总体规划》，到2020年崇明县将形成"一城九镇"（崇明新城、北湖镇、明珠湖镇、庙镇、新河镇、堡镇、向化镇、陈家镇、凤凰镇和新民镇）的发展格局（图1-13）。

2005年人口抽样调查表明，崇明三岛户籍登记人口70.12万，户籍常住人口59.96万（户籍人口中不住在本区的达10多万，占户籍人口的1/7多），外来人口6.74万，外来常住人口5.72万，常住人口总量65.68万，现有人口总量66.70万。人口出生率5.9‰，死亡率8.8‰，自然增长率-2.9‰。民族以汉族为主，另有蒙古族、回族、满族、壮族、白族、彝族、朝鲜族、维吾尔族、布依族、哈尼族、土家族、藏族等少数民族。

人口分布与区域内自然条件和社会经济条件的差异基本一致，主要分布在沿长江南支一侧的乡镇。而北部地区（也是农场主要分布地区）和东部地区（新围垦地区，现为上实集团管辖）人口密度较低，每平方公里都在300人以下，有的还不足100人（图1-14）。

根据2000年人口普查资料，全岛人口年龄结构金字塔如图1-15所示。女性20～29岁组（妇女生育高峰的年龄组）人口明显较少，只是在10～14岁组突现一个小高峰。这部分女性人口到2008年开始陆续进入婚育高峰期；但由于少生优育的观念已被广大居民所接受，一般生育率和总生育率自20世纪80年代后一直走低，目前总生育率已降到0.8的低水平，所以崇明2010年左右出生率会因为育龄妇女的增多而有所回升，但不会出现明显的出生高峰。

崇明人口的逐年减少一方面降低了人口对当地生态环境的压力，为上海市保留了一方难得的净土；另一方面，年轻劳动力的大量外流给地区经济社会发展带来许多问题。一是

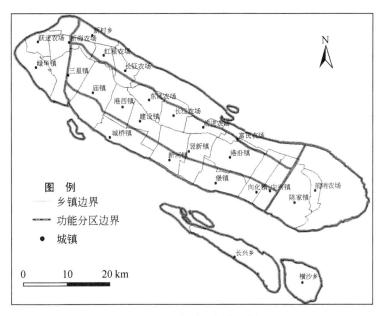

图 1-12　崇明县行政区划

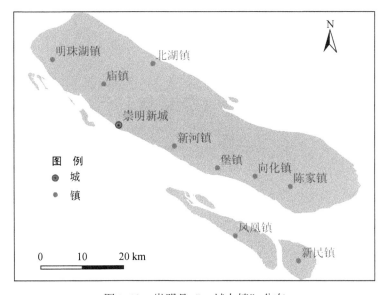

图 1-13　崇明县"一城九镇"分布

严重的未富先老。统计表明，目前崇明人均 GDP 逾 2000 美元，只及全市平均水平的一半。二是就业机会少，失业率高。近年来，崇明城镇登记失业人口有 8000 左右。全县的调查失业率为 3.6%，城桥镇为 12.1%、堡镇为 8.8%、新河镇为 5.7%，其余乡镇的失业率均低于 2%。农场的失业率普遍较高，除跃进农场、上实现代农场、团结沙农场外，其余农场的失业率平均均在 15% 左右，尤其是东风农场，失业率高达 25%。年轻劳动力的缺失必然会影响经济发展的活力。三是年轻人口大量流出，使人口整体素质难以提高。总之，人

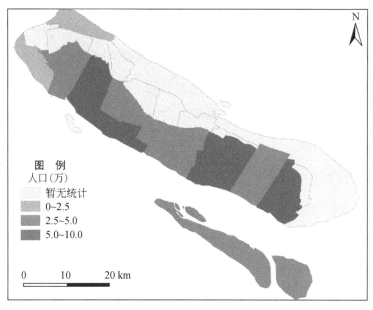

图 1-14　崇明县人口分布

资料来源：崇明县统计局，2005

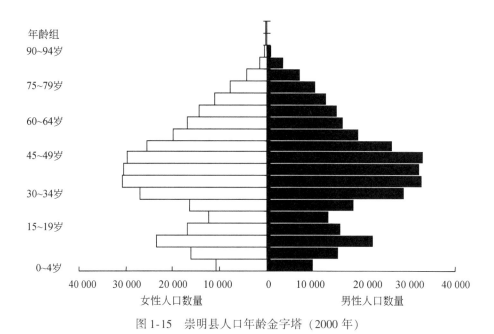

图 1-15　崇明县人口年龄金字塔（2000 年）

口老龄化、人口素质水平不高，将使得崇明在新一轮发展中难以抓住机遇。高度熟练的人力资源是技术发展与经济增长、社会发展、环境保护的重要环节。其中一个重要措施是发展经济增加对年轻劳动力的吸引力。

1.2.3.2 经济

改革开放以来，依托长江三角洲的有利地理优势，崇明县国民经济保持了高速、持续的发展态势。GDP 已由改革开放初期 1980 年的 3.37 亿元，增长到 2004 年的 79 亿元，增长了 22 倍多，年平均递增为 14.1%（图 1-16）。2005 年，全县经济保持持续稳步增长。全年完成 GDP 95.7 亿元，比 2004 年增长 12.2%，并连续三年实现了两位数增长。其中第一产业完成增加值 16.1 亿元，比上年增长 1.9%，占全县增加值的比例为 16.8%，比上年下降 2.2 个百分点；第二产业完成增加值 43.9 亿元，比上年增长 17.0%，占全县增加值的比例为 45.9%，比上年增加 2.1 个百分点；第三产业完成增加值 35.7 亿元，比上年增长 11.7%，占全县增加值的比例为 37.3%，在 1995～2004 年加速发展的趋势基础上（图 1-17）进一步增长。全县职工年平均工资为 20 020 元，比上年增长 15.6%；农村住户年人均纯收入 6185 元，比上年增长 7.0%。居民储蓄总量不断增加，年末城乡居民储蓄余额 141.2 亿元，比年初增加 24.7 亿元，人均储蓄达 21 170 元，比上年增加 2810 元。

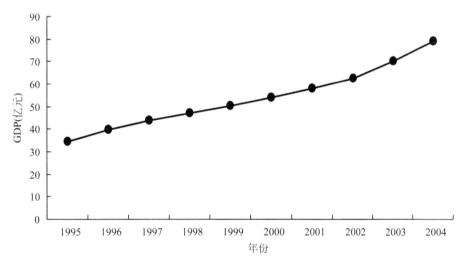

图 1-16　1995～2004 年崇明经济发展趋势（王开运，2007）

近年来，崇明县在经济发展中重视加强园区建设，已基本形成了上海市崇明工业园区、上海富盛经济开发区、崇明现代农业园区、崇明森林旅游园区和各乡镇的经济小区，其中崇明工业园区是上海 9 个市级工业区之一。规模以上工业企业优势明显，2005 年全年完成工业总产值 98.9 亿元，占全县工业总产值的 84.7%。重点行业增长幅度明显，医药、海洋设备制造业的产值增幅均超过 50%。"一业特强"产业有新增长，日用不锈钢和商业设备制造业 2005 年全年完成产值 12.1 亿元，比上年增长 1.7%。

但是，与上海市郊其他区县相比较，崇明县的经济总量偏小，经济水平差距呈现扩大的趋势，人均 GDP 与其他区县的差距达到了 3 倍以上。而且，经济发展中新增投入和新的经济增长点不多，经济效益有待于进一步的提高。

在产业结构调整上，崇明县依托上海的有利地理优势，大力发展第二产业和第三产

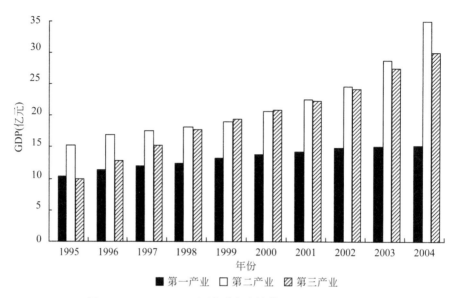

图 1-17　1995～2004 年崇明产业结构（王开运，2007）

业，结构渐趋合理，并且逐步升级。第一产业产值从改革开放初期 1980 年的 3.7 亿元增加到 2005 年的 16.1 亿元，增加了近 4 倍；农业产业结构进一步优化，特色农业发展逐渐加快，基础地位得到加强。以"寒优湘晴"、"嘉花一号"及"金丰"等为主的优质水稻品种种植面积占全县水稻总种植面积的 95%。林业生产也有新发展，全县新增生态林 2400 hm²，新增经济林 84 hm²。畜牧业和渔业生产也取得了较好的成绩。第二产业比例在"六五"到"七五"期间快速上升，之后开始下降，但是作为崇明县的支柱产业，其仍处于发展状态。第三产业是崇明县三大产业中发展速度最快、增幅最大的产业，在不到 20 年的时间中，其比例已由改革开放初期 1980 年的 25.5% 增长到 2005 年的 37.3%，其中 1999 年和 2000 年超过第二产业，处于三大产业的首位。但总的来说，崇明县三大产业经济的发展还处在"二、一、三"的阶段；第一产业的经济增长不够稳定，尚未形成强大的增长点；第二产业中的工业起步较晚、总量偏小、层次较低，并且布局分散、不平衡（图 1-18），再加上交通"瓶颈"的限制，整体竞争力不强；第三产业虽然发展较快，但是行业之间存在较大的不平衡性。因此，在新的发展时期，有必要进一步调整、优化崇明县产业结构。

1.2.3.3 基础设施

崇明县交通建设已有较大发展，县域内陆交通主要有东西向干道陈海公路和北沿公路，及南北向公路 14 条，总长 395.6 km，道路密度 0.52 km/km²。目前，崇明的对外交通主要靠水运，但随着沪崇苏高速公路等越江工程的规划建设，崇明县的这种交通状况将有较大的变化，前景十分乐观。规划崇明将建设沪崇苏高速公路，同时设置三处对外连接的出入口，分别是崇明岛南部往长兴岛通往浦东的上海长江隧桥，崇明岛北部通往江苏启东的崇启大桥和通往江苏海门的崇海大桥。规划三岛间通过高速公路和主要公路开成

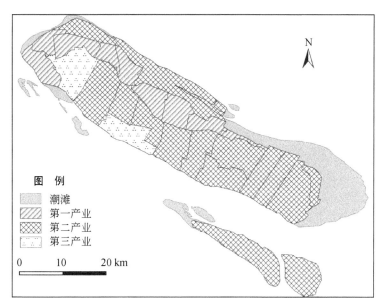

图 1-18　崇明各乡镇主导产业空间分布（王开运，2007）

"工"字形干道进行沟通；崇明本岛形成"一环三横十五纵"的公路网络；长兴岛公路网构成"十"字形干路骨架，并进一步形成富有特色的"鱼骨"格局；横沙岛公路形成"一环加十字"的结构（图 1-19）。

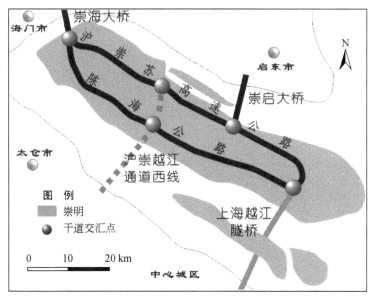

图 1-19　崇明交通路网规划图（上海市规划局，2006a）

通信基础设施建设加快推进，城乡信息化服务程度明显提高。2005 年全县邮电业务收入 2.3 亿元。年末电话交换机总容量 25.3 万门。年末拥有电话用户 22.7 万户，比上年净增 2 万户。每百户住宅电话拥有量达 87 部。邮政业务平稳发展，2005 年进出函件 670 万件，进出特快专递 10.8 万件，发行各类报纸杂志 1444 万份。信息化建设的推进与应用工作，取得了明显的成效。按照"务实、为民、高效"的工作要求，为及时完成信息公开的各项任务，崇明县政府组织实施了崇明政府网站第二次改版工作，各委办局积极推行使用正版软件工作，利用现有网络资源，促进县级网上行政审批工作，使政府门户网站和公务网功能得到提升。全年共采集社会保障卡信息 7801 人次，发放社会保障卡 7246 张。

目前崇明县的供水设施主要以乡镇自来水厂为主，规划将建设城桥、堡镇、陈家镇、崇北、崇西、长兴 6 个水厂，并在长兴岛西侧拦围建设青草沙水库，作为上海市域范围内主要取水水源之一，满足三岛供水，并向市区供应原水。目前，崇明县排水系统仍比较落后，基本上无排水管网，污水多通过沟渠，直接排入就近河道。由于缺乏污水处理厂，现状的排放方式不可避免地会造成河网水系的严重污染。按照"集中处理和分散处理相结合"的原则，规划根据划分的 9 个处理片区，将建设城桥、凤凰等 5 个污水处理厂和崇北、东滩等 4 个湿地污水处理系统（图 1-20）。

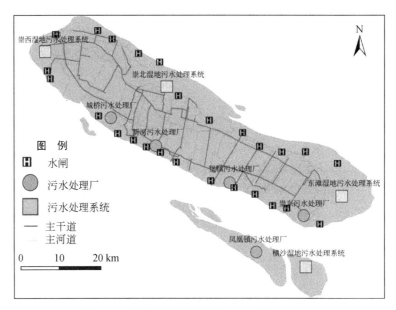

图 1-20 崇明水设施规划图（王开运，2007）

目前崇明的电力生产基本来自煤炭发电，不仅带来环境问题，同时运输成本也在不断提高。太阳能、风能、生物质能较多，但其潜能的开发，也不能满足当前及未来经济发展水平的需要。因此，规划一方面要加快对堡镇燃煤发电厂的技术改造，装机容量将扩大到一定的规模效应，并规划在竖新预留燃气电厂建设用地，远期替代堡镇电厂，并将长兴电厂改造成热电联供燃气机组；另一方面，结合国家西电东输工程，与上海长江隧桥工程同步建设输电线路，形成与市区及南通联网的主网型结构，开展三岛输变电设施和电网改造，提高电力供应保障能力（图 1-21）。

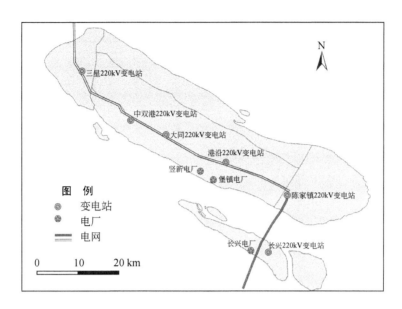

图 1-21　崇明电网规划图

资料来源：上海市规划局，2006a

1.2.4　环境特征

1.2.4.1　水环境特征

（1）河流水质

2007 年崇明岛县控监测断面水质监测结果显示（表1-8），12 个断面23 项监测指标中，达到Ⅰ类水质标准的占53.8%，达到Ⅱ类水质标准的占12.8%，达到Ⅲ类水质标准的占15.4%，达到Ⅳ类水质标准的占10.8%，Ⅴ类或劣于Ⅴ类水质标准的占7.2%。达到Ⅰ~Ⅲ类水质标准的占82%。

表 1-8　2007 年崇明岛县控监测断面水质监测结果

河流名称	监测断面	项目	溶解氧	COD*	BOD**	氨氮	总磷	总氮	挥发酚	石油类
长江干流	南门港码头	浓度（mg/L）	7.340	7.760	1.530	0.370	0.140	1.910	0.005	0.030
		水质类别	Ⅱ	Ⅰ	Ⅰ	Ⅱ	Ⅲ	Ⅴ	Ⅲ	Ⅰ
南横引河	三沙洪交汇口	浓度（mg/L）	6.260	10.220	2.200	0.490	0.140	2.260	0.004	0.040
		水质类别	Ⅱ	Ⅰ	Ⅰ	Ⅱ	Ⅲ	劣Ⅴ	Ⅲ	Ⅰ
南横引河	新河港交汇口	浓度（mg/L）	6.610	8.770	2.300	0.460	0.150	2.420	0.006	0.050
		水质类别	Ⅱ	Ⅰ	Ⅰ	Ⅱ	Ⅲ	劣Ⅴ	Ⅳ	Ⅰ
南横引河	堡镇水厂	浓度（mg/L）	6.420	11.870	2.650	0.770	0.166	2.200	0.005	0.040
		水质类别	Ⅱ	Ⅰ	Ⅰ	Ⅲ	Ⅲ	劣Ⅴ	Ⅲ	Ⅰ

续表

河流名称	监测断面	项目	溶解氧	COD*	BOD**	氨氮	总磷	总氮	挥发酚	石油类
南横引河	奚家港交汇口	浓度（mg/L）	6.550	10.650	2.630	0.600	0.155	2.100	0.005	0.060
		水质类别	Ⅱ	Ⅰ	Ⅰ	Ⅲ	Ⅲ	劣Ⅴ	Ⅲ	Ⅳ
老滧河	城桥水厂	浓度（mg/L）	7.350	9.230	1.470	0.320	0.103	1.980	0.005	0.040
		水质类别	Ⅱ	Ⅰ	Ⅰ	Ⅱ	Ⅲ	Ⅴ	Ⅲ	Ⅰ
直河	前进水厂	浓度（mg/L）	5.640	11.840	3.850	0.720	0.138	2.590	0.005	0.030
		水质类别	Ⅲ	Ⅰ	Ⅲ	Ⅲ	Ⅲ	劣Ⅴ	Ⅲ	Ⅰ
界河	北沿公路桥	浓度（mg/L）	5.710	18.400	5.470	1.210	0.640	2.940	0.005	0.030
		水质类别	Ⅲ	Ⅲ	Ⅳ	Ⅳ	劣Ⅴ	劣Ⅴ	Ⅲ	Ⅰ
新建闸河	新建水闸内	浓度（mg/L）	6.220	11.320	2.110	0.740	0.118	2.000	0.004	0.050
		水质类别	Ⅱ	Ⅰ	Ⅰ	Ⅲ	Ⅲ	Ⅴ	Ⅲ	Ⅰ
八滧港	北沿公路桥	浓度（mg/L）	6.060	13.460	3.270	0.620	0.129	2.570	0.003	0.040
		水质类别	Ⅱ	Ⅰ	Ⅲ	Ⅲ	Ⅲ	劣Ⅴ	Ⅲ	Ⅰ
白港	三星镇	浓度（mg/L）	5.520	17.440	4.320	1.000	0.089	2.870	0.004	0.040
		水质类别	Ⅲ	Ⅲ	Ⅳ	Ⅲ	Ⅱ	劣Ⅴ	Ⅲ	Ⅰ
相见港	相见港	浓度（mg/L）	5.290	17.200	4.360	1.350	0.290	3.320	0.004	0.060
		水质类别	Ⅲ	Ⅲ	Ⅳ	Ⅳ	Ⅳ	劣Ⅴ	Ⅲ	Ⅳ

* COD 为化学需氧量（chemical oxygen demand）；＊＊BOD 为生化需氧量（biochemical oxygen demand）

从年平均值来看，12 个断面中总氮全部超标，处于Ⅴ类的断面有 3 个，劣Ⅴ类的断面有 9 个，是超标项目最多的指标。BOD 有 3 个断面超标，氨氮和总磷各有 2 个断面超标。按照监测断面中超标个数来看，界河—北沿公路桥和相见港两个断面各有 4 个项目超标（BOD、氨氮、总磷、总氮），白港—三星镇断面有 2 个项目超标（BOD、总氮）。

根据上海市内陆河流及水系水质常规评价技术规范，对崇明岛县控监测断面进行综合水质标识指数计算，界河和相见港水质属于Ⅳ类水水质，未达到Ⅲ类功能区标准。其他的断面综合水质标识指数处于 2.2～3.6，达到Ⅲ类功能区标准。达到Ⅱ类功能区的有 7 个断面，占总数的一半以上。2007 年监测数据和综合水质标识指数表明，崇明岛中部水质较差，东平河、新河港、相见港、直河区域水质较差。

（2）污染源特征

1）工业污染源。崇明岛重点工业源 365 家，一般工业源 1295 家，合计工业源 1660 家（图 1-22）。重点工业源基本位于南部地区，沿长江岸边和南横引河分布。工业污染源在城桥镇、新河镇、堡镇和陈家镇数量较多，其中城桥镇 59 个，新河镇和港沿镇各有 40 个和 33 个重点源。

崇明岛 1318 个非重点工业源大部分分布在南部区域，主要在沿河地区分布。按乡镇来分，竖新镇数量最多，有 177 个，庙镇和堡镇各有 149 个和 147 个非重点源。

崇明工业污染源共产生废水 1143.68 万 t/a，排放废水量 1021.56 万 t/a。废水排放去

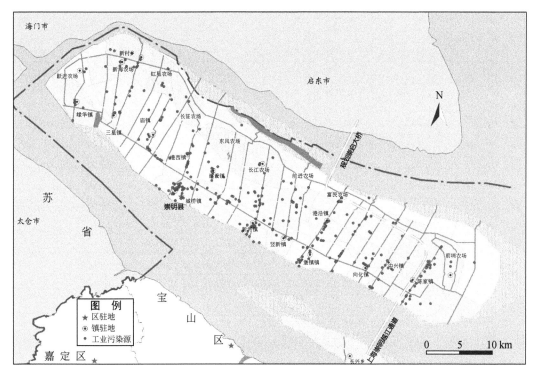

图 1-22 崇明岛重点工业源分布图

向基本是经过初步处理后直接排放入江、河、湖、库等水环境。仅有 25 家工业源废水排放入污水集中处理厂进行处理，总处理量为 27.88 万 t/a，仅占排放总量的 2.73%。崇明岛工业点源 COD 年排放量为 1556.27 t。氨氮年排放量为 11.88 t。

2）生活污染源。按照城镇人口污水产生量 230L/（人·d），污染物 COD_{Cr} 浓度为 90g/（人·d），氨氮浓度为 7g/（人·d）计算，崇明岛城镇生活源的污水产生量为 1704.39 万 t/a，COD_{Cr} 产生量为 6669.34 t/a，氨氮产生量为 518.73 t/a。崇明岛现有 4 个污水处理设施对城镇污水进行处理后排放，经统计，共削减 COD_{Cr}1922.52 t/a，氨氮 46.73 t/a。崇明岛城镇生活源共排放污水 1704.3 万 t/a，COD_{Cr} 排放量为 4746.82 t/a，氨氮产生量为 472 t/a。

按照农村人均生活污水量 110L/（人·d）、COD_{Cr} 人均产污系数 90 g/（人·d）、氨氮 7 g/（人·d）来计算，崇明岛农村人口共产生污水 1687.58 万 t/a，COD_{Cr} 排放总量为 13 807.48 t/a，氨氮排放总量为 1073.92 t/a。

崇明岛有 78 个规模化养殖场，其中，养殖猪场 46 个，年存栏量 82 514 头，平均每场养殖猪 1790 头；奶牛场 26 个，年存栏量 13 758 头，平均每场养殖奶牛 530 头；蛋鸡场 6 个，年存栏量 165 000 头，平均每场养殖蛋鸡 27 500 只。养殖专业户 535 户，其中养猪专业户 513 家，年存栏数 48 636 头，平均养殖数量为 95 头（表 1-9）。

表1-9　崇明岛畜禽养殖规模

类型	养殖种类	普查单元数（个）	年存栏量（头、只）	年出栏量（头、只）	不同清粪方式下各阶段存栏数（头、只）			
					阶段	干清	水冲	垫料垫草
养殖场	猪	46	82 514	129 449	繁殖母畜	9 281	0	855
					育成育肥	30 458	4 430	0
					保育	26 565	0	2 450
	奶牛	26	13 758	—	成乳母牛	8 950	0	0
					育成牛	4 287	0	0
	蛋鸡	6	165 000	—	产蛋鸡	159 000	0	0
养殖专业户	猪	513	48 636	73 392	繁殖母畜	5 012	0	0
					育成育肥	21 752	0	0
					保育	12 345	0	0
	肉牛	1	77	12	育成牛	1	0	0
	蛋鸡	21	47 010	—	产蛋鸡	19 553	0	0

把各种畜禽折合成猪当量计算（60只肉鸡折算成1头猪，1只蛋鸡折算成2只肉鸡，1头肉牛折算成5头猪，1头奶牛折算成2头肉牛），崇明县规模化畜禽场 COD_{Cr} 排放量为2649.84 t/a，氨氮排放量为214.45 t/a。按照各乡镇统计年鉴统计畜禽养殖总量，减去各乡镇的规模化畜禽场养殖量，得出各乡镇散养畜禽量。由散养畜禽污染源排放量是产生量的40%计算得出，崇明岛散养畜禽 COD_{Cr} 排放量为3329.78 t/a，氨氮排放量为301.52 t/a。

3）农业污染源。崇明岛共有14个乡镇和8个农场，耕地总面积为612 882亩，其中旱地110 330亩，水田502 552亩。园地总面积为98 741亩，其中果园87 575亩。崇明岛耕地和园地总面积为711 623亩，合47 441 hm²，即474.41 km²。由崇明岛耕地和园地面积和农田径流污染系数计算得出，崇明岛农田径流面污染 COD_{Cr} 排放量18 741.71 t/a，氨氮排放流失量为1400.91 t/a。崇明岛规模化水产养殖场和水产养殖专业户的数量共有2095家，养殖面积72 398.41亩。崇明岛水产养殖业年换水排放总量为167 310 039.55 m³，为16 731万t。根据水产养殖污染源排放系数可得出崇明岛水产养殖污染物 COD_{Cr} 排放量为5341.90 t/a，氨氮72.19 t/a。

（3）崇明岛水环境污染源负荷

崇明岛 COD_{Cr} 污染排放总量为50 173.79 t/a，氨氮排放总量为3546.86 t/a。按照污染源排放类型统计，COD_{Cr} 排放量中，农业源排放负荷最大，占总量的48%，其中农田面源排放占总量的37.4%。生活源排放量占总量的37%，仅次于农业源，其中农村生活源占总量的27.5%。工业源 COD_{Cr} 排放量仅占总量的3.1%。氨氮排放负荷中，生活源占43.6%，农业源占41.5%，两项共占总量的85.1%。其中，农田面源和农村生活源分别占总量的39.5%和30.3%。因此，农田面源和农村生活源在崇明岛污染排放负荷中占比重最大，工业源占比重最小（表1-10）。

表 1-10　崇明岛各类型污染源排放量

污染源类型		COD_Cr（t/a）	比例（%）	小计（%）	氨氮（t/a）	比例（%）	小计（%）
工业源	工业点源	1 556.27	3.1	3.1	11.88	0.3	0.3
生活源	城镇生活源	4 746.82	9.5	37.0	472.00	13.3	43.6
	农村生活源	13 807.48	27.5		1 073.92	30.3	
畜禽源	畜禽点源	2 649.84	5.3	11.9	214.45	6.1	14.6
	畜禽面源	3 329.78	6.6		301.52	8.5	
农业源	农田面源	18 741.71	37.4	48.0	1 400.91	39.5	41.5
	水产养殖	5 341.90	10.6		72.19	2.0	
总计		50 173.79	100.0	100.0	3 546.86	100.0	100.0

　　按照污染源排放途径，点源排放包括工业点源、城镇生活源和畜禽点源排放，面源排放包括农村生活源、畜禽面源、农田面源和水产养殖面源排放。COD_Cr 排放负荷中，点源排放占总量的 17.9%，面源排放占总量的 82.1%。氨氮排放负荷中，点源排放占总量的 19.7%，面源排放占总量的 80.3%。因此，面源排放与点源排放对崇明岛污染物排放负荷贡献率大致为 8∶2（表 1-11）。

表 1-11　崇明岛污染物排放途径统计

污染源排放途径		COD_Cr（t/a）	比例（%）	小计（%）	氨氮（t/a）	比例（%）	小计（%）
点源	工业点源	1 556.27	3.1	17.9	11.88	0.3	19.7
	城镇生活源	4 746.82	9.5		472.00	13.3	
	畜禽点源	2 649.84	5.3		214.45	6.1	
面源	农村生活源	13 807.48	27.5	82.1	1 073.92	30.3	80.3
	畜禽面源	3 329.78	6.6		301.52	8.5	
	农田面源	18 741.71	37.4		1 400.91	39.5	
	水产养殖	5 341.90	10.6		72.19	2.0	
总计		50 173.79	100.0	100.0	3 546.86	100.0	100.0

　　按照乡镇来统计各污染源情况，庙镇 COD_Cr 排放量最高，达到排放总量的 9.81%，其次是陈家镇，达到排放总量的 8.92%。陈家镇的氨氮排放量占总量的 9.44%，庙镇的氨氮排放量占总量的 9.28%。按照各乡镇乡镇区划面积所得到的污染物排放负荷情况来看，堡镇、绿华、中兴和港西镇负荷较大。

（4）污水处理设施

　　崇明城镇规模较小，地理分布较分散，岛内尚无统一完善的污水收集处理系统。生活污水排放集中在几个县属城镇，其中城桥、堡镇、新河的污水排放量占全县的 85% 左右。城桥镇 1998 年完成雨污分流方案，2002 年除两家宾馆建有地埋式污水处理设施外，生活污水及部分工业废水未经处理直排长江。堡镇是规划 "一城九镇" 的中心镇之一，城区采用雨污合流制，至 2002 年共有合流管道 14 825 m，生活污水及部分工业废水未经处理直排长江。新河镇镇区无完善的排水系统，排水体制为雨污分流制，雨水排放的主要方式为溢流，由于受潮水影响，大潮时往往来不及排放，排水系统布局也不合理，排水管网总长度 7.76 km。污水管网主要沿新河港以西的新开路敷设，污废水大多数仅经初级处理或不经处理排入新河港。截至 2002 年，全岛仅原大新镇、堡镇两地区建有污水排江设施，日排放量 4000 t/d，其他城镇污水收集处理排放系统的情况基本相同，全县绝大部分污废水未经处理直接排入内河，给内河的水体自净带来很大压力。

1.2.4.2 大气环境

城桥镇历年监测站数据表明，崇明县的大气环境质量在经济快速发展的同时仍保持了优良水平，城区 SO_2 和 NO_2 的年日均浓度分别为 0.006 mg/m^3 和 0.012 mg/m^3，符合国家一级标准（GB3095-1996），TSP 年日平均浓度为 0.123 mg/m^3，达到国家二级标准。年总平均降尘量为 7.49 t/（km^2·m），达到大气参考标准。但城桥和堡镇地区的年平均降尘量超过了大气参考标准的要求［8.15 t/（km^2·m）］，这主要是由于人口和工业区的密集分布造成的。

酸雨的出现也使崇明良好的大气环境受到了影响。2001 年全年酸雨出现 9 次，降水最低 pH 为 4.39，酸雨降水量为 165.3 mm。大气中硫酸盐化速率的总年平均值为 0.26 mg（100 cm^2·碱片·d），超过了年评价标准［0.25 mg（100 cm^2·碱片·d）］的要求，以城桥地区的年平均值最高，为 0.356 mg（100 cm^2·碱片·d）。其次为庙镇地区，为 0.267 mg（100 cm^2·碱片·d）。之后 2002 年酸雨出现 10 次，2003 年出现 6 次，2004 年出现 6 次。经济的逐步发展给崇明大气环境带来很大的压力，保持上海市的一方净空要做出更大的努力。

1.2.4.3 土壤环境

（1）崇明农业用地土壤重金属污染现状与分布特征

102 个农田表层土壤重金属含量测定结果如表 1-12 所示。与 1991 年上海市土壤环境背景值（王云等，1992）比较可知，Pb、Cr 的平均含量均低于背景值，说明近年来农田土壤中 Pb、Cr 的平均含量呈降低趋势，而其余重金属 Cd、Hg、As 的平均含量皆有不同程度的增加，略高于背景值。

表 1-12　崇明岛农田土壤重金属含量统计

元素	背景值（mg/kg）	最小值（mg/kg）	最大值（mg/kg）	算数平均值（mg/kg）	标准差（mg/kg）	变异系数	超标率（%）
Pb	25.47	14.190	29.255	21.597	3.028	0.140	10.1
Cd	0.1323	0.087	0.330	0.176	0.046	0.263	85.7
Cr	75.00	49.815	92.261	69.395	8.854	0.128	27.0
As	9.10	2.142	18.373	9.209	3.354	0.364	55.4
Hg	0.1012	0.000	0.388	0.128	0.079	0.618	55.2

从变异系数来看，除 Hg 的变异系数较大外，其余重金属（Pb、Cd、Cr、As）的变异系数介于 0.128 ~ 0.364，均属于中等变异强度，说明 Hg 的空间差异较大，而 Pb、Cd、Cr、As 的空间差异不大。从偏度和峰度来看，土壤中各种重金属均符合正态分布。从超标率来看，以背景值为标准，崇明岛农田土壤 Pb、Cd、Cr、As、Hg 的超标率分别为 10.1%、85.7%、27.0%、55.4%、55.2%，表现为 Cd > As > Hg > Cr > Pb。

根据上海市土壤环境状况，参照国家、行业和地方的相关标准，依据各样点 pH 值与重金属含量状况，崇明区域土壤环境质量可分为 5 级（表 1-13）。1 级为生态级，重金属含量不高于上海市土壤环境背景值（王云等，1992）；2 级为优级，符合上海市地方标准和安全卫生优质农产品（或原料）产地环境标准（上海市质量技术监督局，2000）；3 级为良级，符合我国绿色产品产地环境技术条件（中华人民共和国农业部，2000）；4 级为合格级，符合农业部发布的无公害食品产地环境条件（中华人民共和国农业部，2001）；5 级为不合格。

表 1-13 不同 pH 下的各级土壤评价标准 （单位：mg/kg）

级别	pH 范围	Pb	Cd	Cr	As	Hg
1 级	不限	≤25.47	≤0.1323	≤75.00	≤9.10	≤0.1012
2 级	不限	≤35	≤0.3	≤85	≤13	≤0.20
3 级	<6.5	≤50	≤0.3	≤120	≤25	≤0.25
	6.5 ~ 7.5	≤50	≤0.3	≤120	≤20	≤0.3
	>7.5	≤50	≤0.4	≤120	≤20	≤0.35
4 级	<6.5	≤250	≤0.3	≤150	≤40	≤0.3
	6.5 ~ 7.5	≤300	≤0.3	≤200	≤30	≤0.5
	>7.5	≤350	≤0.6	≤250	≤25	≤1.0
5 级	<6.5	>250	>0.3	>150	>40	>0.3
	6.5 ~ 7.5	>300	>0.3	>200	>30	>0.5
	>7.5	>350	>0.6	>250	>25	>1.0

基于 GIS 软件，通过空间插值得到的崇明岛农田土壤综合评价分级图如图 1-23 所示。从图中可以看出，崇明岛农田土壤质量整体尚好，土壤生态率为 1.26%，优良率为 97.14%，合格率为 1.47%，不合格率为 0.12%。1 级土壤呈小面积块状分布；2 级土壤面积最大，占 72.11%，分布于崇明大部；3 级土壤次之，主要分布于陈家镇、港沿镇、竖新镇、三星镇和农场的部分地区；4 级土壤主要分布于港沿镇、陈家镇和农场的部分地区；不合格土壤面积最小，分布于港沿镇。

对于 Pb 而言，本次调查农田土壤状况较 2003 年明显改善，1 级土壤面积明显扩大，在 5 种等级土壤中已占首位；伴随 1 级土壤面积的扩大，3 级土壤面积明显减少，2003 年 3 级土壤分布在庙镇大部以及三星镇、农场、竖新镇的部分地区，本次调查仅分布于庙镇小部。

对于 Cd 而言，本次调查农田土壤状况较 2003 年有一定程度改善，伴随 3 级土壤面积的减少，2 级土壤面积有一定程度扩大。对于 Cr 而言，本次调查农田土壤状况较 2003 年

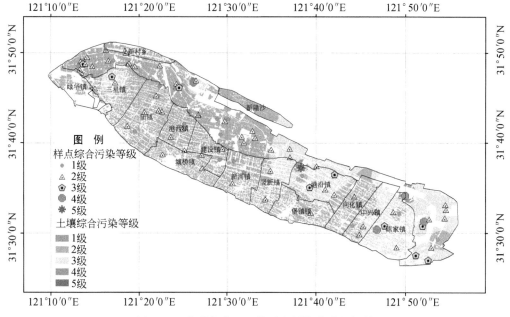

图 1-23 崇明岛农田土壤重金属综合分级评价

资料来源：本研究 2008 年数据

明显改善，1 级土壤面积明显扩大，在 5 种等级土壤中已占首位；3 级土壤面积明显减少，2003 年 3 级土壤分布在庙镇大部以及三星镇、农场、竖新镇的部分地区，本次调查仅分布于庙镇小部。对于 As 而言，较 2003 年土壤状况，本次调查 1 级、2 级土壤面积变化不大；2003 年 3 级土壤主要分布在农场的部分地区，本次调查 3 级土壤主要分布于三星镇、绿华镇以及港沿镇的部分地区；2003 年不存在 4 级、5 级土壤，本次调查中出现了 4 级、5 级土壤，但分布面积较小，主要分布在三星镇的部分地区。

土地利用是把土地的自然生态系统变为人工生态系统，是一个自然、社会、经济、技术等诸要素结合的复杂过程，受诸多方面条件的影响和制约。不同土地利用方式对土壤中重金属累积的影响如表 1-14 所示。

表 1-14 不同土地利用类型土壤重金属含量及其超标统计

土地利用类型	平均值（mg/kg）					标准差（mg/kg）					超标率（%）				
	Pb	Cd	Cr	As	Hg	Pb	Cd	Cr	As	Hg	Pb	Cd	Cr	As	Hg
稻田	22.2	0.17	68.1	8.61	0.12	2.94	0.04	9.06	3.11	0.08	12.3	84.1	23.4	49.2	50.0
菜地	20.8	0.20	72.1	11.0	0.13	2.80	0.06	8.59	3.45	0.08	7.40	88.0	33.3	74.1	53.8
西瓜地	19.4	0.18	70.3	8.13	0.14	3.08	0.04	6.75	3.06	0.07	0.00	88.9	33.4	55.6	62.5

从平均值来看，Pb 的平均含量表现为稻田＞菜地＞西瓜地，Cd、Cr 的平均含量表现为菜地＞西瓜地＞稻田，As 平均含量表现为菜地＞稻田＞西瓜地，Hg 的平均含量表现为西瓜地＞菜地＞稻田。从超标率来看，Pb 的超标率表现为稻田＞菜地＞西瓜地，Cd、Cr、Hg 的超标率表现为西瓜地＞菜地＞稻田，As 的超标率表现为菜地＞西瓜地＞稻田。总体

来看，菜地受重金属的污染最为严重，这可能与菜地施用更多的农药有关。

崇明岛土壤类型多样，主要有水稻土、灰潮土和滨海盐土等。水稻土是指长期种稻条件下，经人为的水耕熟化和自然成土因素的双重作用，产生水耕熟化和交替的氧化还原而形成具有水耕熟化层、犁底层、渗育层、水稻淀积层、潜育层的特有剖面构型的土壤。灰潮土是指在泛滥沉积物上经旱耕熟化而成的一种土壤。其形成熟化过程除受沉积物性质和人为作用影响外，还深受地下水影响，以及土壤中下部氧化还原的交互作用与碳酸钙的水成聚积影响，有的地区还伴随有盐渍化和沼泽化。滨海盐土是盐土的一个亚类，由沿海地区的盐渍淤泥发育而成。其形成可分为两个阶段：一是盐分的地质沉积阶段，由于高矿化海水的不断浸渍，近海沉积的土体内富含大量易溶性盐类，一旦出水成陆后，盐分开始重新分配，并向地表聚集；二是盐土形成阶段，随着高等植物的出现，盐渍淤泥便发育成滨海盐土。

不同土壤类型对土壤中重金属的累积产生一定的影响，具体情况如表1-15所示。从平均值来看，Pb的平均含量表现为水稻土＞灰潮土＞滨海盐土，Cd、Cr的平均含量表现为滨海盐土＞灰潮土＞水稻土，As、Hg平均含量表现为灰潮土＞滨海盐土＞水稻土。从超标率来看，Pb的超标率表现为水稻土＞灰潮土＞滨海盐土，Cd、Cr的超标率表现为滨海盐土＞灰潮土＞水稻土，As的超标率表现为灰潮土＞滨海盐土＞水稻土，Hg的超标率表现为水稻土＞滨海盐土＞灰潮土。

表1-15　不同土壤类型土壤重金属含量及其超标统计

土壤类型	元素	背景值（mg/kg）	最小值（mg/kg）	最大值（mg/kg）	算数平均值（mg/kg）	标准差（mg/kg）	变异系数	超标率（%）
水稻土	Pb	25.47	14.190	161.940	27.891	26.994	0.968	25.9
	Cd	0.1323	0.014	0.217	0.155	0.046	0.294	70.4
	Cr	75.00	55.358	82.209	66.322	8.084	0.122	14.8
	As	9.10	2.381	13.086	8.012	3.124	0.390	37
	Hg	0.1012	0.017	0.856	0.157	0.152	0.971	66.7
灰潮土	Pb	25.47	17.846	28.288	22.382	2.430	0.109	8
	Cd	0.1323	0.104	0.334	0.180	0.049	0.272	88
	Cr	75.00	49.815	89.498	68.886	9.619	0.140	25.9
	As	9.10	3.096	47.338	11.514	8.140	0.707	72
	Hg	0.1012	0.000	1.905	0.199	0.366	1.843	48
滨海盐土	Pb	25.47	14.755	26.231	20.609	2.817	0.137	4
	Cd	0.1323	0.099	0.440	0.192	0.063	0.331	90
	Cr	75.00	55.848	92.261	71.338	8.524	0.119	32
	As	9.10	2.142	18.373	9.465	3.381	0.357	58
	Hg	0.1012	0.017	0.578	0.159	0.133	0.840	56

（2）崇明农业用地土壤有机磷农药污染现状与分布特征

有机磷农药（organophosphorus pesticides，OPP）是有毒农药中使用最多的种类

（Hardman et al.，2003），具有广谱、高效、品种多和残毒期短等许多特点。自20世纪60年代以来，OPP在世界范围内广泛使用，对大气、土壤和水体等造成污染（傅可文，1985）。在我国的使用已经有30多年的历史，品种和用量目前仍居各类农药之首（帅琴等，2003）。虽然OPP的大量使用提高了农作物的产量，但对环境造成了一定的危害，而且有导致人、畜急性中毒的危险。有机磷农药主要包括敌敌畏（dimethyl- dichloro- vinyl- phosphate，DDVP）、甲基对硫磷、对硫磷、马拉硫磷、氧化乐果、乐果等化合物。有机磷农药大多数属于酯类，一般难溶于水（乐果、敌百虫除外），易溶于有机溶剂，在环境中易降解、残留时间短，易受酶的作用而水解，因此，一直以来有机磷农药被认为是一种污染较小的农药（方晓航和仇荣亮，2003）。

对崇明岛典型的农业样地进行了有机磷农药检测，共包括14个样点，其中6个水稻土壤样点，8个蔬菜西瓜地土壤样点。有机磷农药检测的相关参数如表1-16所示。所检测的有机磷农药共9种，包括敌敌畏、氧化乐果、甲拌磷、乐果、二嗪农、甲基对硫磷、马拉硫磷、对硫磷、喹硫磷。

表1-16　有机磷农药检测相关参数

有机磷农药	保留时间（s）	特征离子（m/z）	判别离子（m/z）	线性方程	相关系数
敌敌畏	7.208	109	185/79/220	$y = 1.445 \times 10^5 x - 2.325 \times 10^5$	0.996
氧化乐果	14.111	156	110/79/126	$y = 3.749 \times 10^4 x - 2.099 \times 10^5$	0.990
甲拌磷	16.217	121	75/97/260	$y = 4.321 \times 10^4 x - 6.068 \times 10^4$	0.995
乐果	16.878	87	125/229/157	$y = 4.251 \times 10^4 x - 8.051 \times 10^4$	0.991
二嗪农	18.596	137	179/152/199	$y = 5.331 \times 10^4 x + 5.666 \times 10^2$	0.995
甲基对硫磷	20.155	109	125/263/137	$y = 3.811 \times 10^4 x - 1.620 \times 10^5$	0.991
马拉硫磷	21.832	125	173/158/93	$y = 4.108 \times 10^4 x - 2.73 \times 10^4$	0.993
对硫磷	22.105	109	291/139/125	$y = 2.440 \times 10^4 x - 8.784 \times 10^4$	0.990
喹硫磷	23.705	146	157/118/298	$y = 4.857 \times 10^4 x - 7.193 \times 10^4$	0.989

注：x为保留时间（s），y为农药含量（pg/g）

从水稻田样点OPP检出率和检出量来看，水稻田样点检出的有机磷农药对硫磷、马拉硫磷、乐果、二嗪农和甲拌磷，其检出率分别为100.00%、66.67%、33.33%、16.67%和33.33%。从检出量来看，对硫磷的检出量远大于其余OPP的检出量。

（3）崇明农业用地土壤有机氯农药污染现状与分布特征

有机氯农药（organochlorine pesticides，OCP）具有毒性、半脂性和半挥发性等特点，是典型的化学性质稳定的持久性有机污染物。其对人畜毒性较大，化学性质比有机磷农药更稳定、持久、难降解，容易在生物体内、水体沉积物和土壤中大量富集（Spyros et al.，2003）。虽然我国在20世纪80年代已经禁止了有机氯农药的生产和使用，但其在环境中仍有较高的残留量。有机氯农药主要包括六六六（hexachlorocyolohexane，HCH）、滴滴涕（dichloro- diphenyl- trichloroethane，DDT）、艾氏剂、氯丹、狄氏剂、异狄氏剂、七氯等化合物。有机氯农药是一类具有内分泌干扰作用的持久性有机污染物，其对生态环境和人体健康的潜在风险近年来一直受到广泛关注（Hamer，1999；Kim and Smith，2001；Bidleman，2004）。我国在 1983 年开始禁止使用 HCH 和 DDT，但由于其化学性质稳定，农业土壤中仍残留着大量有机氯农药。有机氯农药在土壤中残留期一般很长，有数年至二三十年之久，致使该类农药禁用多年后，国内外许多地区土壤中仍能检出 HCH 和 DDT 的残留物。对崇明岛全部样点的水稻田土壤和蔬菜地耕层土壤进行了有机氯农药检测，检测指标共 12 种，包括六氯苯、艾氏剂、环氧七氯、狄氏剂、异狄氏剂、α-HCH、β-HCH、γ-HCH、δ-HCH、p，p'-DDT、p，p'-DDD、p，p'-DDE。崇明岛不同土壤类型有机氯农药含量和组成如表 1-17 所示。

表 1-17　崇明岛不同土壤类型有机氯农药含量　　　　（单位：ng/g）

有机氯农药	水稻土	滨海盐土	灰潮土
六氯苯	4.97 ± 4.68	6.15 ± 10.22	6.73 ± 12.10
艾氏剂	0.16 ± 0.23	0.19 ± 0.16	0.24 ± 0.27
环氧七氯	0.33 ± 0.44	0.32 ± 0.30	0.50 ± 0.52
狄氏剂	0.23 ± 0.32	1.39 ± 6.00	0.88 ± 1.92
异狄氏剂	3.03 ± 14.14	11.83 ± 70.24	5.14 ± 15.85
α-HCH	1.17 ± 0.76	1.03 ± 0.86	2.35 ± 6.29
β-HCH	3.12 ± 6.76	4.30 ± 16.46	3.26 ± 7.71
γ-HCH	0.38 ± 0.49	0.50 ± 0.46	0.80 ± 0.95
δ-HCH	0.19 ± 0.21	0.30 ± 0.36	0.60 ± 1.54
HCH	4.86 ± 7.40	6.13 ± 16.62	7.00 ± 10.84
p，p'-DDE	7.15 ± 12.41	10.89 ± 17.81	8.93 ± 12.15
p，p'-DDD	0.10 ± 0.23	1.63 ± 6.34	2.89 ± 9.70
p，p'-DDT	0.44 ± 0.55	1.91 ± 5.65	2.13 ± 4.99
DDT	7.69 ± 12.92	14.43 ± 23.66	13.96 ± 20.13
OCP	22.63 ± 26.41	42.84 ± 107.73	35.54 ± 44.78

从有机氯农药的总含量来看，滨海盐土 > 灰潮土 > 水稻土。从 DDT 的含量来看，滨海盐土 > 灰潮土 > 水稻土；从 HCH 含量来看，灰潮土 > 滨海盐土 > 水稻土。从 HCH 的组成来看，水稻土、滨海盐土和灰潮土均表现为 β-HCH > α-HCH > γ-HCH > δ-HCH；从 DDT 的组成来看，灰潮土表现为 p，p'-DDE > p，p'DDD > p，p'-DDT，水稻土和滨海盐土表现为 p，p'-DDE > p，p'DDT > p，p'-DDD。总体而言，有机氯农药在滨海盐土中的富集较高，灰潮土和水稻土分别次之。从 HCH 和 DDT 的组成来看，3 种不同土壤类型有机氯农药均显示出早期残留的特性。虽然 3 种土壤类型 DDT 组成有所差异，但均是以 p，p'-DDE 含量最多，表明 DDT 以早期输入为主。

1.3　崇明岛生态建设决策问题分析

崇明的自然资源数量，特别是滩涂土地、风力、太阳能和大量生物能以及绵长稳定的深水岸线在本区域具有一定的相对优势，同时，也是目前长三角地区受人类活动，特别是工业化影响较小的地区。由于独特的区域位置和自然优势，崇明岛成为上海最具潜在战略意义的发展空间之一。依照《崇明三岛总体发展规划》，到 2020 年将崇明建设成为森林花园岛、休闲度假岛、生态人居岛、科技研创岛于一体的面向西太平洋沿岸的国际性"海上花园"。这意味着，崇明岛生态建设是一项旨在创造人与自然和谐、社会持续发展的重大、长期和深远的探索工程，也是上海市建设国际性、生态型大都市的重大战略步骤之一，其建设理念符合联合国人类环境会议和联合国环境与发展大会所倡导的世界人类生存发展趋势。因此，崇明的发展定位获得了中央和市委市政府的高度肯定，并希望按照科学观的要求，加速推进崇明生态岛的建设。但同时，我们必须认识到，崇明岛作为上海市一个比较特殊的区域，其自然、社会、经济和生态安全条件均有别于上海其他地区：①从社会经济条件上看，崇明岛远离上海市中心（时空距离），目前所受辐射影响较小。农村人口比重大。受交通条件的制约，人流、物流和信息流严重受阻，导致工业和第三产业的规模和经济效益等方面在长江三角洲地区明显缺乏竞争力。例如，崇明县 2003 年的 GDP 增加值仅70.1 亿元，为全上海市 19 个区县最低，是闵行区的 1/4，浦东新区的 1/8，被称为上海的"西部"。虽然崇明县是上海市各区县中唯一长时期以来人口持续减少的地区，但是，随着沪崇苏快速干道建设规划的实施，横沙、长兴、崇明三岛之间以及三岛与浦东新区的联系必将大大增强，产业分工与协作必将跨入一个全新的阶段，投资的增长、工业化的推进，必然会带来土地和人口的巨大压力。崇明岛面对新的发展定位，产业发展方向将发生重大改变，在产业结构调整过程中将会产生很多新的问题。优先发展什么类型的产业？如何进行产业的时间和空间布局？如何根据资源、环境条件和经济发展目标，建立产业引入的筛选指标体系，有目的地引入高附加值，低环境影响的产业？这些都是关系到建设崇明生态岛宏伟目标能否实现的关键。②从自然生态系统来看，作为一个成陆历史很短的河口岛屿，崇明植被覆盖率相对较低，生态景观单一，稳定性差，服务功能和抵御风险能力低。③从崇明岛的形成和发展看，岛屿面积变化显著，岸线不稳定。崇明岛自公元 7 世纪出露水面以来，一直处于动态变化之中，其变化有两大特点：一是面积不断扩大，仅新中国成立以来的半个多世纪面积就扩大了一倍，由新中国成立初的 600 km^2 扩大为现在的 1200 km^2；二是不断移动，长期以来崇明岛呈"南坍北涨"之势，岛屿中心向北移动。崇明东滩是历史上淤涨最快的岸段，20 世纪 50 年代至 90 年代，每年向海推进 200～300 m。但是，近十余年来，由于长江入海泥沙急剧下降，崇明东滩淤涨减缓。因此，未来崇明岛如何演变发展不仅关系到崇明生态岛的空间扩展，还涉及其安全性问题。④在水资源方面，目前崇明可利用地表水总量约为 33.6 亿 m^3，但其中约 90% 为理论上可利用的长江引潮水量，而本地径流量仅占 10% 左右。随着长江沿岸耗水量的不断增加以及南水北调工程的实施，长江口咸潮入侵对崇明岛的影响将进一步加剧，因此淡水资源的季节性短缺会更加突出。此外，崇明岛是一个大圩区，内河水位的高低可由外围水利工程设施控制。但多年来由于投入偏少，崇明岛的水利工程设施老化问题相当突出。同时，船行波淘刷、引排水带进的泥沙、水土流失等，造成河道淤浅严重，加之道路和城镇等建设导致的河道填堵等，使崇明岛河网水系不断衰减，水资源的调蓄和利用能力受到严重的制约。⑤在水环境方面，由于近年来长江流域高度密集的人口和产业的快速扩展，造成崇明沿岸水质不断下降，其中三氮、活性磷酸盐等营养盐含量指标已接近或超过三类海水标准，油类含量相当于二类海水，海底的某些重金属元素也出现不同程度的超标现象；而岛内生活污水的随意排放、有机污染和石油污染的范围扩大等加重了河网水系的污染，这些问题已成为困扰崇明发展的主要环境问题之一。⑥在生态安全方面，崇明也一直面临着几个严峻的挑战：首先是咸潮入侵的问题，自20世纪70年代以来，随着崇明岛北支的淤浅，特别是在每年的枯季大潮，北支大量盐水和泥沙倒灌南支，造成南支及南北港水域的氯化物升高和南支河段河势的极不稳定。特别是近年来许多重大工程的建设，进一步加剧了咸潮入侵，给人民的日常生活和工农业生产带来重大危害；其次是风暴潮问题，崇明岛毗邻大海，地势低洼，由强热带风暴或台风造成的风暴潮来势猛，不但对农田、树木、房屋等造成严重破坏，同时也增大了沿岸泥沙的移运，加剧了对海岸的侵蚀和海水倒灌等。此外，我们也必须认识到，在全球变暖趋势下，海平面可能上升将抬高风暴潮的基面，势必会增加风暴潮作用的强度。

总而言之，在经济落后，资源有限，灾害频繁，风险增大的情况下，如何保持经济跨越式发展与资源的可持续利用的平衡关系是崇明新发展过程中必须正视的问题，也是实现崇明岛生态建设目标的前提条件。具体来说，目前在崇明岛生态建设过程中普遍关注的问题有以下几方面。

1）崇明生态、环境、社会和经济的历史、现状和发展潜能如何？

2）适合崇明生态建设高目标、跨越式发展模式的内容、产业结构和类型以及相适应的评估指标体系（经济规模、速度、人口、产业、资源等）是什么？

3）如何预测与跨越式发展模式相适应的资源供需动态？

4）如何对河口海岛特殊生态风险进行预警？

5）如何对生态岛建设实施过程进行动态评估以及重大问题的决策支持？

针对以上崇明岛生态建设中的关键问题，2005年上海市科学技术委员会启动了《崇明岛生态承载力与生态安全预警研究》项目。该项目通过应用国际国内发展范式对比、区域资源优化、情景多目标预测等方法和技术对崇明（崇明、长兴和横沙岛）社会模式、产业、人口、重要资源进行评估和预测。该项目提出了适合崇明生态建设目标的跨越式发展模式；确定了崇明岛重要资源的承载力、环境容量以及对适宜的人口和可持续经济发展的支撑能力；探讨了提升区域生态系统承载力的对策；提出了与区域生态承载力相适应的产业结构、人口规模和布局方案；构建了崇明岛重要生态系统健康和风险的动态评价指标系统和评价模型。在提供以上众多数量方案和指标的基础上，该项目还提出了许多重要的战略性建议。

1）经济方面，争取特殊优惠政策是崇明岛生态建设的重要保障，设计经济规模亦需要严格的环保投资、政策以及法律保障；

2）人口方面，需严格施行人口总量的阶段性和功能分区控制原则，控制人口发展速率，并通过人才、人口政策，居住环境，消费战略，个人发展愿景等与周边地区有差异性举措吸引人才；

3）产业方面，进一步优化产业结构，创办有崇明特色的产业，如旅游、管理、船舶制造、农业以及产品精加工等；

4）国土规划方面，建议通过土地利用分区（严格保护区，保护缓冲区，生态涵养区，建成区，适度建设区和战略储备区），实行不同的保护和利用政策，并严格保障保护和生态涵养区的面积，实行动态监管；

5）植被建设方面，完善防护林网和游憩林建设，做好区域性的植被景观前瞻性规划、功能区植被类型的配置和城镇绿地调控单元的构建，加快现有植被结构改造、功能完善和群落改建；

6）水资源方面，扩大水利建设，优化产业结构，加快技术应用乃至改善污染排放，控制化肥和农药施用，加快生态河道，以及新能源开发、地产开发等。

这些成果在一定程度上为崇明岛经济高速发展和生态环境可持续利用提供了科学的平衡策略，成为崇明岛生态建设决策支持系统开发的基础。

除了生态承载力项目，近几年来，科学技术部和上海市科学技术委员会等相关部门，围绕着崇明生态岛建设，开展了多个领域的科学研究，包括"上海市崇明岛林业发展规划"、"崇明岛域生态环境规划研究"、"上海市长兴、横沙岛发展战略研究"、"上海市崇明岛发展战略研究"、"崇明岛陈家镇社会经济发展规划"、"崇明东滩湿地生态修复关键技术和规划理念研究"、"崇明东滩 EDD 环境容量研究"、"崇明东滩湿地恢复和重建研究"、"崇明现代园区环境质量现状评价和湿地生态公园可行性研究"等。这些研究积累了大量的生态基础数据，3S、DSS、SDSS 技术在崇明岛生态建设中也有一定实践基础，构建了一系列适用的生态模型，破解了崇明生态建设的部分瓶颈问题，取得了较为丰富的成果。但是目前这些研究都仅服务于相关的单个课题研究，与此同时作为生态城市的主体——公众也没有很好的参与成果。因此，为了更好地推进崇明生态岛建设：①需要运用数字技术，整合崇明岛生态建设研究成果和数字资源，建立崇明岛生态建设地理信息基础数据库，实现生态岛建设信息要素的挖掘、共享、管理和可视化；②需要针对崇明岛生态建设中的主要问题，在研究成果的基础上，开发完善各类评估、模拟、情景分析等决策模型，建立以模型库为核心的具有模拟、预测、评估和辅助决策功能的崇明岛生态建设决策支持系统；③需要抓住崇明岛生态建设的关键环节，应用崇明岛生态建设决策支持系统，对崇明岛土地利用、湿地资源开发保护、水资源/水环境等主要生态环境问题进行多目标的综合决策；④需要利用现代数字信息技术，对崇明岛的生态建设，进行预警应急和综合调控，通过虚拟现实促进公众参与和管理辅助决策支持。

1.4 区域生态建设决策支持系统开发面临的挑战

针对县域尺度的决策对象，"社会–经济–自然"巨复杂系统的决策过程以及复杂系统发展预测这种多目标决策系统的开发和应用，必然面临着一系列不同层次的挑战。

1）区域空间决策支持系统在理论和方法论上尚处于探索和发展阶段。SDSS 是在 DSS 的基础上应用 GIS 的空间分析功能形成。DSS 自 1971 年首次提出以来，基本组分（对话部件、数据部件、模型部件）已趋于明确，理论框架初步成型，并呈现出与专家系统（expert system，ES）相结合的趋势。然而，从系统开发的角度，如今多数研究中的 DSS 或 SDSS 框架结构往往为基于计算机技术的物理架构设计，而非面向决策分析的一般过程，因此，不仅对话部件、数据部件和模型部件的内涵相对模糊，各自组分、相互关系、在决策过程中的角色和运行路线亦难以定位。系统开发中缺乏统一的功能框架，也在一定程度上导致了 DSS 与 SDSS 功能与应用的局限；从对决策分析过程的辅助功能来看，多数 DSS 支持决策备选方案的静态指标评估，而缺乏决策问题分解、备选方案定制、动态指标分析、优化信息反馈与策略合成的能力；从辅助对象上看，有多数针对生态系统的单因子过程，如水、气环境、洪水、资源调配等；从应用尺度上来看，较为成功的应用实例主要集中在农场、小流域尺度。因此，SDSS 在向大区域尺度、"社会 – 经济 – 自然"复杂生态系统的管理决策支持系统的发展中，无论是理论框架还是技术手段，都面临着重要的创新要求。

2）复杂生态系统的复杂性和指标间的多层次、非线性互作和反馈关系，使得特定决策过程的不确定性增加。例如，在岛域"社会 – 经济 – 自然"复杂生态系统模型的结构中，人口与经济因子的发展驱动土地、水、植被、能源等资源与环境容量的消耗，同时上述各因子也取决于科技、教育、环保等社会因子的投入比例的变化。因此，对特定时空任一理想指标值预测或特定决策问题研判并不是简单一对一的关系。在实际建设过程中，不仅多因子的平衡发展特征可能存在差异，而且因子之间相互联系带来的多元补偿、反馈效应亦难以评估，局部策略因子的变化或调整对系统整体过程影响的不确定性更难预测。

3）岛域人口、水资源、土地和植被方面的管理和决策具有其特殊性。例如，根据承载力研究提出的崇明三岛优化发展模式，岛域人口、土地利用、植被和水资源方面的发展需求到 2020 年将逼近承载潜力的上限，并面临着空间布局的重大调整，因此如何保障这些关键性问题的可持续性是决策过程中首先需考虑的核心内容和基础。再如，崇明水资源的数量和质量不仅受岛内水利设施建设、内河点、面源污染等因子的影响，还显著受长江径流、咸水入侵等外部因素的控制。同时，承载力模型还考虑了资源发展过程与人口产业规模和结构、用地方式、植被建设情况的相互影响，结果直接作用于水体生态环境的预测。在植被资源方面，植被生态系统评估不仅考虑它在生态岛景观方面的作用，而且其多种生态服务功能与第三产业发展、人居环境改善、污染物消减、土地质量改良等多个方面的价值也纳入承载力模型评估。土地是支撑社会经济发展的根本载体，而人口的发展与结构优化不仅将驱动经济产业发展，还将深入推动社会对环境、资源的需求，并可能通过投资、保护或干扰活动反馈影响资源、环境的发展过程。因此，对这些关键过程的考虑和即时监控是进行科学决策的关键。

4）多源数据获得、空间分析和管理是一项重要系统和基础工程。决策支持系统以集成数据为基础，然而县域生态建设决策涉及大量空间数据和属性数据，数据往往分散管理且大，多分布于异构的数据平台，数据集成不易。决策支持系统的建立需要对数据、模型、知识和接口进行集成，然而由于数据库语言的数值计算能力较低，采用数据库管理技术建立决策支持系统知识表达和知识综合能力比较薄弱，因而难以满足人们日益提高的决策要求。因此，利用 GIS、DSS、SDSS 技术建立生态建设空间决策支持系统，是对建设过程起到真正的辅助决策作用、也可对区域的可持续发展提供有力的支持和帮助的重要手段。而复杂系统多过程、多元、多时相动态数据的全面收集、储存、分析和再挖掘是支撑决策系统运行的基础性工作。

5）对决策过程以及决策变量的理解是决策有效性的前提。明确和比较备选方案的合理性是决策者筛选决策方案的基础。一方面，政策导向、社会投入、基础建设等决策活动将反映为对"社会－经济－自然"复杂生态系统多个层面的系统性、综合性的动态调控作用；另一方面，复杂生态系统过程、重要本底条件的空间分异，使得决策策略及其效应的空间相关性难以忽略。因此，决策系统需要使决策者了解各项策略指标的含义及其对水、碳、能量等生态过程的综合影响，以及对社会经济指标产生的反馈动态。对这些决策过程的理解以及决策变量的选取是决策有效的前提。

6）决策支持系统开发和应用需要多部门和多学科参与。生态岛建设决策支持系统以模拟复杂生态系统内部的复杂反馈通路，模型重构区域能量、物质迁移的过程机制为基础；而由于复杂生态系统的复杂性，社会经济、人口、重要资源、环境因子和调控策略间的耦合动态对复杂生态系统的物质、能量过程起着多方面、多层次影响，从而使得决策者在社会经济和资源产业等方面的策略调控对复杂系统呈现非线性的复杂影响。因此，将系统生态学理论与社会、经济、运筹、水文、气象等相关学科相结合，充分运用数学建模、数据分析、信息挖掘等多元统计方法，是决策系统开发的基础。另外，面对人口、水资源、土地、植被等多个领域的决策要求，在对其决策问题和评判指标进行设计时，首先需要考虑相关市政、水务、国土、园林规划等部门的具体工作需求及现有统计数据规范状况；其次在模型库和数据库的开发时，还应该考虑模型运行时所必需的驱动数据对相应部门的依赖情况，包括数据更新的可行性。因此，政府多部门的密切参与协作，是决策支持系统开发应用的必要保障。

7）友好、高效的人机交互环境是决策系统实用性的保证。对于用户而言，交互界面作为系统与用户实现交互的部分，几乎反应了系统的全部内容，因此一个友好的交互界面对于决策系统的成败至关重要。系统事件顺序、访问查看顺序、决策层次结构需反映决策的一般过程；人机界面和交互信息语句需符合多元用户的工作和应用环境，以及操作人员的身份特征和工作性质；窗口界面的配色、菜单、提示信息和对话方式需使用户易于分辨和易于掌握交互界面的使用规律，同时良好的美工设计可使操作人员感到舒适而不分散其注意力，从而减少操作失误。由于崇明岛生态建设决策支持系统的用户涉及多个政府部门的相关人员，预置策略需由生态系统多领域策略指标的会商定制，决策过程包括方案结果的预测、反馈、再优化的多次循环，因此界面的逻辑性、易用性、功能性直接关系到决策者对系统的理解和使用效果。

崇明岛生态建设面临的问题及其决策难点为"崇明岛生态建设决策支持系统"的开发应用提出了必要性基础。

第 2 章　县域空间决策支持系统支撑理论

区域是地球表层人类从事社会经济活动的具有相对稳定性的地域空间。区域内各个自然及社会人文要素之间、各要素所处的各层次之间存在着基于复杂的非线性机制的相互作用。区域的发展是区域内社会生产（物质生产）、人的再生产（人口的数量增长及人口素质的提高）和环境生产（资源开采、社会生产和人类生活中的污染消纳）三种生产循环相互作用、协同共生的过程。因此，从"时序性"、"空间性"及"可控性"来考察，区域的发展过程是区域发展水平在时间维上的波动性和空间维上的差异性相互作用的动态过程。控制和引导区域实现生态建设目标的关键是管理决策，而生态建设管理决策过程包括对反映区域发展基础（自然、社会、人文状况）、发展状态的有关信息的广泛收集和集成，对可持续跨越式发展水平的动态科学评价指标的执行，对区域社会的发展过程的动态监测和评估以及对有利于实现区域可持续跨越式发展目标的发展措施的制定和风险预测。很明显，县域生态建设空间管理决策支持系统的开发和应用是区域可持续发展理论的重要实践活动之一。县域生态建设决策过程异常复杂，在空间上需要协调地区与地区之间的平衡，在时间上需要考虑近期与长期发展的协调。此外，还要权衡部门之间的联系等。这一决策纵贯社会、经济和自然等诸多领域，涉及不同层次不同部门的决策者，是一类典型的半结构化的多层次、多决策者和多目标的决策。单学科、单决策者和单目标的决策模式对解决此类问题具有显著的局限性。因此，区域生态建设决策支持系统的开发必须基于在一个区域范围内，考虑以人为中心的主系统和以自然、资源、环境、经济为社会子系统的相互制约与协调发展的相互关系，也就是，任何决策过程和方案必须以区域内人口、资源、环境、经济和社会的可持续发展为目标，通过人机交互、复杂系统过程模型、承载力评价模型和专家知识来为决策者提供灵活的决策辅助。

SDSS 作为通过处理、分析地理空间数据和可视化建模，进而辅助半结构或非结构空间问题决策的计算机系统，是 DSS 与 GIS 两种技术融合的产物。决策支持系统的融入将地理信息系统处理空间信息的能力从数据处理提高到模型模拟高度，同时为地理信息系统从空间信息处理到空间决策的发展提供了新的平台和工具。自 20 世纪 80 年代中后期以来，融合 DSS 的多模型组合建模技术和地理信息系统空间分析技术形成的 SDSS 是当前 GIS 应用和空间建模领域研究的一个热点（常晋义和张渊智，1996；Bennett，1997；Jankowski et al.，1997；阎守邕和陈文伟，2000；黄跃进等，2000；陈崇成等，2001，2002）。空间分析是地理信息系统的主要特征功能。GIS 中的空间分析仅提供一些常用的图层合成、空间拓扑叠加、简单的统计分析和邻域分析等，而大量的定量应用分析主要通过建立相应的模拟模型、规划和决策模型来实现。如何实现 GIS 与专业应用分析模型高效的集成，是 GIS 真正走向实用和实现可视化决策的关键。由于 GIS、DSS 和 SDSS 是生态建设决策支持系统最重要的技术支撑，本节对此进行简单的总结回顾。

2.1　地理信息系统概念和应用

GIS 被用以研究对象与空间地理分布有关的信息，包括地表物体和环境固有的数据、质量、分布特征、联系和规律等。地理信息属于空间信息，它与一般信息的区别在于它具有区域性、多维性和动态性。区域性是指地理信息可通过坐标定位，例如，用经纬网或公里网坐标来识别空间位置，并指定特定的区域。多维性是指在一个空间位置上可叠加多个专题和属性信息。例如，在一个观测点上，可取得高程、污染、交通等多种信息。动态性是指地理信息的动态变化特征，即时序性。这就要求对地理信息的处理要基于多时相数据及其时间分布规律，进而对未来作出预测和预报（吴信才，2002；李旭祥，2003）。

GIS 这一术语是 1963 年由 Roger F. Tomlinson 提出的，并从 20 世纪 80 年代开始走向成熟，但对 GIS 没有统一的定义。不同的研究方向，不同的应用领域，不同的 GIS 专家，对它的理解是不一样的。前人的定义大多基于以下三方面考虑：①GIS 使用的工具：计算机软、硬件系统；②GIS 研究对象：空间物体的地理分布数据及属性；③GIS 数据建立过程：采集、存储、管理、处理、检索、分析和显示（Burrough and McDonnel，1998；吴信才，2002）。综合前人的定义，我们可以说：地理信息系统是在计算机硬件、软件以及网络技术的支持下，以采集、储存、管理、分析和描述与空间地理分布有关的数据为目的，辅助土地利用、资源管理、环境监测、城市规划、国防军事等决策的空间信息系统（蓝运超等，1999；黄杏元和马劲松，2001；乌伦等，2001；王一军，2009）。“地理”在这里是指“空间”，即地理实体的空间位置以及相互间的关系。其核心是计算机科学，基本技术是数据库、地图可视化及空间分析（吴信才，1998；王恒山和张琪，2000；高洪深，2000；Longley and Goodchild，2001）（图 2-1）。

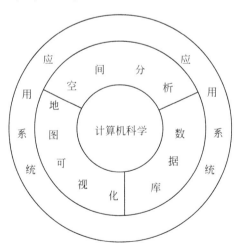

图 2-1　GIS 基本技术的组成

与传统的信息系统相比较，GIS 具有以下特点。

1）GIS 分析的对象是地理实体，操作的对象包括空间数据和属性数据，二者通过数据库管理系统相连接；而传统信息系统则主要对属性数据进行管理、分析；

2）GIS 强调空间分析，偏重于对地理实体间的空间关系的发掘，传统的信息系统则主要强调统计分析。

GIS 分析的对象是地理实体，与地理位置有关的领域都是地理信息系统的重要应用领域。美国在 1998 年提出了"数字地球"的概念，明确地将"数字地球"与遥感技术、地理信息系统、计算机技术、网络技术、多维虚拟现实技术等技术和可持续发展决策、农业、灾害、资源、全球变化、教育、军事等方面的社会需要联系在一起（王德俊等，1999）。

地理信息系统在资源环境管理中的应用包括资源环境的管理，如自然资源中的林业、地质矿床、水资源等的调查；灾害事件水旱灾害、虫灾、震灾等的监测、预报、评估；环境保护中的水土流失、荒漠化治理等。

地理信息系统在城市规划中的应用主要表现为城市地理信息系统（urban geographic information system，UGIS）的出现。这类系统可将城市多个经济建设部门的空间信息和属性信息进行统一的储存和管理，作为科学管理、规划的综合性平台工具。

在国家或地区尺度上，地理信息系统对于政府宏观决策同样重要，其应用是国家管理决策信息化的重要标志。

企业级地理信息系统是目前地理信息系统发展的方向之一，也是局域网（intranet）发展的重要内容。企业 GIS（enterprise GIS）、局域网 GIS（intranet GIS）常用于支持完成局域网上的 GIS 信息发布和共享。

地理信息系统在商业领域中广泛用于销售网络的确定、产品供应的调控、目标市场的选择等市场营销辅助决策工作中。

此外，地理信息系统还广泛应用在军事上。总之，地理信息系统的应用领域已扩展到了社会的诸多方面，形成了多种相应系统，如自然资源管理信息系统（natural resources management information system）、资源与环境信息系统（resources and environment information system）、土地资源信息系统（land resources information system）、空间数据处理系统（spatial data processing system）、空间信息系统（spatial information system）。这些系统研究的对象不同，但研究方法基本上是相似的。

区域生态建设决策涉及自然资源、生态环境、社会经济等众多因素和方面，涉及庞大的数据和信息，包括环境监测、土地资源、水资源、经济、社会等原始数据及衍生数据。地理信息系统为这些数据的有效采集、处理、存储、管理、分析与综合应用提供了基本手段。采用 GIS 技术，建立环境信息系统和决策支持系统，将提高生态环境管理、规划、决策的科学性和可操作性。

GIS 的发展经历了从单一功能到多功能、从单目的到多目的、从属性管理到空间型系统、从图形输入输出到复杂分析处理等过程。当前，GIS 正向着集成化、产业化和社会化发展方向迈进，其发展趋势如下。

1）GIS 已成为一门综合性技术。近年来，随着 GIS 技术的发展和社会需求的增大，GIS 已经和计算机、通信等技术一样，成为信息技术的重要组成部分，也成为信息技术发展的一个新方向。

2）GIS 的应用领域扩展。随着 GIS 技术本身的发展以及其与计算机信息技术的紧密融合，尤其是"数字地球"概念的提出，GIS 迎来了空前的应用发展。如数字城市的建设，它包括 4 部分内容，即基础设施、电子政务、电子商务及公众信息服务。GIS 应用贯穿上述 4 个部分和各个层面，从城市基础地理信息数据库到政府空间数据共享、电子商务物流配送以及基于网络的公众地理信息服务（吴信才，1998；蓝运超等，1999），具体表现是：其一，近几年来 GIS 在数字城市的众多行业如城市规划、城市综合管网管理、电力、电信、公安等方面得到了广泛应用。其二，以 GIS 为核心的空间信息技术可以无缝集成到企业信息化的整体业务平台，与企业的财务系统、销售系统、工作流管理系统、客户关系管理系统等配合，并且在底层数据库层面上实现数据的相互调用。其三是与无线通信的结合应用。随着无线通信技术的发展，特别是 WAP 技术的应用，使无线通信技术与 GIS 技术以及 Internet 技术的结合成为可能，形成了一种新的技术—无线定位技术，相应产生了新的服务，即定位服务（location based server，LBS）。集成 GIS、GPS、GSM 的技术已开始广泛应用于车辆安全防范和调度系统，提供车辆反劫防盗、报警、道路指引等服务。而且利用 LBS 技术，可以利用手机查询了解自己所处位置，在利用 GIS 的空间查询分析功能，查到自己所关心的信息（Longley and Goodchild，2001）。

3）第四代 GIS 技术的发展。随着计算机硬件性能的提高以及面向对象、网络和数据挖掘等主流 IT 技术的发展，国内学术界提出了第四代 GIS 技术的概念，主要有以下特点：①支持"数字地球"或"数字城市"概念的实现，从二维向多维发展，从静态数据处理向动态发展，具有时序数据处理能力。②支持基于网络的分布式数据管理及计算。如利用万维网地理信息系统（Web GIS）和浏览器/服务器（browser-server，B/S）体系结构，用户可以实现远程空间数据调用、检索、查询、分析，并实现联机事务管理（on-line transaction processing，OLTP）和联机分析（on-line analysis processing，OLAP）。③支持面向对象实体及其相互关系的数据组织和融合，具有矢量和遥感影像数据互动等多源数据的装载与融合能力，并支持多尺度比例尺数据的无缝融合等。④具有统一的海量数据存储、查询和分析处理能力，基于空间数据的数据挖掘和强大的模型支持能力。⑤具有与其他计算机信息系统的整体集成能力。例如与管理信息系统（management information system，MIS）、企业资源计划（enterprise resource planning，ERP）、办公自动化（office automation，OA）等各种企业信息化系统的无缝集成或与微型、嵌入式 GIS 与各种掌上终端设备集成。⑥具有虚拟现实表达及自适应可视化能力，针对不同的用户出现不同的用户界面及专图及其虚拟显示效果。

GIS 作为空间数据和属性数据管理的工具，所提供的是一个系统平台，它在各方面的应用需要结合各个方面的具体要求。因此，应用模型是联系 GIS 应用系统与专业研究的纽带。所谓 GIS 应用模型，是指在地理、环境、资源这一领域内，运用数学的思考方法，描述某些因素的主要特征，解释某些现象的形态，预测系统将来的发展趋势，在此基础上为了合理开发利用地理环境资源，或者是为了控制系统内部与外部之间的平衡，提供某种意义下最优策略的简化的、抽象的数学结构（黄杏元和马劲松，2001；乌伦等，2001）。GIS 数学模型除了具有数学模型的一般特征之外，还具有空间性、动态性、多元性、综合性和复杂性等一些突出特点（黄杏元和马劲松，2001；乌伦等，2001）。

如何实现 GIS 与外部应用分析模型高效的集成，是 GIS 真正走向实用和实现可视化决策的关键。研究者们在数学模型与 GIS 集成的途径上做了较深入的探讨（Bennett，1997；王恒山和张琪，2000），应用模型成了 GIS 分析问题、解决问题的基础。研究资料表明，GIS 将来是否获得成功，在很大程度上依赖于复杂的分析技术和模型模拟能力的开发。因此以模型库为驱动的 SDSS 的发展，将是 GIS 发展的一个重要方向。

2.2　决策支持系统

2.2.1　决策概念

所谓决策（decision-making），即是指决策者在一定环境下，为实现某一确定的目标，通过利弊、风险权衡，从多种存在后果不确定性的可选方案中提取最终选择（final choice），以满足最大期望效用（expected utility，EU），并付诸实施的过程。从心理学角度来看，决策衡量了决策者对其主体需求和价值的主张；从认知的角度，决策过程可被认为是决策者与环境之间信息的持续交互与整合；从信息的标准化角度，决策活动表现了经过推理与形成唯一终选择的逻辑过程（Kahneman and Tversky，2000）。从目的角度，"决策"则可表述为寻找目标问题的最优解的过程。从个体到组织乃至国家等不同组织尺度，决策活动覆盖了人类生产生活的诸多方面。但系统科学的决策方法及理论仅仅是 20 世纪 50 年代才形成的，涉及的研究内容很多，如决策程序、决策方法、决策组织、决策经验的总结与提高，数据库、管理信息系统、决策支持系统和专家系统等决策辅助设备的设计、建立及运用等。

在人们管理社会经济体系和自然生态系统过程中，不同层次、针对不同对象和问题的决策工作相互嵌套耦合，成为构成各类政策、研究、规划等方案和执行活动的基本元素。因此，可以说，决策是人类社会发展中普遍存在的一种社会现象，任何行动都是相关决策的一种结果。正是这种需求的普遍性，人们一直致力于要开发一种系统来辅助或支持人们进行决策，以便促进提高决策的效率与质量，这就是所谓的管理决策系统。

根据不确定性的强弱以及决策分析在消除不确定性中的贡献，决策问题最早可以分为程序化决策和非程序化决策（Simon，1977），后来多用"结构"这个概念来描述。目前在学术界对问题结构化程度有 3 种不同描述（Belew，1985）。

1）结构化决策（structured decision），指对某一决策问题其环境、准则拥有足够的信息支持，决策过程能够用明确的语言（如数字的、逻辑的、定量的和定型的）说明、可根据环境获得适当的算法生成解决方案、并能从多种方案中获得最优解的决策，不确定性弱。从解题计算量的多少看，结构化问题可通过大量明确的计算来解决，不同于结构化程度低的问题需要大量试探性的解题步骤；从问题形式化描述的难易程度看，结构化问题容易用形式化方法严格描述，完全非结构化问题不能采用形式化描述。

2）非结构化决策（unstructured decision），是指对象复杂、信息量不足或缺乏确定的模型和语言描述其内在过程、备选方案的效应难以评价及寻找最优解、不确定性较强的决策。也即，预先没有确定的决策规则，决策目标与实现目标的影响因素间的关系也不清楚，一般也没有与决策目标有明显关系的行动方案。因此，非结构化决策常常应用于复杂系统的综合性决策（general task）。从解题方法的难易程度看，结构化问题一般有较规范的解题方法，完全非结构化问题不存在明确的解题方法，只能用定性方法解决。

3）半结构化决策（semi-structured decision），介于以上二者之间的决策，这类决策可以由决策分析筛选建立适当的算法产生若干推荐，从而降低不确定性并从备选方案中得到较优的解。半结构化决策表现为对决策问题有所分析但不确切，对决策规则有所了解但不完整，对决策的后果有所估计但不肯定。

结构化决策往往针对程序性工作（routine task），如特定的制造工艺。非结构化和半结构化决策一般用于一个组织的中、高管理层，其决策者一方面需要根据经验进行分析判断，另一方面也需要借助计算机为决策提供各种辅助信息，及时做出正确有效的决策。需要特别说明的是，决策问题的结构化程度并不是一成不变的，当人们掌握了足够的信息和知识的时候，非结构化问题可能向半结构化问题转化，同样，半结构化问题也可能向结构化问题转化。

决策过程通常包括 3 个基本阶段，即确定目标、设计方案、评价方案。在这 3 个阶段，结构化的问题能够使用确定的算法或决策规则来确定问题、设计解答方式，并从中选择最佳方案；非结构化问题则在问题求解过程中，3 个阶段都不能按上述方法来决策问题；而半结构化问题则是，在某些条件下，其中一个或两个阶段由于我们认识不清无法描述，但是其余的阶段则具有良好的结构。半结构化问题兼有结构化问题和非结构化问题的特点，一方面它可以运用决策原则和方法解决，另一方面它要依赖人的知识经验和直觉进行判断。在求解半结构化问题时，反馈是非常重要的，往往要经过很多次迭代才能最终完成问题的求解。

2.2.2 决策支持系统的概念和特征

在 20 世纪 70 年代初期，Gorry 和 Scott-Morton 首先提出了 DSS 的重要概念，他们将 DSS 定义为"一种交互式的基于计算机的系统，该系统能帮助决策人使用数据和模型解决非结构化的问题"（Gorry and Scott-Morton，1971）。Keen 和 Scott-Morton（1978）提出了 DSS 的另一个经典的定义，即，DSS 是一种将人们的智能资源与计算机的功能相结合以改进决策质量的，处理半结构化问题并为决策人服务的，基于计算机的支持系统。这一定义的形成，标志着利用计算机与信息支持决策的研究进入了一个新的阶段，并形成了决策支持系统新学科。Sprague 和 Carlson（1982）认为决策支持系统具有交互式计算机系统的特征，帮助决策者利用数据和模型去解决半结构化问题，并提出了 DSS 的 3 个技术层次：专用 DSS（SDSS）、DSS 工具（DSST）以及 DSS 生成器（DSSG）；Keen 和 Scott-Morton（1978）认为，决策支持系统是"决策"、"支持"、"系统"三者的汇集体，通过利用不断发展的计算机建立系统的技术，逐渐扩展支持能力，达到更好的辅助决策。传统的支持能力是指提供的工具能适用于当前的决策过程，而理想的支持能力是主动地给出被选方案甚至于决策被选方案。Mittra（1985）认为决策支持系统是从数据库中找出必要的数据，并利用数学模型的功能，为用户产生所需要的信息。

对于决策支持系统，虽然至今仍没有一个完备公认的定义，但主要趋于两个方向：一种认为 DSS 是支持半结构化和非结构化决策，允许决策者直接干预并能接受决策者的直观判断和经验的动态交互式计算机系统（陈文伟，1998；曾珍香等，2002）；另一种认为决策支持系统的发展方向应该就是建立有助于提高决策水平的软件系统（俞瑞钊和陈奇，2000，1999）。其实，对于一个处于快速发展中的事物，给出一个完善的定义未必是一个明智之举。DSS 没有标准的模式或标准规范，凡是能达到决策支持这一目标的所有技术都可以用于构造 DSS，不同时期、不同用途、采用不同技术所构造的 DSS 可能完全不同，但是，有一点却是共同的，那就是 DSS 一定能起到决策支持的作用。因而把握住 DSS 的基本特征和发展方向有着很重要的意义。

透过各位学者给出的上述定义，可以发现决策支持系统具有如下特征。

1）决策支持系统辅助管理人员完成半结构化和非结构化的决策问题，而这些问题确实很少得到管理信息系统的支持，DSS 可以解决一部分分析工作的系统化问题，但这一过程的控制还要依靠决策者的洞察力和判断力；

2）决策支持系统是辅助和支持管理人员，而不是代替他们进行判断；

3）决策支持系统是通过它的人机交互接口为决策者提供辅助功能的，该人机接口注重用户的学习、创造和审核，即让决策者在自己的实际经验和洞察力的基础上，主动利用各种支持功能，在人机交互过程中反复地学习和探索，最后根据自己的判断选择一个合适的方案；

4）决策支持系统的目标是辅助人的决策过程，以改进制定决策的效能，它不可能取代管理信息系统。

综上所述，我们对决策支持系统有如下认识：决策支持系统是以管理科学、运筹学、控制论和行为科学为基础，以计算机技术、人工智能技术和信息技术为手段，智能化地支持决策活动的计算机信息系统。决策支持系统通过人机对话进行分析、比较和判断，识别问题，建立或修改模型，帮助决策者明确决策目标，为决策者提供各种方案并对其进行评价和优选，为正确决策提供有益的帮助。由此可见，决策支持系统是信息系统研究新的发展阶段，是结合和利用了计算机强大的信息处理能力和人的灵活判断能力，以交互方式支持决策者求解半结构化和非结构化决策问题的一种新型的信息系统（王一军，2009）。

2.2.3　决策支持系统基本架构

Sprague 和 Carlson（Sprague，1980；Sprague and Carlson，1982）提出了决策支持系统的三部件架构（three components architecture）模型（图 2-2），典型的 DSS 即由数据子系统（data subsystem）（数据部件）、模型子系统（model subsystem）（模型部件）和人机交互系统（user system interface）（综合部件）三部分构成。

综合部件是决策支持系统与用户之间的交互界面。用户通过"人机交互系统"控制实际决策支持系统的运行。它负责接受和检验用户的请求，协调数据库系统、模型库系统之间的通信，为决策者提供信息收集、问题识别以及能够依据人的经验，主动地利用 DSS 的各种支持功能，从多种方案中选择一个最优决策方案。

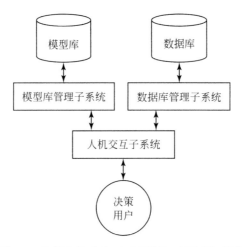

图 2-2　决策支持系统"三部件"、"两库"结构

数据部件包括数据库和数据库管理系统。数据库用来存储大量数据，典型的数据组织模型有网络模型、层次模型和关系模型。关系数据库已经有了很成熟的发展。数据库管理系统则具有数据库建立、删除、检索、修改、排序等功能。一般而言，数据库管理系统会提供一套语言体系供用户使用数据库和提供与某种高级程序语言的接口，这套语言体系一般由数据库定义语言（data defination language，DDL）（提供定义数据库中数据的组成形式，如数据库模式、数据依赖关系等手段）和数据库操作语言（data manipulation language，DML）（提供对数据库中的数据进行操作，包括数据库的建立、维护，数据字典的建立和维护，数据查询、检索及数据处理等手段）两部分组成。

模型部件由模型库以及模型库管理系统构成。模型库用来存放模型。模型库管理系统有两方面的功能，一是类似数据库管理系统的静态管理功能，二是模型的动态管理功能。前者包括：模型库的建立、删除、模型字典的维护；模型添加、删除、检索等功能；有关模型的各种计算机程序（源程序、目标程序）的维护。后者包括：控制模块的运行，提供顺序、选择、循环等三种基本的运行控制机制；负责模型与数据库部件之间的联系。模型库管理系统也有一个语言体系，即模型管理语言（定义模型的名称、功能、参数、程序构成及与其他模型的关系等属性）和模型操作语言（执行模型，控制模型与数据库之间的动态数据交换，模型的运行控制等）。

"三部件"决策支持系统是最基本的决策支持系统，从宏观上明确了决策支持系统的基本结构及关键技术，为后续研究广泛采用，对决策支持系统发展起了重要的作用，但在功能上仅仅强调了数据与模型的集成，而没有考虑模型库的灵活性与适应性。

为了提高模型库的灵活性，1986 年 Dolk 提出了模型库的算法独立性（algorithm independence）原则，将算法从模型库中独立出来构成方法库（或算法库），从而将 Sprague（1980）的两库系统（数据库与模型库）扩展为如图 2-3 所示的三库系统（数据库、模型库与方法库）。早期的方法库基本上都是以函数库或子程序库的形式独立于模型库而存在（Geoffrion，1992a，2007）。

随着面向对象的模型表示方法的出现，一些学者开始采用算法对象来表示算法（逮燕

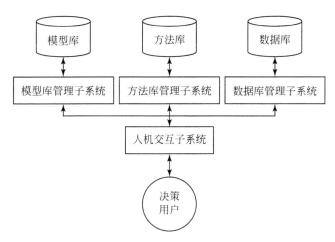

图 2-3　决策支持系统"四部件"、"三库"结构

玲，2001；张家生和宁慧，2002；Pillutla and Nag，1996；杜江和孙玉芳，2000）。但对于不同类型的算法，这些研究均没有给出统一的算法类结构和模型调用方法；同时，无论是以函数（或子程序）还是以对象表示的算法，在其物理存储［一般是动态链接库（dynamic link library，DLL）形式］的基础上，都需要一个专门的算法字典来进行维护，而对于没有在算法字典中注册的算法，模型管理系统不能够自动识别。

由于对象具有将静态数据与动态方法集成的封装特性，一些学者又将算法集成到模型对象之中（Ma，1995；Pillutla and Nag，1996；杜江和孙玉芳，2000；黄梯云等，1999；汪盛等，2001），从而回归到 Sprague（1980）的两库系统。尽管面向对象的方法能够解决早期两库系统中的一些问题，但此类模型库的灵活性仍然低于三库系统。

20 世纪 90 年代以后，在二库或三库系统的基础上，又有学者将 ES 与 DSS 结合，把知识库、数据仓库等引入 MD-DSS 的架构中（图 2-4），以期通过专家知识（expert knowledge）或领域知识（domain knowledge）来辅助或自动建模（俞文彬等，2000；Chuang and Yadav，

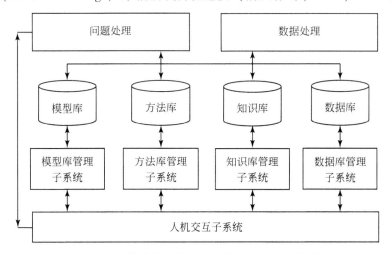

图 2-4　决策支持系统"五部件"、"四库"结构

1998；Fazlollahi et al.，1997；Nemati et al.，2002；高素芳等，2004；陶树平和沈旭升，1997），但是在知识库与模型库的关系及其连接等方面，仍然有许多问题没有很好地解决。这在一定程度上是因为决策支持系统是一个典型的交互系统，需要充分的人机交互以便作出合理的决策；因此人机接口系统（dialogue generation management system，DGMS）在决策支持系统的体系结构中也具有重要意义。

表2-1归纳了DSS发展的主要阶段及其主要进展（胡东波，2009）。

表 2-1　DSS 的发展阶段及主要研究进展

发展阶段	主要研究进展
20 世纪 60 年代后期	◇　面向模型的 DSS 诞生，标志着决策支持系统这门学科的开端
20 世纪 70 年代	◇　初期：首次对 DSS 进行了明确的定义（Gorry and Scott，1971），DSS 主要实现辅助管理者对半结构化问题的决策过程，其主要标志是将交互技术应用于管理任务 ◇　中期：DSS 主要实现支持管理者做出判断和决策，强调的是支持而不是决策过程 ◇　后期：DSS 已应用较广，运算学、决策科学等学科加入到这些应用系统之中，DSS 主要注重提高决策的"有效性"而不是"效率"
20 世纪 80 年代	◇　出现了群体决策支持系统（group decision support system，GDSS），通过在 DSS 中引入头脑风暴（brain storming）、观点评价（idea evaluation）和沟通工具（communications facilities）等，使 DSS 能够支持团队的问题求解（Pervan，1998；Santhanam et al.，2000；Shim et al.，2002；Limayem et al.，2006） ◇　开始引入了组织知识管理（organization knowledge management）（Becerra-Fernandez and Sabherwal，2001）的概念，通过将 DSS 与知识系统相结合，提出了发展智能决策支持系统（intelligence decision supporting system，IDSS）的设想（史忠植，1988；黄梯云，2001） ◇　在模型管理系统和基于知识的决策支持系统中，开始运用人工智能（AI）和 ES 技术，为决策制定提供智能支持（Courtney & Paradice，1993）
20 世纪 90 年代以后	◇　随着基于数据仓库（data warehouse，DW）、联机在线分析和数据挖掘（data mining，DM）等工具有出现，商业智能技术（business intelligence，BI）（Kudyba and Hoptroff，2001；Grigori et al.，2004），开始进入 DSS 的研究范畴 ◇　随着互联网技术的发展，开始出现基于 Web 的 DSS（Web-based DSS），发展出分布式决策支持系统（distributed DSS，DDSS）（Mayer，1998；Pinson et al.，1997），GDSS 开始向网络化发展 ◇　针对信息时代多变、动态的决策环境，出现了自适应决策支持系统（adaptive DSS，ADSS）（Fazlollahi et al.，1997；Koutsoukis et al.，1999） ◇　DSS 更加注重各种技术的综合运用，强调系统模型的自组织管理、系统的动态适用性、系统的人机交互友好性及系统的定量与定性集成

2.3　模型驱动的决策支持系统

2.3.1　模型驱动的决策支持系统概述

模型驱动的 DSS（model-driven DSS，MD-DSS）强调对于模型的访问和操纵。一般来说，模型驱动的 DSS 综合运用金融模型、仿真模型、优化模型或者多规格模型来提供决策支持，利用决策者提供的数据和参数来辅助决策者对于某种状况进行分析。模型驱动的 DSS 的早期版本被称作面向计算的 DSS（Bonczek et al.，1981）。这类系统有时也称为面向模型或基于模型的决策支持系统。由于数学模型在宏观与微观决策中扮演着十分重要的角色，因此，MD-DSS 成为 DSS 中最为重要的一种类型。因此，在 MD-DSS 开发中，技术的核心是模型库（model base，MB）的开发和模型库管理系统（model base management system，MBMS）的构建。

MBMS 是决策者创建、存储、查询、操纵和利用模型的核心部件，也是 MD-DSS 走向实用和成功的关键。MBMS 包括模型属性库管理、模型生成、模型运行 3 个功能模块。如何提高模型构造的效率与可重用性，是 MBMS 开发需要解决主要问题。模型的存储管理包括模型存储的组织结构、模型查询和维护等。模型的运行管理则完成模型程序的输入和编译、模型的运行控制、模型对数据的存取。模型的组合涉及两个问题，即模型间的组合结构及数据的共享和传递（胡东波，2009）。模型属性库需要提供下列信息。

1）为用户提供有关模型属性的特征信息，便于用户正确地使用模型，对模型的运算结果做出正确的判断；

2）指导用户迅速、准确地查找到有关模型，了解模型及其输入、输出参数的相关信息；

3）为用户新增模型的源代码和可执行代码的修改和模型的调用提供相关信息。类似于数据库管理，模型属性库的管理包括模型属性的增加、删除、修改、查询以及新库的创建等操作。

2.3.2 模型概念、类型和构建

模型是客观世界的一个表征和体现，同时又是客观世界的抽象和概括，是以某种形式对一个系统的本质属性的描述，以揭示系统的功能、行为及其变化规律。模型技术学方法的引入，反映了现代地理科学以定量的精确判断来补充定性的文字描述的不足，以抽象的、反映本质的数学模型去刻画具体的、庞杂的各种地理现象，以对过程的模拟和预测来代替对现状的分析和说明以合理的趋势推导和反馈机制分析代替简单的因果分析的趋势（马彦辉，2002）。模型是决策支持系统的核心，是 DSS 区别于一般的 MIS 的最重要的标志，其作用就是对决策信息进行定量分析，为决策者的决策提供必要的信息和方案支持。具体的决策支持系统是面向应用领域的，对于各领域的具体问题，有着不同的解决方法，即构成了不同的模型类型，如统计模型、经验模型、预测模型、决策树模型、网络与优化模型、层次分析法模型、多目标规划模型、系统过程模型、仿真模型等。如果按变量类型分，模型又可分为定性模型和定量模型；定性模型反映事物的结构形式、逻辑层次关系等；定量模型则以数学语言反映事物之间的量的联系及演化规律。定量模型与定性模型都是对事物本质及其相互联系的抽象描述，只是描述的方法和侧重不同。从一定意义上说，定性模型往往是建立定量模型的基础，定量模型是在定性研究的基础上，对事物本质的进一步概括，对进一步进行定性研究具有指导意义，两者互为补充，并无优劣之分。在定量模型中，根据变量特点，定量模型又可分为离散和连续变量模型、线性和非线性变量模型、确定性和统计变量模型、单变量和多变量模型、系统总体和局部模型等等。但对于任何一个数学模型而言，本质上是一个从已知的输入变量（X）到未知的输出变量（Y）的映射，即：$Y = f(X)$。因此，描述一个数学模型，只需一组输入变量、一组输出变量、一组数学表达式以及所使用算法对象的标识（algorithm ID）4 个基本要素。对于复杂的决策问题，通常需要将其分解为若干个子问题，得到相应的单模型或专用模型组。

模型的建立、应用反映了人们对研究对象的本质及相互联系的深刻认识，它是反映事物分析及处理过程的知识类型。一般的建模过程通常要考虑以下几点。

1）明确建模目标。即所建立的模型将被用来回答什么问题？

2）对象分析。即模型所要描述的研究对象的结构要素与功能关系，以选择模型类型，考虑采用现有模型，还是建立新模型，或将现有模型结合使用。通过对单模型进行求解，并将这些单模型进行组合实现对复杂问题的求解。而在模型组合过程中，关键的问题是模型之间的接口以及模型组合方式。每个模型类型可有不同的算法（也就是不同的模型结构）供选择。此外，模型类型的选择，可以考虑引入知识库，把影响模型选择的各因素存入规则库，使用推理的方法进行选择。

3）模型结构的确立。确认模型结构时，要考虑哪些条件被认为是确定的？哪些条件将随时间变化？这种变化遵循什么规律？对模型结构、结果将有何影响？对于简单的模型结构，可以通过描点的方法作出判断。但是，这里显然有其不足之处。这无疑要求 DSS 的使用者熟记各模型类型下的模型结构，尤其当模型结构复杂时，可建立自动选择模型结构[如神经网络（back propagation，BP）和决策树知识]。

4）模型变量和参数确定。选用那些变量能反映对象特点？如何考虑模型变量和参数的数量、可获得性？如何确定决定研究对象行为的关键变量以及研究关键变量与一般变量之间的关系？

5）数据与算法。收集模型所需数据，根据数据特点及建模要求等因素确定算法精度。

6）模型敏感性分析与检验。完成模型敏感性分析，并结合对研究对象历史数据或特别过程进行模型检验。根据结果和需要对模型中关键变量和参数，甚至特别模型进行修正和优化。

以上只是一般的建模过程（图 2-5），具体建模时，还要根据实际情况再进行具体分析，加强或细化其中某些步骤的具体内容。

在上述模型开发过程中，决策需求分析的不同策略决定了模型系统开发与应用的不同效果。一般而言，决策需求分析阶段所采取的策略，大致上可以分为两种不同的类型。

1）详细分析策略。对决策者的决策过程进行详细分析，了解其在决策中将要用到的各种模型，并在后续的系统设计与开发中，将这些模型整合到 MD-DSS 中，而决策者在系统应用中只需对已有模型的参数及模型所使用的数据进行设置即可。显然，这种策略是以系统模型开发为核心，由于系统目标明确，开发难度较小，决策者使用 MD-DSS 的过程也比较简单。但是，其最大的缺陷在于系统灵活性差，特别是当决策环境发生变化而导致决策模型需要发生改变时，这样的系统往往无能为力。

2）简略分析策略。对决策者将要使用的决策模型不作深入的了解，仅仅做模型框架设计。初始建立的系统并不包含决策者所需要的真实模型，但在系统中提供一个模型构建

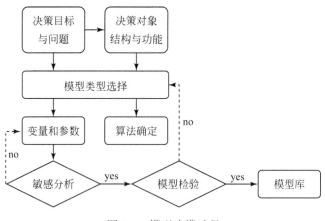

图 2-5 模型建模过程

与管理系统,由决策者在使用过程中,根据需要自主构建或添加所需要的模型。相对而言,该策略则是以决策应用为中心,为决策者提供最大限度的建模灵活性,能够适应变化的决策环境和决策需求。但是,由于初期的决策需求不明确,将导致开发难度加大,系统对于使用者也提出更高的要求。而如何在系统中建立起一个有效的模型构建与管理平台,则成为实施该策略的关键。

由于管理决策本身具有高度的复杂性与不确定性,事实上,用户在决策需求分析阶段,往往难以明确其具体的决策分析过程以及将要使用的决策模型,因此,简略分析策略成为目前 MD-DSS 研究与开发中的一种合理选择,大多数的研究都致力于研发一个高效灵活的模型库管理系统。

2.3.3 模型库及其管理系统的构建

2.3.3.1 概述

模型库把模型按一定的结构形式组织起来,通过模型库管理系统对各个模型进行有效的管理和使用,包括模型提取、访问、更新和合成等操作。有效的决策模型库系统应该能把决策者的经验知识和各种判断与科学的决策方法集成在一起,构成一个有层次的知识网络。因此,可以说,模型库的主要功能是致力于进行有效的模型调用和构建,即模型阵;同时,模型库更是一个"产生"模型的基地,而不仅仅是预先建立的模型集合。模型库中的模型算法以目标程序文件的形式存在,可以重复使用,避免了冗余,且多个单模型可以组合成复杂模型,以满足复杂的决策支持。因此,可以说,模型库的开发是专家用户对决策问题求解的基础。

模型库管理系统执行通常的模型增加、删除、修改、查询等功能,另外的一个功能是完成模型的运行。从系统的功能上看是 3 个层次:用户界面、核心功能和数据的存储。其中的物理模型库用于存储模型对象的持久状态,是一个简单的对象管理系统,是通过结构化的技术实现的。基于面向对象的模型结构法的模型库系统主要包括:模型库结构管理系统（模型表示、模型字典、模型类型结构、模型内部结构）、模型文件库和模型库管理系统组成。因 MD-DSS 处理的对象多为半结构化和结构化问题，且是经常变化的，所以 MD-DSS 用户须根据决策目标和对象的变化，及时地构造出适应新决策问题的模型。

从以上讨论中，我们可以看出，MD-DSS 模型库开发要求开发人员一般需要具备 3 个方面的知识。

1）决策领域知识（domain knowledge），即熟悉实际的管理业务，并能够从实际工作中抽象出具体的决策问题。

2）建模知识（model construction knowledge），即熟悉各种定量、过程或分析模型，对于一个具体的决策问题，能够选择合适的数学方法，建立相应的决策模型。

3）编程知识（programming knowledge）。在 MD-DSS 开发过程中，系统开发人员大多缺乏足够的领域知识与建模知识，而系统用户也通常不具备相应的编程知识。并且，对于系统用户而言，往往也不能同时掌握领域知识与建模知识，不少管理者能够提出一个决策问题，但却不知道该采用什么样的数学模型来进行分析，需要寻求一些管理专家的帮助。一个灵活高效的 MD-DSS，并不取决于需求。MD-DSS 的模型构建与管理系统应该面向专家用户。

2.3.3.2 模型的表示方法

MD-DSS 的核心部件是模型管理子系统，而模型表示又是模型管理的关键技术（黄梯云和李一军，1998；黄明和唐焕文，1999）。模型的表示主要涉及模型表示的概念模式和物理模式。模型表示的概念模式是指在概念意义上建立模型和描述模型的形式，物理模式则指模型在计算机中的表示方法和存储形式，两者是相辅相成的。已有较多讨论的是模型表示的概念模式。模型表示方法主要包括模型的子程序表示、实体关系模型（entity-relationship model，E-R Model）表示、模型的逻辑表示方法、结构化构模语言（structure modeling language，SML）、模型的数据表示、多目标和面向对象（object-orientation）的模型表示等（黄梯云，2001；胡东波，2009）。模型表示方法恰当与否直接影响模型定义、模型操纵和模型求解等具体功能是否良好。

（1）子程序表示

早期的 DSS 研究中，一般将模型看做是需要管理的可执行程序（Ghiaseddin，1986），即模型是一个可以由主程序调用的具有完整输入、输出参数和执行次序的子程序。DSS 模型库由许多子程序实体构成，因此，MMS 必须能处理各实体间的层次、关系、分解、集合和组合等各种联系。模型的子程序表示不利于提出统一的模型框架，每个模型实际上是无序堆放，所以很难反映各模型间的逻辑关系，导致模型管理缺乏理论基础（胡东波，2009）。

（2）实体关系表示

模型的实体关系表示方法将模型视为一个包含许多属性的实体，将实体之间的接口视为关系。Blanning 在 1986 年提出实体关系模型，将模型视为输入与输入的一个虚关系，模型的集成则可看成是多个关系的自然连接。李东（1998）对 Blanning（1986）所提出的关系模型库又作了进一步的发展，将关系模型库和关系数据库的异同作了明确的对比，在模型的运算方面给出了明确的定义，并给出了关系模型库的一个较完整的概念结构体系。尽管实体关系模型能够借鉴关系数据库的成熟理论来实现对模型的管理，但是，由于关系模型所要求的第一范式,只有使用关系嵌套,才可引入数组和矩阵类型;然而因为属性名必须具有唯一性,例如不同的模型不能有相同的输入或输出等,所以该方法不支持模型的共享、重用以及模型的结合,从而使该方法在实践中受到严格限制。

(3) 逻辑表示

模型的逻辑表示,也就是基于知识的表示方法,它不仅表示了输入输出间运算关系和数据转换关系,同时定义了输入输出之间的逻辑关系,目前主要有谓词逻辑、语义网络、逻辑树和关系框架等形式。Bonczek 等(1981)提出用一阶谓词逻辑(first-order predicate logic)表示模型,Dutta 和 Basu(1984)进一步发展和完善了这种表示方法,Kersten 和 Mallory(1990)提出用一阶谓词的子集—产生式规则来表示模型。模型的逻辑表示方法将谓词分为领域谓词和模型谓词,领域谓词表示领域知识,模型谓词用来定义模型和输入输出,解决了用户模型的自动建立,使决策者避免了复杂的编程工作(黄明和唐焕文,1999)。虽然逻辑表示方式引入了领域知识,但在实际应用中存在组合爆炸问题和规则空间的搜索效率问题(黄梯云,2001)。同时,作为模型中重要组成部分的变量转换关系、约束条件没有得到很好的表示,对于新的约束和规则的维护缺乏灵活性,因此,在满足模型复杂所需要的知识维护机制方面存在局限性(李牧南和彭宏,2006)。梁旭和黄明(2000)将自动机理论引入模型的逻辑表示之中,一个模型用一个或多个谓词来描述,把它们存放在 PROLOG 系统的动态数据库中,然后使用人工智能中的推理技术实现模型的求解。但该方法仅适用于可以利用推理技术实现求解的模型类(如动态规划模型等)。

(4) 结构化表示

Geoffriond 在 1987 年提出结构化构模(structured modeling,SM)思想,并于 1992 年制定了结构化构模语言(structured modeling language,SML)(Geoffriond,1992b)。Raghuanthan 在 1996 年进一步给出了一个基于 SM 的 DSS 开发方法论。SM 表示方法通过引入基本实体(primitive entity,PE)、复杂实体(compound entity,CE)、属性实体(attribute,ATT)、变量实体(variable,VA)、函数实体(function entity,FE)和测试实体(test entity,TE)等来表示模型,并使用层次组织的、分割的、带属性的非循环图来表示模型的数学结构和语义关系。该方法可以直观地建立模型,但是缺乏计算机程序运行所需的算法,另外在模型与方法、模型与数据的集成方面存在局限性,限制了其实际应用(李牧南和彭宏,2006)。

(5) 数据表示

Lenard、Dolk 分别在 1986 年和 1988 年提出模型的数据表示方法,该方法将由 SML 表示的模型转换成关系数据库的形式,从而用一个数据库管理系统可以将 DSS 的模型、数据和对话 3 个功能统一起来。虽然这种方式在基于数据库的应用系统中能够很好地把数据和模型集成起来,但不能对模型的组合和合成进行有说服力的实现(李牧南和彭宏,2006)。

(6) 多目标线性表示

多目标线性规划(multi-objective linear programming,MOLP)算法是决策支持系统静态最优化数学规划方法之一。因为实际决策问题大多是具有多个目标函数的问题,所以在线性规划中 MOLP 的应用更为广泛。MOLP 在 DSS 的应用关键技术在于多目标线性模型的求解。目前模糊(fuzzy)算法(Wilhelm,1975;Zifrinerman,1985;Chen 和 Chou,1996;

李荣钧，2001）、交互式（karmarkar）算法（Wallenius，1975；Arbel and Shmuel，1996；张建中和许绍吉，1990）、权衡比替代算法（surrogate worth "trade-off" method）（Haimes and Hall，1974）、仿射尺度内点多目标算法（钟仪华等，2000）、神经网络（胡铁松和郭元裕，1998；殷春霞和胡铁松，2000）等方法均被应用。其中多目标线性规划的模糊算法是研究热点。该算法的基本思想是将多目标的线性规划问题转换为一个等价的单一目标的模糊线性规划问题。然后给每一个目标函数分配了一个模糊愿望值，其隶属度表示决策者对相应目标水平的满意程度，而多目标线性规划的解被定义为所有模糊愿望的交集，对应于逻辑"与"的运算过程。

（7）面向对象表示

模型的对象表示则包括两个部分，即模型的概念结构和一组操作。在模型表示的对象模式中，一个模型被说明为一个将数据和其相关操作结合在一起的类，它具有一般对象的继承、聚集等关系。面向对象方法（object-oriented approach，OOA）起源于 Dahl 1967 年提出的 Simula 67 程序设计语言，后来在 Alan 于 1980 年提出的 Smalltalk 80 中得到完善，成为 20世纪 80 年代末程序设计的一种流行方式（黄明和唐焕文，1999）。在面向对象的程序设计语言的基础上，运用类（class）、对象（object）、封装（encapsulation）、继承（inheritance）、多态性（polymorphism）、消息（message）等概念，面向对象的分析与设计方法逐步发展（费翔林和张帆，1995）。OOA 基本出发点就是尽可能按照人类认识世界的方法和思维方式来分析和解决问题，把对应于客观存在实体的数据和作用于实体的过程包含在一个"对象"之内。面向对象的表示利用 OOA 的封装可以把模型的数据及模型的方法结合在一起，更能体现数据与方法是一个模型整体。利用 OOA 的继承机制可以将简单模型组合成复杂模型，从一类模型或几类模型构造出新的模型，从而形成模型间的层次关系。在面向对象的程序设计中，可以把模型抽象成 3 个不同层次：模型类、模型模板和模型实例。模型类抽象出模型的共性，其属性和操作方法确定了模型的输入、输出数据格式，输入、输出数据源，实现模型算法的运行等。模型模板是针对具体问题（如线性规划、预测问题）的模型类。模型实例则是模型模板的数据实例化。这样，面向对象表示大大提高了模型的可重用性、构模的灵活性与模型库管理的效率，成为目前模型表示领域的主流方法。但是，目前的方法主要集中在数学模型的表示上，不能全过程支持决策问题求解；由于不同模型类在结构上的不统一，利用类的继承进行渐近式构模增加了模型管理的难度；由于模型类的属性通常依赖于算法的参数设定，因而在算法与模型对象的集成中，模型类实例往往不能清晰表示决策模型的管理意义；此外，新的模型类的定义仍然需要一定的编程能力，导致模型的管理主要依然是面向开发人员，而不是面向更为理解决策问题属性的决策用户。

2.3.3.3　模型字典库和文件库

模型字典库存储模型的特征描述，通常由"模型表"、"模型算法表"和"算法数据描述文件"组成。"模型表"提供模型名及其功能说明。由于同一模型可能对应于不同的算法，故可以通过模型算法表来选择指定模型的算法；"模型算法表"中的算法类型指目标文件的属性是 EXE 文件还是 DLL 文件，这将决定程序将使用何种方式运行算法；"算法数据描述文件"主要包含以下内容：输入数据格式、输出数据格式、输入数据源和输出数据源。其中，输入、输出数据源分别指明数据的来源和去向，可以是数据文件、数据库表。为避免多用户同时运行同一算法产生数据冲突，可以为每个用户建一个数据文件目录或者建一个数据库表。

通常模型字典库将模型的特征描述与实际的模型文件分离，保证了模型一致性，提高了模型共享能力，有利于模型的动态组合，也使得模型具有很大的灵活性。

模型文件库按文件方式存储模型所用的各种文件，即源文件、目标文件、说明文件和描述文件。源文件是模型的源程序表示；目标文件是模型的可执行程序表示；说明文件是模型的自然语言描述，主要是对模型所解决问题的说明，为用户选择模型时提供帮助；描述文件是模型的数据表示，是对模型的输入和输出数据所做的说明。这些文件分别存放在不同的目录下，利用操作系统的文件管理功能进行管理。

2.3.3.4　模型集成

对于复杂的决策问题，通常需要将其分解为若干个子问题，得到相应的单模型。通过对这些单模型进行求解，并将这些单模型进行组合实现对复杂问题的求解。而在模型集成过程中，关键的问题是模型之间的接口以及模型组合方式。模型集成方式是指组成模型的各个子模型之间的逻辑关系，即采用什么样的结构组织这些模型。通常有以下 3 种逻辑关系：顺序结构、选择结构和循环结构。模型组合知识库中存放的主要是以规则形式存在的单模型组合关系。在传统的模型库系统中引入专家系统，借助模型集成知识库，由推理机确定模型的组合关系和其接口，然后由模型库管理系统完成模型的运行，从而实现对复杂决策问题的有效支持。

模型集成的特点与采用的模型表示方法密切相关。子程序表示和数据表示通常不能对模型集成提供有效的支持。结构化表示可以对模型中的不同实体元素进行集成，但难以对不同的模型进行集成。实体关系表示通过虚拟关系运算来实现模型的集成，但只能进行简单的模型串联操作（李牧南和彭宏，2006）。逻辑表示采用一阶谓词来描述模型之间的集成关系，但由于存在规则的组合爆炸问题，因此不能解决复杂的模型耦合计算。面向对象表示则由于对象的封装性和消息连接，为模型的集成提供了更为灵活的方法。

在面向对象的表示方法中，不同学者对于模型集成的具体实现提出了不同的解决方案，如 Lenard（1993）提出了根据模型间的相关性进行模型集成的方法；Gagliardi 和 Spera（1995）给出了一个基于 SM 的模型集成框架；Liang（1988）提出基于图形的模型合成；Muhanna 和 Pick（1994）、周宽久和黄梯云（1997）及李京等（1998）通过模型定义语言（model define language，MDL）来定义复杂模型对象；刘东苏和兰军（1997）及 Rizzoli 和 Davis（1998）等通过设计一个复杂模型类来表示模型的集成；李云峰等（1999）定义了模型间 3 种不同类型的继承关系（即模型组合关系），并通过继承列表（inheritance list）属性对模型的组合加以描述，然后由模型描述解释器来进行求解；王保江（1998）和胡彬华等（2002）则通过模型耦合列表（model couple list）属性来对模型间的复杂关系加以描述。上述方法虽然都能够实现对模型集成的支持，但在具体实现时仍然存在一些缺陷。如 Lenard（1993）的方法不支持模型的二次集成，因此，那些相对简单的模型类和相对复杂、用户难于理解的模型类在结构上的不一致带来了模型管理上的困难。而利用模型对象的属性来描述模型间复杂关系的方法在实际中应用仍然过于繁琐，不便于操作等。此外，这些方法大多是从局部描述模型之间的关系，因此缺乏对模型求解次序的整体解决方案，特别是存在并联模型时。

李超锋（2002）认为除了模型集成的表示方法外，模型间的冲突解决也是目前模型集成研究的重点，包括命名冲突、粒度冲突和维数冲突等。事实上，现有的面向对象模型集成方法中，简单模型与复杂模型对象通常均保存在同一模型库中，也容易引起冲突与管理混乱。此外，模型集成后的框架（schema）一般具有闭合无环（closedness and acyclicity）的特性，而对于模型集成中的循环冲突（cyclical confliction），上述集成方法均没有作深入的讨论并提出相应的解决方案。

在模型集成环境方面，模型的自动集成（谢勇和王红卫，2002，2005；刘永和李伟华，2004）和分布式集成（Mayer，1998；Chari，2003；林杰等，2004）是近年来研究的热点，它们也分别属于 IDSS 与 DDSS 研究的范畴，尽管目前已经有了一些理论上的成果，但离实际应用还有一定的距离。

2.3.3.5　模型存储

模型的存储方式主要有：子程序方式、建模语句方式和数据方式等（邓建华和高国安，1998）。在目前主流的面向对象的模型表示方法中，用户所创建的决策模型一般是以内存中模型类实例的形式存在；而在外存中，通常是将模型以动态链接库（Dynamic Link Library，DLL）的形式存储（张学民等，1996），或将模型实例的属性值存储在数据文件（如 XML，Kim，2001）或其他专门的数据文件或关系数据库中（邓建华和高国安，1998）。

一般而言，关系数据库比专用数据文件具有更高的操作效率，但是，由于目前的面向对象方法一般利用对象的继承性实现渐近式构模，使得各种模型具有不同的属性，这就为利用关系数据库存储模型实例带来困难。例如不同类型的模型实例难以用同一个关系表来存储。此外，由于模型类没有统一的结构，还需要有一个专门的模型字典来对模型类进行查询与维护（邓建华和高国安，1998）。

模型存储的另一个问题就是模型库中模型的组织。为了方便模型的管理与维护，通常是将模型分类组织和存放。目前的分类方法大多按照模型的继承关系来组织模型（黄梯云等，1999；胡胜利和郑瑞娟，2006；郑颖华和武根友，2006）。然而，在决策支持系统的实际应用中，用户往往更希望按照模型的实际用途来分类和组织模型。

模型在计算机中的表达与存储通常采用以下 3 种形式。

1）作为数据的模型。即将模型分解划分成可以用数据结构进行表示的模型单元。对于模型的构造、存储、操作等，需要用一套完善的数据管理与操作方法来完成。

2）作为语句的模型。采用构模语句，通过构模语句来表达模型，构成具有使某些构模功能易于执行的特征。

3）作为子程序的模型。每个模型是一段能够完成某种功能的程序，它可以由主程序灵活调用，并与主程序之间相对独立，只要通过传递数据和控制参数即可运行。

2.3.3.6　模型的运行

模型库系统支持模型的运行。在运行模型时，用户根据模型的实际情况，从数据库中选择数据或通过对话框输入数据，即可进行模型运算。从数据库读入的数据可调入 Excel 中进行预处理，模型运算结果进行图形表达，既可通过系统提供的图形表达模块进行，也可调入 Excel 进行统计图形表达。根据具体要求，某些模型也可以通过对话框方式接收输入数据，使用户可根据需要随时对模型可调整参数进行赋值或修改。总之，在针对问题选择模型或综合使用多个模型解决某一较复杂的问题时，要根据问题本身的特点，有关信息量（统计数据）的大小和对问题求解精度的要求，综合考虑。

模型运行的一个重要问题是复杂模型的求解。在一个复杂模型中，各个子模型的求解次序、求解结果在模型间的传递、模型间的循环冲突等，都使复杂模型的运行变得更为复杂。尽管目前已有多种模型集成的解决方案（黄梯云等，1999；Lenard，1993；费翔林和张帆，1995；Huh，1993；Lazimy，1993；Ma，1997；Chen and Sinha，1996；周宽久和黄梯云，1997；邓建华和高国安，1998；张宏军，1999；Kim，2001；Rizzoli and Davis，1998；李云峰等，1999；张学民等，1996；赛英等，2007）。但是，对于复杂模型的求解来说，仍然缺乏一种简单有效的方法。实际上，复杂模型中各模型之间的关系本质上是一个（或多个）子模型的输出是另一个（或多个）子模型的输入。因此，模型运行的另一个重要问题是接口管理。接口管理主要涉及模型库与方法库的接口管理以及模型库与数据库的接口管理。

1）模型库与方法库的接口：模型库系统求解时必须与方法库进行交互，请求方法库中方法计算服务。这要求模型库系统向方法库传递求解所需参数，并要求传回求解结果。由于模型是针对一类问题的描述，其参数的大小随具体的求解的问题的规模等而定，因此，模型所传的参数的长度是可以变化的，这就要求方法库中的方法能满足可变大小的参数传递，因此需要采用动态分配内存的数据结构来编写方法。这样从模型库向方法库的参数传递需要经过一定的处理，使传递双方能彼此了解传递的参数的类型和大小，即在模型库与方法库之间建立一种协议，参数的传递按照协议组织进行。

2）模型库与数据库的接口：模型库中的模型所需的数据主要来源于两个方面，即数据库数据和以对话框方式提供的人机交互数据。数据库数据目前普遍采用 SQL Server 数据库作为数据源，也可采用 ODBC 来解决模型库与数据库之间的数据通信。

尽管数据库接口（如 ODBC，JDBC）的出现，使得模型与数据库之间的交互变得非常方便，但如何实现模型与数据的连接仍然是模型运行中需要研究的重要内容之一（黄梯云和李一军，1998）。Bonczek 等（1981a，1981b）基于一阶逻辑利用知识库中的知识实现模型与数据库的连接，Ramirez 等（1993）借助 SML 指明模型端口与数据库之间的对应依赖关系，马锐和尤定华（2001）通过嵌入式 DSS 语言简化了模型的调用及模型对数据的存取方法，赛英等（2007）通过使用数据描述文件对模型进行封装，以规范化面向对象的模型库与数据库的接口。这些研究的基本思路都是将模型与数据相分离，以提高模型的灵活性。但目前大多仅考虑模型与数据库数据的连接，而没有考虑模型数据的多样性，如数据仓库、用户自定义值、其他模型的求解结果等等。同时，对于多数据库的情形也缺乏系统的研究。Jones 和 Taylor（2004）探讨了利用元数据（metadata）技术实现决策支持系统中不同来源数据的集成，但没有给出相应的模型表示方法。

此外，在设计模型库管理系统时，为了实现其功能上的要求，还需要考虑模型库与决策支持系统其他部件的连接问题，例如，通过模型库管理系统把模型库与数据库、知识库和人机界而连接起来，这样可以使模型库从数据库中获得有关数据，并把模型运算的结果送到人机界面，以便与用户进行交互。

2.3.3.7　模型维护

模型的维护包括模型的创建、修改、删除、查询等功能（张治，2004）。其中，模型的创建与修改与模型的表示方法密切相关，因为模型的创建与修改即是用户根据不同系统所提供的模型表示方法对新模型进行定义的过程（黄梯云和李一军，1998）。在目前大多数面向对象的模型表示方法中，若要创建或修改模型，则需要创建一个新的模型类或对已有模型类进行修改（Liu and Stewart，2004；Yeh and Qiao，2005；胡胜利和郑瑞娟，2006；郑颖华和武根友，2006；李勇等，2003）。张治（2004）认为创建新模型只需将模型类实例化，但这仅仅是已有模型与实际决策数据的一个绑定过程，而要创建一个新的模型，仍然需要事先进行类的设计。因此，面向对象的模型表示方法所具有的构模灵活性仍然局限在系统开发这一层次，而不是最终决策用户。

在模型生成研究方面，除了手工创建模型，也有部分学者研究如何让系统根据用户对问题的描述自动生成模型。例如，Chi 等（1993）和 Liang（1993）用类比推理辅助模型生成，用户对得到的模型稍加修改就得到一个新的决策模型；Dutta 和 Basu（1984）及 Bonczek 等（1981）提出基于一阶谓词演算的模型自动生成；Holsapple 等（1993）利用遗传算法自动构造模型；Shaw 等（1988）利用机器学习获取模型操纵知识等。这些方法有助于缺乏建模经验和技术的用户建立决策模型，并推动组织学习（organizational learning，OL）技术的发展（Bhatt and Zaveri，2002）。目前这些方法尚处于理论探索阶段，手工建模仍然是模型库管理中的主要方法。

由于面向对象的模型表示方法基本上都利用类的继承实现渐近式构模，各模型类之间存在继承和依赖关系，所以简单地物理删除一个模型可能会带来其他模型的连锁错误，在删除一个模型前，往往需要先删除相关模型间的继承关系（张治，2004）。但在模型间继承关系特别复杂时，模型的删除可能会是一个棘手的问题。

2.3.3.8　数据管理

决策支持系统所需要的数据以及对它们的管理都是为决策的执行服务的。在决策理论方法的发展方面，传统决策支持系统主要依据运筹学理论方法采用的是定量分析模型，使数值计算和数据处理融为一体，并且其中的大部分数据都是结构化的（陈晓红，2000；黄梯云，2000；Turban and Aronson，2000）。但是，传统决策支持系统对决策中常见的定性问题、模糊问题和不确定性问题缺乏相应的支持手段。在决策支持系统中引入新的数据管理理论与方法可使上述问题得以解决（Inmon，2000；Etzioni and Weld，1995；Fisher，1989；Gray，1987，1988；Hackman and Kaplan，1974），方法主要有以下几种。

（1）机器学习

对大量历史数据和决策过程中积累的经验进行分析处理以获取对决策有用的知识（康塔尼克，2003；李一智和徐选华，2003；杜江和孙玉芳，2001；方卫国和周乱，1999），例如迭代法（iterative dichotomic version 3，ID3）、布尔判别函数（boolean discriminant function，BDF）和分类回归数（classification and regression tree，CART）等学习算法、神经网络、遗传算法、粗糙集理论以及基于范例推理等算法。

（2）软计算方法

软计算目的在于适应现实世界遍布的不精确性，它是一个方法的集合。其指导原则是开拓对不精确性、不确定性和部分真实的确认和表示，以达到可处理性、鲁棒性、低成本求解以及与现实更好的紧密联系（康塔尼克，2003）。

（3）数据仓库和联机分析处理

数据仓库（data warehouse，DW）是对多数据源信息的提取、转换、净化、加载、汇总，侧重于半结构化、非结构化数据的存储和查询。联机分析处理（OLAP）是与数据仓库相关联的数据分析技术。OLAP 的概念最早是由关系数据库之父 Codd 于 1993 年提出的，是以海量数据为基础的复杂分析技术，通过对数据仓库的即席、多维、复杂查询和综合分析，得出隐藏在数据中的事物的特征与发展规律，为决策分析提供面向主题、集成、时变、持久的数据集合信息（陈晓红，2000；黄梯云，2000；Inmon，2000；Inmon et al.，1999；Turban and Jay，2000）。它支持各级管理人员从不同的角度、快速灵活地对数据仓库中的数据进行复杂查询和多维分析处理，并且能以直观易懂的形式将查询和分析结果展现给决策人员（陈晓红，2000；黄梯云，2000；林杰斌等，2003）。

（4）数据挖掘

数据挖掘（data mining，DM）是一个从大量数据集合中发现对决策有用的知识的过程。利用人工神经网络、决策树、机器学习等方法，发现未知的知识，再把知识放入知识库中用于支持决策。近几年来，数据驱动的知识发现方法成为 DM 的研究热点，该方法使数据挖掘成为不需人工干预的自动过程（康塔尼克，2003）。

但是，目前这些方法大都处于理论研究阶段，实际运用的成功案例并不是很多。一方面，决策支持系统本身的发展也需要对这些数据管理技术的进一步研究和实践，另一方面，决策支持环境的复杂多变也要求决策支持的信息数据管理技术向着半结构化、非结构化方面的发展。特别是随着计算机信息技术的进步和信息时代的到来，人们对系统决策支持能力的要求也越来越科学，越来越复杂，越来越人性化。所以，这些都需要对决策支持系统的数据管理进行更加深入的研究。

2.4　空间决策支持系统

2.4.1　空间决策支持系统概括

GIS 的功能主要侧重于解决复杂的空间处理与显示问题，空间分析能力较弱，不能有效地完成复杂空间问题决策支持，难以满足各级决策者的需要。因此，GIS 的应用与发展都必须解决这些问题。而从 DSS 的功能来看，它们不能灵活、直观地描述对象的空间位置、空间分布等信息，不能为决策者或决策分析人员创造一种空间数据可视化的决策环境。而 SDSS 的发展综合了 GIS 与 DSS 的优势，弥补了 GIS 本身对决策支持能力不足的缺点，同时也改善了决策支持系统的功能，使其研究的领域扩展到空间问题领域。DSS 的融入使得 GIS 在处理空间信息时从空间探索和拓扑分析提高到模型模拟的高度，从空间分析工具上升为空间决策支持工具。同时 GIS 则为空间建模提供了一个可视化的直观平台，为模型分析过程中解决诸如空间分布参数、空间多尺度和非均质等问题提供了一个强大的数据表达和处理方法。

空间决策支持系统可综述为：是融合了 DSS 的多模型组合建模技术与 GIS 的空间分析技术，面向空间问题领域，集成了空间数据库和数据库管理系统、模型库和模型库管理系统等，能帮助用户对复杂的半结构和非结构的空间问题作出决策并从众多方案中选择若干优选方案供决策者使用的计算机信息系统（陈崇成等，2001）。一个典型的 SDSS 应该具有如下功能（Yee，1997）。

1）从各种数据源采集、存储空间及非空间信息；

2）良好的空间数据结构，以方便空间数据的查询检索、分析和显示；

3）提供灵活的集成过程性空间知识（数据模型，空间统计）和空间数据的能力；

4）提供灵活适用的系统结构，以方便系统功能的修改和扩充；

5）良好的人机交互功能；

6）提供多种可供选择方案；

7）能够表达松散结构化的空间知识；

8）具备利用领域知识进行推理和利用常识进行推论的能力；

9）具备较强自学习能力；

10）具备对空间信息，说明性知识以及过程进行智能控制的能力。

2.4.2　SDSS 与 DSS 的比较

SDSS 是决策支持系统的一个新的分支，其最主要的功能是空间决策支持。空间决策支持是决策支持原理向空间维的扩展，是一个高度复杂的数据和知识的处理过程。空间域问题的决策支持非常复杂，该过程将涉及大量的空间及非空间信息、结构化及非结构化知识以及决策者的直觉、经验和判断力。因此，SDSS 比一般 DSS 要复杂一些，其与 DSS 的差异主要体现在以下 5 个方面。

1）数据形式不同：SDSS 的数据具有明显的空间特征，操作的为空间物体的地理分布数据及属性数据；

2）信息获取方式不同：空间数据有专门的获取途径，它们是通过数字化仪、扫描仪或图像处理系统等硬件设备及其相应的驱动软件输入空间决策支持系统的；

3）决策模型不同：SDSS 中许多模型是空间模型，空间模型有时候可以转化为非空间模型来运算，而非空间模型亦可通过在每一个空间单元上实施该模型而空间化；

4）决策结果的输出不同：SDSS 需要支持决策结果中多种空间信息与非空间信息的耦合输出；

5）系统结构不同：由于 SDSS 要管理空间和属性两大类数据，系统结构要比一般的决策支持系统更为复杂（图 2-6）。

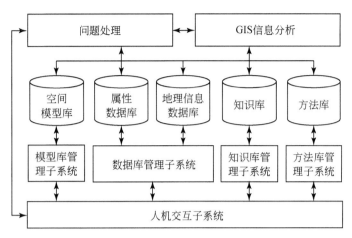

图 2-6　SDSS 的结构图

2.4.3　SDSS 与 GIS 的比较

GIS 经过几十年的发展已逐渐走向成熟。但是，它的应用主要还停留在建立数据库、数据库查询、空间叠加分析、缓冲区分析和成果输出显示上，还无法为空间复杂问题提供足够的决策支持。而 SDSS 在 GIS 的基础上，融入了 DSS 的多模型组合建模技术，具备了对结构性较差（如半结构化或非结构化）的复杂空间问题的求解和决策能力，从而使 SDSS 不仅可像 GIS 那样为用户提供各种所需的空间信息，即数据级支持，而且还可提供实质性的决策方案。表 2-2 列出了 SDSS 与 GIS 的差异。归纳起来 SDSS 与 GIS 的主要区别在于：GIS 研究对象是地理信息的获取、组织与管理，而 SDSS 研究对象则是决策支持，即空间问题的求解；SDSS 具有专门的模型库及其管理系统，供决策人员分析和决策时进行模型选择和构造新模型。

表 2-2　GIS 和 SDSS 的比较（阎守邕等，1996）

比较方面	GIS	SDSS
内涵焦点	信息	决策
基本对象	结构化问题	半结构化及非结构化问题
系统作用	描述和表现客观世界 揭示问题所在	支持利用和改造客观世界 决策过程，揭示与解决问题所在
工作特点	常规例行处理，比较死板	按需要应变处理，十分灵活
输出结果	各种信息报表和图件	各种决策方案及选择
用户状态	被动，用户受制于系统	主动，用户驱动或控制系统
应用范围	中层管理及决策过程中的调研阶段	定层及其下各级决策者的决策
最终目标	提高工作效率，求快	改善决策效果，求好

2.4.4 基于 GIS 控件的空间决策支持系统

2.4.4.1 基于 GIS 控件的 SDSS 开发

目前，SDSS 的开发主要有两种形式。第一种是自主开发，即自主设计空间数据的数据结构和数据仓库、模型库、知识库以及方法库，利用 VC（Visual C ++）等可视化编程语言从底层开发空间决策支持系统的支持平台和各部件的功能。由于其程序冗余少，模型和空间数据库管理系统使用唯一的数据结构，因此系统运行稳定，效率较高。这是开发 SDSS 最基本的一种方法。但是这种方式的开发周期较长，而且对科研实力和开发费用要求较高。第二种方式是运用 GIS 与决策模型的集成技术，将 GIS 的空间数据管理功能与决策模型的分析、评价、预测、模拟、决策等功能组合起来，可分为以下几种。

1）基于商用软件的开发模式。例如利用国内外优选的地理信息系统平台软件如 ARC/INFO、MapInfo、MapGIS 等商用软件进行二次开发。这类软件将 GIS 的所有功能模块打包在一起，用户可以利用其提供的二次开发环境，结合自己应用目标扩展相应的功能和模块。这种方式的优点是简便易行，开发周期较短，但也存在很多缺点，如价格昂贵、难以掌握，特别是移植性差，即提供给用户的不仅是要开发的软件模块还包括平台本身，不能脱离源系统软件环境而独立运行。

2）基于 GIS 控件的 SDSS 开发方式。控件（component）技术是 20 世纪末发展起来的，它有效地促进了面向对象技术和分布式计算技术的发展。控件是建立在对象连接和嵌入（object linking and embedding，OLE）体系上的，被形象地称为即插即用（plug and play）的软件，它为可视化编程工具，如 VC 等提供插件，便于专业系统的开发。ActiveX 控件是 OLE 的最新发展，逐渐成为了对象连接与嵌入技术的新标准。GIS 控件的基本思想是把 GIS 的各大功能模块化分成控件，每个控件完成不同的功能，从而使得开发者可以方便地将 GIS 控件和各种可视化的编程工具集成在一起，形成最终的 GIS 应用。这种开发十分方便，开发者可以根据需要将各种控件像搭积木一样构建一个实际的应用系统。

基于 GIS 控件的开发的 SDSS 被称为嵌入式的空间决策支持系统，具有如下几个方面的优势：开发周期短、成本低，可以脱离大型商用软件平台独立运行，便于在不同系统之间进行移植。大部分商业 GIS 软件随着功能的不断增多，软件占据的空间不断壮大，但很多功能对具体的应用来说并不必要，对于实际应用来说就像一个包袱，严重消耗系统资源，用户却无法抛开。而基于 GIS 控件开发的系统可以根据实际需要，选择开发相应的功能，从而使程序精炼、运行快速经济，而且对特定的需求由很强的适应性。基于 GIS 控件开发的程序具有自己的知识产权，并且可以为不熟悉 SDSS 技术的用户提供使用上的方便，是 SDSS 开发的重要方向，利用 GIS 控件来开发应用系统，使开发人员摆脱了很多基本功能开发，使他们更专注于应用功能的设计和开发，从而使建立的系统更有针对性。

2.4.4.2　基于 GIS 控件的 SDSS 的结构

DSS 一般由数据库、模型库、知识库和人机交换界面构成，相应地，可以把基于 GIS 控件的 SDSS 的组成要素分为数据库（包括空间数据库和属性数据库）、模型库、知识库和人机交换界面等（图 2-6）。

2.4.5　SDSS 的应用与发展

由于社会需求的牵引和技术发展的推动，空间决策支持系统已经发展到了一个新的阶段，在与空间问题有关的各领域内得到了广泛的应用。在农业可持续发展领域的应用，张显峰和崔伟（1997）开发的黄淮海县级农业可持续发展决策支持系统，实现了从动态监测、分析与评价、预测预警到辅助决策农业可持续发展的功能；沈莎和阎守邕（2000）开发的农业投资空间决策支持系统，可为农业投资分配问题提供方案决策。在环境管理领域的应用，有福建省海岸带环境调控决策支持系统（黄添强等，2002）和厦门市环境管理空间决策支持系统（陈崇成等，2002）。在城市规划和建设中的应用，如 SDSS 用于解决高速公路选线工作中遇到的地质地理问题（贾永刚等，2001）。在各种管网（电力、通信、供水、煤气等）管理决策支持中的应用，如基于 GIS 的配电网故障后处理决策支持系统。在军事领域的应用，如指挥自动化系统，可支持战场军事地理环境分析，辅助各级指挥员完整、准确、快速地分析战场环境地理要素，科学地进行军事决策，正确选择作战方向和作战空间，合理地组织军事行动等。此外，它还可应用于防洪调度，进行水情仿真，为决策者提供汛情发展事态信息等（余达征等，2001；胡四一和宋德敦，1996）。总之，空间决策支持系统是多学科和多种技术交叉综合的新领域，它将计算机技术、网络技术、数据库技术、知识库技术、人工智能技术、通信技术、地理信息系统技术、决策支持技术等最新成果集于一体，有着广泛的应用前景。空间决策支持系统的发展也将进一步推动这些相关学科和技术的深入发展。

从目前国内外的研究现状来看，建立 SDSS 从理论到技术方法都是可行的。但是，由于弱结构化问题和人的决策过程的复杂性，SDSS 在空间问题的决策过程中，发挥的作用还十分有限。当前 SDSS 的发展主要集中在以下几个方面。

（1）智能化

智能空间决策支持系统（intelligence spatial decision support system，ISDSS）是 SDSS 与人工智能相结合，应用 ES 技术，使 SDSS 能够更充分地应用人类的知识或智慧型知识，如关于决策问题的描述性知识、决策过程中的过程性知识、求解问题的推理性知识等，并通过逻辑推理来帮助解决复杂的决策问题的辅助决策系统。ISDSS 的系统目标是：将人工智能技术融于 SDSS 中，弥补因 SDSS 单纯依靠模型技术与数据处理技术而导致的在用户高度参与的过程中可能出现意向性偏差的缺陷；通过人机交互方式支持决策过程，深化用户对复杂系统运行机制、发展规律乃至趋势走向的认识，并为决策过程中超越其认识极限的问题的处理要求提供适用技术手段（陈氢，2005）。根据 ISDSS 智能的实现可将其分为基于 ES 的 ISDSS，基于机器学习的 ISDSS，基于智能代理技术 Agent ISDSS，基于数据仓库、联机分析处理及数据挖掘技术的 ISDSS 等。

（2）SDSS 向群决策支持系统的发展

目前的 SDSS 普遍为单用户的，而实际的决策过程通常有较高的群体参与度，由多个决策参与者共同进行思想和信息的交流以寻找一个令人满意和可行的方案，并由某个特定的人作出最终决策并对决策结果负责。群体决策能够支持具有共同目标的决策群体求解半结构化的决策问题，有利于决策群体成员思维和能力的发挥，也可以阻止消极群体行为的产生，限制了小团体对群体决策活动的控制，有效地避免了个体决策的片面性和可能出现的独断专行等弊端。因此群体决策支持系统是一种混合型的 DSS，允许多个用户使用不同的软件工具在工作组内协调工作。群体支持工具的例子有音频会议、公告板和网络会议、文件共享、电子邮件、计算机支持的面对面会议软件以及交互电视等。群空间决策支持系统（group spatial decision support system，GSDSS）主要有 4 种类型：决策室、局域决策网、传真会议和远程决策。

（3）分布式的网络化

目前的个人计算机和工作站不能满足决策问题的海量计算和模拟工作，而传统的超级计算机的资源又不能十分有效地用于解决决策问题。因此，非均质计算机环境（heterogeneous computer enviroment，HCE）可以解决复杂的、结构化差的空间决策问题。这一方案通过把空间决策问题（非均质性）分解为许多部分，使每一部分对计算机资源的需求均质化，并利用分布式的网络和开放系统来逐个解决各部分问题，完成 SDSS 的辅助决策过程。从架构上来说，分布式的网络化（scalable distribute decision support system，SDDSS）是由地域上分布在不同地区或城市的若干个计算机系统所组成，通过终端机与大型主机进行联网，利用大型计算机的语言和生成软件，驱动终端 DSS 系统，实现整个系统的功能分布以及多终端的网状交互，共同完成分析、判断，从而得到正确的决策。DSDSS 的系统目标是把每个独立的决策者或决策组织看作一个独立的、物理上分离的信息处理节点，为这些节点提供个体支持、群体支持和组织支持。它应能保证节点之间顺畅的交流，协调各个节点的操作，为节点及时传递所需的信息以及其他节点的决策结果，从而最终实现多个独立节点共同制定决策。

（4）数据仓库技术

数据仓库是支持管理决策过程的、面向主题的、集成的、动态的、持久的数据集合。它可将来自各个数据库的信息进行集成，从事物的历史和发展的角度来组织和存储数据，供用户进行数据分析并辅助决策，为决策者提供有用的决策支持信息与知识。基于数据仓库理论与技术的 DS（data ware-based SDSS，DWSDSS）的主要研究课题包括：①DW 技术在 DSS 系统开发中的应用以及基于 DW 的 DSS 的结构框架；②采用何种数据挖掘技术或知识发现方法来增强 DSS 的知识源；③DSS 中的 DW 的数据组织与设计及 DW 管理系统的设计。总的说来，基于 DW 的 DSS 的研究重点是如何利用 DW 及相关技术来发现知识并向用户解释和表达，为决策支持提供更有力的数据支持，有效地解决了传统 DSS 数据管理的诸多问题。

（5）自适应技术应用

自适应空间决策支持系统（adaptive SDSS，ASDSS）是针对信息时代多变、动态的决策环境而产生的，它将传统面向静态、线性和渐变市场环境的 DSS 扩展为面向动态、非线性和突变的决策环境的支持系统，使用户可根据动态环境的变化按自己的需求自动或半自动地调整系统的结构、功能或接口。对 ADSS 研究主要从自适应用户接口设计、自适应模型或领域知识库的设计、在线帮助系统与 DSS 的自适应设计 4 个方面进行，其中问题领域知识库能否建立是 ADSS 成功与否的关键，它使整个系统具有自学习功能，可以自动获取或提炼决策所需的知识。对此，就要求问题处理模块必须配备一种学习算法或在现有 DSS 模型上再增加一个自学习构件。归纳学习策略是其中最有希望的一种学习算法，通过它从大量实例、模拟结果或历史事件获取所需知识。此外，神经网络、基于事例的推理等多种知识获取方法的采用也将使系统更具适应性。

（6）仿真技术应用

基于仿真的 SDSS 可以提供决策支持信息和决策支持工具，以帮助管理者分析通过仿真形成的半结构化问题，这些种类的系统全部称为基于仿真的决策支持系统（simulation-based DSS，SDSS）。SDSS 可以支持行动、金融管理以及战略决策，包括优化以及仿真等许多种类的模型均可应用于 SDSS。

（7）多媒体技术在交互式界面中的应用

人机交互界面是 SDSS 的一个重要组成部分。多媒体技术集声音、图形、文字于一体，可以最大限度地传播信息。同时，决策者不一定是计算机行家，多媒体技术的应用，可以使 SDSS 操作简便、容易；基于仿真的 SDSS 可以提供决策支持信息和决策支持工具，以帮助管理者分析通过仿真形成的半结构化问题。

（8）SDSS 快速开发技术

SDSS 快速开发技术主要包括：①空间构模工具的开发，使专家用户能够在 SDSS 中直接建立子问题所需的空间决策模型。模型的建立尽可能采用直接书写模型数学表达式的形式，而不需要使用任何程序语言或者其他类似程序语言的形式。SDSS 能够在专家用户建模的过程中能够给予足够的提示（如模型表达式的规范要求、书写的模型是否有错误等），对专家用户建立的决策模型能够加以保存、查询、修改，并能够重复利用。②空间决策模型的求解机制的开发，使系统能够识别专家用户所建立的空间决策模型，理解子问题决策模型之间的关系，建立求解路径并调用相应的求解程序对模型求解，最终在人机界面上显示决策问题的求解结果。

可以看出，基于不同技术类型的空间决策支持系统具有不同的应用范围，针对具体应用往往需要结合考虑实际系统的特点采用其中的一种或几种方式的集成，从而满足系统的要求。

第3章　崇明岛生态建设决策支持系统开发目标和框架

　　县域复杂系统是一个多因素、多层次、多功能的复合大系统，并具有明显的地域空间分异。其复杂性、动态性、模糊性使得人们难以了解系统的过程机理。县域复杂系统的生态建设问题多是半结构化和非结构化的，其决策则属于半结构化决策或非结构化决策。空间决策支持系统融合了决策支持系统与地理信息系统，特别针对具有空间特征或需要空间信息支持的决策问题，不仅为科学的决策提供精确、系统、全面的空间及非空间基础信息，而且通过空间分析技术的应用，可以有效地解决空间决策支持的理论问题。

　　崇明生态岛建设是一项前所未有的示范性综合系统工程，涉及极其广泛的、需要决策的问题和研究内容。基于第一章对崇明生态岛建设的决策问题需求分析，下列工作内容在系统开发过程中需要重点考虑。

　　（1）分布式共享数据库

　　崇明生态岛建设决策依靠人口、经济、资源、生态和环境等方面的分布与变化信息，但目前上述大量数据涉及各个职能部门，往往被分别存储于不同的物理位置，其维护和更新由相关部门负责，导致已有数据（包括已往课题研究所取得的数据）的共享程度很低，无法发挥应有的效用，数据重复采集现象严重。因此，数据共享是崇明生态岛建设决策中需要解决的首要问题。

　　（2）模型驱动的辅助决策系统

　　针对若干重大问题，建立一个面向用户对象（崇明县政府及其相关部门）的，基于模型驱动的空间决策支持系统平台。其中模型库系统［包括模型库（model base，MB）及其管理系统（model base management system，MBMS）］是本系统的核心内容。从用户需求角度来看，模型库系统应该具有模拟预测、评估分析和辅助决策等基本功能。其构成以3类模型为基础，即模拟及预测模型、评价及评估模型、综合决策支持模型。模拟及预测模型用于对各类生态要素及现象进行现状模拟及发展预测，如土地利用/土地覆盖、水资源分布、水质变迁、湿地演化、咸潮入侵及风暴潮等；评价及评估模型用于对上述生态因子的状态及效能进行评价或评估，如土地质量评价、水质评价、水资源评价、湿地生态效益系统评估、区域综合生态承载力评估等；综合决策支持模型针对特定发展情景或目标，在上述两类模型基础之上，通过各种空间分析或优化方法，生成并有效表达辅助决策信息。模型库管理系统的主要功能应该包括：模型库与模型字典的定义、建立、存储、查询、修改、删除、插入、重构等，模型的选择、建立、拼接和组合，模型的运行控制，数据库接口的转换等。

　　（3）基于WebGIS的数据与决策信息发布

　　基于当今最先进的Internet/Intranet的分布式计算环境，将矢量数据、影像数据高度集成，通过 Web 方式，集信息发布与网上办事于一体，可以为生态信息管理和辅助决策提供准确、及时、直观的信息，为公众参与及应急服务提供平台。其功能包括网上信息浏览查询、信息统计、地图输出、GIS 空间分析等。

3.1　崇明岛生态建设决策支持系统开发的目标

3.1.1　决策支持系统软件开发总目标

系统软件开发总目标是：针对崇明生态岛建设过程中的重大生态和环境问题，利用 SDSS、数据库、计算机网络、虚拟地理环境等现代技术，整合崇明生态岛建设的已有研究成果，建立崇明生态岛建设基础共享信息数据库，实现生态岛建设信息要素的挖掘、共享、管理和可视化；将社会发展模式与生态系统过程相联系，开发区域复杂系统过程模型和生态承载力评估模型，集成具有模拟预测、评估分析和辅助决策功能的模型库；实现对崇明生态岛建设中重大生态和环境问题的"实时监测—定量评估—动态预测—分级预警—适时发布—综合调控"的动态管理和应用；以信息化、智能化和可视化形式支撑崇明生态岛建设的科学决策和有效管理。

3.1.2　决策支持系统软件开发的主要内容

崇明岛生态建设决策支持系统框架设计以空间决策管理支持框架理论为基础，结合崇明岛生态建设决策需求分析，开发区域"社会—经济—自然"复杂系统模型，建立崇明岛生态建设的决策支持系统平台软件，利用该平台软件，可以方便地增加专题数据、插入专业决策模型，从而快速地构建决策应用系统，并且对各类数据、方案进行发布与共享。其开发内容主要包括生态建设决策支持平台、数据库和数据共享平台和发布平台。

（1）基于复杂系统承载力的崇明岛生态建设管理决策支持系统平台

基于崇明岛生态承载力研究项目提出的崇明岛生态建设可持续发展模式和相应的生态建设动态控制指标，开发崇明岛生态建设决策支持系统，通过对策略方案的优化、复杂系统过程关系模拟和决策结果方案的动态仿真场景模拟，为管理者提供对崇明岛生态建设进程中的重大生态和环境问题进行决策以及建设效益评估的可视化会商决策平台。

（2）数据库和共享平台

将建立包含基础地理、人口、社会经济、资源、环境等多时相、多尺度（县域尺度和示范区尺度）、多源（地图数据、统计数据、监测数据、遥感数据等）的分布式生态数据库，同时提供分布式数据的搜索、访问、维护以及用户权限管理等功能，用户可以根据权限访问和维护分布在不同部门的共享数据。

（3）数据发布平台

开发 B/S 结构的生态数据发布平台，实现生态数据和决策方案的网络发布。通过构建发布平台与数据库的接口，提供生态数据的可视化发布（如环境污染信息的时空演变）及用户交互（如公众意见采集）的直观渠道。

3.2　崇明岛生态建设决策支持系统构建方法

　　本系统在对崇明岛生态建设过程中的决策问题进行需求分析的基础上，选择若干重大决策问题，如人口承载、水资源利用、土地资源、植被资源等，以问题为导向，设计模型（图 3-1）。采用面向对象和组件式程序设计，针对具体问题，设计模型。在模型表达方面，系统将基于面向对象的设计思想，将模型定义为一个类，当需要使用模型时，动态生成若干个模型对象来完成操作。在空间建模方面利用 ESRI 公司（Environmental Systems Research Institute Inc.，ESRI）的 AO 组件（Arc GIS 组件；arcobjects，AO）对生态要素和现象进行分析建模。将常用的地图显示和地图处理的模型组织分类，编入模型库，用来支持应用模型中的空间显示和处理功能。基于 .net 平台，使用 ESRI 的 ArcGIS Engine 组件库作为系统实现地图展示和空间分析的组件。结合 Visual Studio 2005 和 SQL Server 2005 以及 AO 组件开发设计模型库以及模型库管理系统。

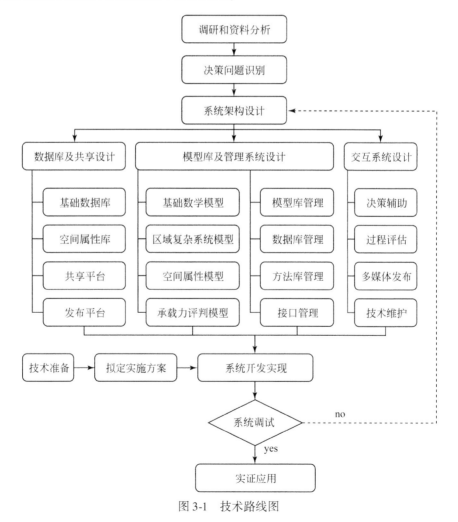

图 3-1　技术路线图

3.3　崇明岛生态建设决策支持系统的总体架构

3.3.1　崇明岛生态建设决策支持系统的总体结构

根据决策系统一般结构，崇明岛生态建设决策支持系统由人机交互界面（左灰色框）和后台模块（右虚线框）两部分构成（图 3-2）。

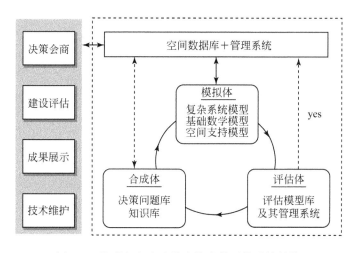

图 3-2　崇明岛生态建设决策支持系统总体结构

交互界面面向用户，为用户提供滑动条、文本框、列表框等变量输入组件以及文本、图形、地图等结果输出控件，是用户选择问题、输入变量参数、执行决策操作、获取系统反馈信息的交互面板，一级界面窗口有"决策会商"、"建设评估"、"成果展示"和"技术维护"，每一级界面进一步由一系列可视操作界面构成。界面采用了文字、图像、动态Flash、三维虚拟等技术，提供了友好的人机对话场景。

后台模块包括"基础数学模型"、"区域复杂系统模型库"、"空间支持模型"、"评估模型库"、"决策问题库"、"空间数据库"和相应的管理系统，支持交互界面指令识别、输入信息预处理、模型调用运算、结果判别评估和向交互界面输出等后台过程。其中，由"决策问题库"、"区域复杂系统模型库"和"评估模型库"分别形成的"合成体"、"模拟体"和"评估体"3 个循环子系统构成了崇明岛生态建设决策支持系统的驱动核心。"合成体"提供构成备选方案的策略指标组，通过程序嵌入交互界面，允许用户选择决策问题、输入策略变量值并对反馈内容进行查询和储存，并以此驱动模拟体模型组的运算过程；"模拟体"根据决策问题，组织模型库专项模型，接入"合成体"策略组内容，对决策问题需要进行模拟运算，过程输出结果（决策方案）进入"评估体"；"评估体"基于动态承载力标准对模拟体输出参数进行评估，判断其是否符合最优承载模式的合理承载关系，同时这一过程需要基于崇明岛生态承载力的"时空最适承载阈值"（状态空间法），而非静态的"经验指标"，以实现决策结论的动态性和科学性。通过筛选的评价结果被反馈给"合成体"，由交互界面输出，或者要求决策者优化策略变量，重新驱动模拟体和新方案评估程序，最终完成决策过程。为满足"模拟—评估—合成"3个循环子系统的运行需求，数据库将为整个模拟、决策运行提供数据和管理支撑，并与合成体和交互界面相互联系，完成输出和储存历史决策情景。决策运算结果（决策方案）包括系统过程参数和优化方案策略，亦可储存进入数据库，以备查找分析。

交互界面与后台模块通过"决策界面"与"合成体"，"展示界面"与"数据库"，"维护界面"与"模拟体"、"数据库"之间的接口函数实现通信。这些接口内容包括用户选择的决策问题、输入决策变量、筛选的优化方案代码以及空间可视方案等，通过"周边模块"予以实现。

3.3.2 崇明岛生态建设决策支持系统的功能

根据崇明岛生态建设面临的主要问题和决策难点，崇明岛生态建设决策支持系统包括决策辅助和教育展示两大主要功能。

3.3.2.1 决策辅助功能

系统的决策辅助功能是指面向决策用户和管理者，基于可持续发展要求和承载力优化的可持续跨越式发展模式，针对生态岛建设现状和未来发展中的关键问题，筛选策略变量和驱动变量，建立计算模型系统和人机交互界面，通过面向用户的决策操作面板和图形控件，实现对决策问题的发展现状评价、情景预测分析、策略反馈及其优化合成功能，形成生态岛建设会商决策辅助平台。

决策评估功能主要包括两方面内容。

1）生态岛建设重要问题的历史和发展现状评估。运用复杂生态系统承载力评估办法，对现状发展情景的承载状况及采用的相关策略的合理性进行评估，从而获知目前发展轨迹偏离生态岛最优发展模式的程度；

2）基于发展策略的生态岛建设重要问题情景预测与决策辅助分析。针对未来发展情景与拟采用的备选策略，对策略组在重要发展问题方面的可能性作用进行承载状况判断与可行性分析。目前，该决策支持系统已经对崇明岛人口、水资源、土地资源和植被资源四大领域的32个问题进行决策辅助。决策系统能够扩展到更多决策问题。

3.3.2.2 公众教育与展示功能

系统的公众教育与展示功能是指面向公众，在决策支持系统基础上整合岛域风土人情、旅游景点、特色物产等概况介绍，岛域社会、经济、资源、环境等发展现状指标展示，以及承载力现状、发展趋势和已有规划资料的平台发布模块，以增加生态岛建设成果的多角度展示功能，起到对外宣传和公众教育的作用。展示内容包括4大类10个子项（表3-1）。

表 3-1　公众展示内容项目

展示类别	内容子类	具体项目
自然风光	岛域概况	—
	寰岛览胜	—
	瀛洲特产	—
人居环境	城镇人居	人口增长
		城镇格局
		市政设施
	环境质量	水环境状况
		大气环境状况
		土壤环境状况
		综合环境承载状况
	生物多样性	植物生物多样性
		动物生物多样性
资源产业	岛域资源	土地资源状况
		淡水资源状况
		植被资源状况
		清洁能源状况
		资源承载状况
	经济产业	产业发展状况
		生态足迹状况
		未来布局状况
规划发展	发展规划	三岛总体规划
		重要发展地区规划
	承载预测	—

第4章　崇明岛生态建设决策支持系统合成体的构建

合成体是崇明岛生态建设决策支持系统后台结构的重要组成部分（图3-2）。应用方法库和知识库系统，合成体集合了系统开发者对决策领域、决策问题、决策变量、决策变量阈值、决策方案、决策建议以及决策帮助等许多决策过程要素的分类，调用和有机组合，成为模拟体运行的必要驱动变量的提供者。

4.1　合成体的结构与功能

根据决策支持系统总体结构（图3-2），合成体为一系列镶嵌于人机交互界面、通往模拟体模型的变量、参数接口，以及将评估体运行结果通过交互界面向用户反馈的文字、图形控件。合成体的流程，结构如图4-1所示，包括顺序衔接的决策问题组设计、策略变量筛选、策略变量阈值设定、策略优化结果优化四大模块。

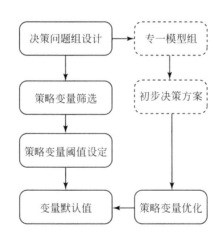

图4-1　合成体结构

合成体的功能流程如下：首先，合成体是向用户提供备选决策问题，待用户发出选定指令；其次，合成体将给出该问题下需要输入的决策变量、提供预设阈值、检验用户输入值的合理性并从模拟体中筛选相应的专一模型组，用于模拟体计算；最后，评估体筛选出决策意见后，经由合成体向用户反馈，并提供修改参数的通道。合成体中优化完成的策略组以及对决策问题的模拟结果可按用户要求进行储存，并提供读取/存储的策略组数据的接口。

4.2　决策问题设计

在交互界面中，决策者将首先访问合成体决策问题设计模块，在决策评估问题组中选择具体的决策问题。在决策支持系统决策评估问题组中，根据问题内容与决策者的指令方式，可将决策问题分为两类：其一，承载状况类；其二，系统推荐类。承载状况类决策问题表示了需要调用评估体评估模型，进行供需状况评价、策略合理性分析以及抑制策略变量筛选过程的决策问题。在操作流程上，需要决策者在交互界面选择相应选项，输入策略指标组，并启动模型库进行运算的决策问题。系统推荐类问题则是辅助说明性问题，提供评估与决策辅助结果中支持优化方案实现的辅助条件。推荐类问题通过相关的承载状况问题挂钩，随着模拟体的运行而自动完成计算、方案优化过程，并给出最终推荐结果。例如，在人口类决策评估问题组中，承载评估问题为"可承载人口总量"，系统推荐问题则包括"岛域人口空间分布"、"人口年龄结构"、"人口素质结构"等；这些推荐问题的结果表明，一定的"可承载人口总量"方案的实现，需要以满足推荐的人口分布、年龄结构和素质结构为基础。

用户在界面中访问决策问题及其的性质如表 4-1 所示。

在承载力研究的基础上，本系统在与崇明县水务局、海塘工程管理所、县农委及绿化局等多个部门合作，针对崇明现状发展中的主要问题进行深入探讨的基础上，最终确定了生态岛建设中亟须决策辅助的关键问题，形成了涉及岛域、功能分区等不同尺度，包括人口问题、水资源、土地利用与植被建设等 4 个大类、30 余项子问题的决策问题库。

表 4-1　决策支持系统决策辅助问题一览

问题类别	问题尺度	问题项
人口问题	岛域尺度	岛域可承载人口总量 *
		岛域可承载人口空间分布
		岛域可承载人口年龄结构
		岛域可承载人口素质结构
	分区尺度	功能区可承载人口数量
		功能区可承载人口年龄结构
		功能区可承载人口素质结构
		分乡镇可承载人口年龄结构 *
水资源问题	全年尺度	岛域淡水资源年供需状况 *
		岛域淡水资源年需求结构
		岛域淡水资源年供给结构
		岛域淡水资源供给的月份分布
		岛域淡水资源需求的空间分布
		分区淡水资源需求构成 *
	枯水期	枯水期影响月份
		枯水期月份的淡水资源供给
		枯水期影响月份的总供需状况

问题类别	问题尺度	问题项
土地资源问题	岛域尺度	岛域土地资源供需状况 *
		岛域土地储备状况 *
		岛域土地资源需求结构 *
	分区尺度	分区土地总面积供需状况 *
		分区土地需求结构 *
		分区土地储备状况
	功能区划	岛域土地使用功能区划
		土地功能分区的供需状况
		重要城镇区扩展预测
植被资源问题	岛域尺度	岛域植被资源需求 *
		岛域植被类型结构需求 *
	分区尺度	分区植被资源需求 *
		分区植被类型结构需求 *
	格局优化与配置推荐	岛域优化绿地景观格局推荐
		群落构建准则与生长动态演示

* 承载评估类决策问题；其他为系统推荐类决策问题

人口问题方面，重点针对不同的社会经济发展、产业分区聚集和城镇化情景，对可承载总人口数量的评估和决策分析，并给出可承载人口的空间分布规律。此外，研究还将推荐岛域、分区尺度的适合发展需求的人口年龄结构和教育素质，并给出提升岛域对人口吸引力的优选策略，从而为人口管理、人才引进、计生、教育、住房、城镇建设和资源规划等多方面工作提供辅助支撑。

水资源问题方面，在长江径流量、水环境、河道潮蓄和水利设施管理等综合情景的基础上，对不同的经济、人口和产业布局策略下淡水总需求及利用结构的合理性进行评估与决策辅助。此外，着重分析了岛域枯水期及其水资源供需状况、利用结构、水资源需求的空间分布，以支持水利设施建设和空间调配方略的制定。

土地资源方面，针对土地需求面积、利用结构的合理性，在岛域、分区等不同尺度上提供评估建议和决策辅助。此外，还针对承载力研究提出土地利用强度功能区划，提供用地结构合理性的评估与策略分析，以保证生态建设与社会经济发展的双赢需求。

植被资源方面，基于三岛总体规划和基于承载力的最优发展模式提出的发展需求（40%），对绿地面积、类型比例与社会经济指标的协调性进行评估和决策辅助，根据绿地系统不同生态服务功能，将提出适合承载力需求的植被建设面积、类型和区域分布，并根据绿地功能类型和生境条件推荐群落配置方式和进行效果模拟。

4.3 策略变量筛选及边界条件

根据模拟体 – 评估体的运行需求，策略变量筛选模块将针对用户选择的预置类决策问题，提供需要输入参数值的变量，这些变量分为模拟体策略变量与评估体策略变量。模拟体策略变量与模拟体相应函数关联，基于用户运行指令，将输入的参数值导入相应函数，驱动模拟体运行。评估体策略变量支持决策问题的现状评估功能，等同于合成体输入变量以及评估体所需的"现状需求指标"。评估问题及对应的"现状需求指标"具体内容见 6.2 节和 6.3 节，在此不再赘述。

各类决策评估问题的输入策略变量如表 4-2 ～ 表 4-5 所示。其中，变量的边界值来自承载力研究提出的生态岛最优发展模式的通用指标阈值（6.2 节）。

表 4-2　人口承载问题的输入策略变量

指标名	变量名	单位	边界
年人均 GDP	$GNP_{(t)}$	美元	2 350 ~ 20 000
第三产业比例	IND3	%	30 ~ 60
城市化水平	Urb	%	30 ~ 80
自然出生率	Bth	%	0.1 ~ 1
耕地面积比重	Fon	%	30 ~ 70
教育投入占 GDP 比例	Edu	%	1 ~ 5
人口总量	Pop	万	66 ~ 100

表 4-3　水资源承载问题的输入策略变量

指标名	变量名	单位	边界
年人均 GDP	$GNP_{(t)}$	美元	2 350 ~ 20 000
起止时间	$t_0 ~ t_{end}$	月	2008.1 ~ 2028.1
时间步长	Δt	%	30d
三年平均年水利设施投入量	$FOW_{(t)}$	万元	300 ~ 150 000
植被覆盖率	$Veg_{(t)}$	%	10 ~ 55
第三产业比例	IND3	%	30 ~ 60
城市化水平	Urb	%	30 ~ 80
第一产业比例	IND1	%	18 ~ 10
人口总量	Pop	万	66 ~ 100
城市化率	Urb	%	30 ~ 80
环保投入占 GDP 比例	Evn	%	1 ~ 6
河道控制水位	$hwl_{(t)} ~ hwh_{(t)}$	m	0 ~ 3
水闸 k 引水开/关选项	Kk'	—	0, 1
水闸 k 排水开/关选项	Kk	—	0, 1
水闸 k 日均引水时间	$tk'_{(t)}$	h	0 ~ 24
水闸 k 日均排水时间	$tk_{(t)}$	h	0 ~ 24
长江大通站月均径流量	VD	m^3/s	>0

表 4-4　土地资源承载问题的输入策略变量

指标名	变量名	单位	边界
年人均 GDP	$GNP_{(t)}$	美元	2 350 ~ 20 000
人口总量	Pop	万	66 ~ 100
第一产业比例	IND1	%	18 ~ 10
第三产业比例	IND3	%	35 ~ 60
城市化率	Urb	%	30 ~ 80
科研投入占 GDP 比例	Rd	%	1 ~ 4
教育投入占 GDP 比例	Edu	%	1 ~ 5
基础设施投入占 GDP 比例	Fon	%	2 ~ 9

表 4-5　植被资源问题的输入策略变量

指标名	变量名	单位	边界
年人均 GDP	$GNP_{(t)}$	美元	2 350 ~ 20 000
人口总量	Pop	万	66 ~ 100
第一产业比例	IND1	%	18 ~ 10
第三产业比例	IND3	%	35 ~ 60
城市化率	Urb	%	30 ~ 80
科研投入占 GDP 比例	Rd	%	1 ~ 4
教育投入占 GDP 比例	Edu	%	1 ~ 5
基础设施投入占 GDP 比例	Fon	%	2 ~ 9

4.4　优化策略的反馈

当将合成体策略变量导入模拟体和评估体并驱动其完成计算评估后，得出的结果将反馈到合成体，提交交互界面向决策者递呈，以指导决策者制定对决策变量的调整方案。根据模拟体与评估体的运行结果，优化策略的反馈内容包括以下几方面。

1）来自模拟体的系统推荐问题结果参数或评估体运行参数，通过图表控件进行展示。

2）决策者所选决策问题的承载状况评估结果，通过文本进行展示。

3）输入策略变量组中的抑制决策变量，根据最优发展模式中的参照阈值，提供增大或减小的建议。

第 5 章 崇明岛生态建设决策支持系统模拟体的构建

崇明岛生态建设决策支持系统模拟体（包括模型库及其管理系统）是崇明岛生态建设决策支持系统的核心内容。从功能上来看，模型库的设计与开发主要以三类模型为基础，即基础数学模型、区域复杂系统模型和空间支持模型。基础数学模型主要包括基础统计模型、插值模型、矩阵运算模型、线性代数方程组的求解模型、非线性方程与方程组的求解模型、数值积分计算模型、相关分析模型、回归分析模型等数学模型。区域复杂系统模型是针对崇明岛需要解决的主要生态和环境问题来构建面向决策问题的专业过程模型，主要包括人口模型，淡水、土地、植被资源模型，环境容量模型，重大工程生态和环境决策和评估模型等。空间支持模型主要有地图渲染、地图编辑、空间插值等与空间位置有关的模型，这类模型的开发主要是基于 ESRI 的 AO 组件，用来支持应用模型中的空间显示和处理功能。

模型管理系统的主要功能包括模型库字典的管理，模型的存储管理，模型的运行管理和模型的组合等内容。模型字典用来存放模型的描述信息和有关模型数据和算法的存取方法的说明。模型的描述信息主要包括模型的功能、用途、模型的框图和文字说明、建立和修改模型的作者及时间等内容，可为用户和系统管理人员查询模型时使用。有关模型数据和算法存取的说明主要是说明模型的变量数、存放位置等，以及模型使用的算法程序及其在模型库中的位置，以满足模型运行时自动存取数据和调用算法的需要。此外，模型字典还可以用来存放辅助用户学习使用模型的信息，如模型的结构、性能、求解技术、输入输出的含义以及模型的可靠性等。模型的存储管理包括模型的表示、模型存储组织结构、模型的查询和维护等，如模型的添加、删除、修改、查询等功能。模型的运行管理包括模型程序的输入、编译和模型的运行控制。模型组合包含两个问题：一个是模型间的组合；另一个是模型间数据的共享和传递。

关于基础数学模型、空间支持模型以及模型库管理系统的内容在第 8 章予以详细介绍。本章重点介绍区域复杂系统过程模型的结构，模型构建的详细描述、参数化和承载阈值等内容。

5.1 区域复杂系统模型的总体结构

5.1.1 区域复杂系统特点

崇明岛生态建设决策支持系统的研究对象包括崇明三岛。它可以看做是由若干个内部关系错综复杂、相互之间联系紧密的子系统所组成的"自然－经济－社会"区域复杂生态系统（王开运，2007）。这一系统的核心是由资源、环境、经济与人口4个子系统组成的。它具有一般开放生态系统的普遍特征，同时系统内部结构及子系统之间相互作用机制比一般系统又要复杂得多。区域的可持续发展不仅依赖于这个复杂系统各子系统内部的协调发展，更取决于各子系统之间的协调程度。这个协调发展的系统具有以下几方面的特征。

1）整体性与层次性。区域复杂系统不仅由环境、资源、经济、人口4个子系统构成，而且每个子系统中又包含有不同级别的层次，层次之下又有亚层次。由各要素组成的有机整体，整个复杂系统具有子系统所不具备的特殊的、整体的结构和功能。

2）关联的复杂性。区域复杂系统是一个相对独立的系统。系统内每个子系统之间、子系统组分之间有着密切联系。这些联系常常存在多样（如单向与多向联系、稳定与不稳定联系）、非线性和不可逆的关系。正是这些复杂的关联、互作、反馈和滞后作用，推动整个系统朝着有序、稳定和可持续的方向发展。

3）开放性。区域复杂系统是一个高度开放的系统，它像有机体新陈代谢一样，与系统外区域不断交换资源、资金、人员、技术等要素，这种能量、物资和信息的交换对降低系统的内部增熵，提高系统的有序度有重要的影响，是系统维持"耗散结构"状态，形成有序、自组织以及系统功能完善和提升的基础和前提。

4）动态性。区域复杂系统整体以及系统组分过程随时空而变化，并在动态变化过程中不断向高级发展，这也决定了任一社会时期的最优策略的时序性。在时间轴上，系统是一个由量变积累到质变飞跃的过程。系统在达到某种协调状态后，会随着某些条件限制的突破产生跃进过程，从而平衡被打破，随后在系统的协同作用下，系统又逐渐达到新的协调状态，这样循环往复，在动态演化中不断推动区域系统的社会、经济、自然各方面向高层次、高水平的阶段发展（图5-1）。

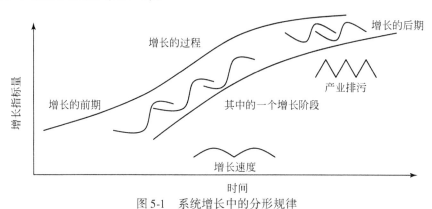

图 5-1　系统增长中的分形规律

5）可调控性。在区域复杂系统中，人起着重要的作用。通过对自然规律和社会规律不断深化的认识，人类以各种信息形式控制系统内各种能量流、物质流和信息流的流向、流速和流量，降低系统的混乱度。因此，由于人类社会活动的参与，复杂系统实质上是一个复杂系统自组织/组织合作的过程，人类可以通过决策，选择不同的发展模式对可持续发展过程进行干预，这种干预具有双向调控作用，它可能促进系统的协调发展，也可能延缓或破坏系统的协调发展。

6）地域性。区域复杂系统的子系统或组分过程之间的关系在不同地域所表现出来的结构、功能和不平衡是不尽相同的，有明显的空间地域差异性。

5.1.2　区域复杂系统组成

（1）资源子系统——区域复杂系统的纲目框架

自然资源是人类社会存在和发展的物质基础。经济的发展是人力资源和自然资源综合作用的结果，社会进步是自然资源满足人们需求的体现。随着人类利用和改造环境能力的提高，自然资源所包括的外延和内涵也不断扩大，资源与环境的界限也经常变动。发展与资源存量存在着冲突与协调两种关系：技术进步与外界投资使资源可促进资源利用率提高，培育可再生资源和寻找不可再生资源，提高资源存量；而经济与人口子系统的消耗增加了对资源的开采和使用，使资源存量不断减少。因此，资源子系统的协调发展必须考虑区域内资源的承载能力，提高资源使用效率，对不可再生资源（如能源、土地等）必须优化利用，对可再生资源（如水、森林等）必须可持续的利用。

（2）环境子系统——区域复杂系统的时空保障

环境是各种生物存在和发展的空间，是资源的载体。环境质量水平直接关系到人类的生活条件和身体健康；影响到自然资源的存量水平（如森林等）和质量水平（如水资源等）以及经济发展的基础。发展与环境承载力之间也存在着冲突与协调两种关系：环境承载力的上升取决于环保投资和环境改造技术水平，从这方面来看，经济发展可以为环境改善和治理提供必要的资金和技术，两者是协调的；从另一方面来看，经济增长和消费水平提高会增加污染的排放，导致环境承载力下降，两者又是有矛盾的。环境子系统的协调发展关键在于发展要与环境系统的承载力相适应，一方面要调整产业结构，提高生产技术水平，减少污染排放；另一方面，要增加环境治理投入，提高污染治理技术水平；同时，要提高公民环境意识，改变传统的消费模式，实现可持续消费。

（3）经济子系统——区域复杂系统的核心调控动力

经济子系统以其物质再生产功能为其他子系统的完善提供了物质和资金的支持，尤其对于中国这样的发展中国家，经济发展始终是发展的中心问题。只有当经济发展到一定程度时，才能有更多的资金投入到技术改造和环境保护中去；才能发展文化教育事业、提高生活水平、改善生活条件、促进社会进步。经济子系统与其他子系统之间的协调和矛盾关系表现为：各种非生产性投入（如环保、教育、消费等）会减少生产性投资，从而抑制经济增长，因此，经济子系统与其他子系统之间存在利益冲突；但是，增加其他子系统的投入有利于系统外在要素（人力资源、自然资源、环境质量等）质量的提高。通过经济行为，调控区域复杂系统的结构和功能。所以经济子系统与其他子系统之间又存在着协调关系。经济子系统的协调发展不仅在于注重经济增长数量，更在于追求经济效益、改善经济结构、合理分配各种资金，特别是要依靠科技进步来提高生产的经济、社会和生态效益，成为区域复杂系统的核心调控动力。

（4）人口子系统——区域复杂系统的核心驱动源

人是区域复杂系统持续发展的核心驱动力量。人既是生产者，又是消费者，人力资源是生产中最关键的要素，社会生产的动力来源于人的消费，而且人类的技术进步和发明创造更是各子系统向前发展的内在动因。人口子系统提供的一定数量和质量的人口（劳动力）是经济发展不可缺少的条件，人类所掌握的科学技术是可持续发展的根本动力，它有利于促进经济质量的提高、提高资源利用效率、改变产生污染的生产和生活方式。但是，人口的过快增长会占用大量的再生产资金，给经济系统带来就业和消费压力，制约经济的发展；同时，资源相对数量的减少、生活废物的增加给资源和环境子系统带来了巨大压力。因此，控制人口数量，提高人口质量是人口系统中最迫切的问题。人口的增长率要与经济发展速度相适应，要考虑到资源水平和环境容量；同时，应努力提高国民教育水平，转变传统消费观念，提高公民环境意识。

因此，作为开放的区域复杂巨系统，影响其协调发展的因素十分复杂。按照生态系统学的原理，研究系统的结构和功能动态，探讨子系统之间的相互作用的内外驱动因素，规划整个系统协调发展的模式和目标，是进行区域复杂系统动态过程建模的基础。

5.1.3 区域复杂系统过程模型的总体框架

理解崇明"社会－经济－自然"复杂系统重要组分之间复杂的相互作用、反馈和滞后机制，建立基于三岛发展规划与可持续发展框架的生态岛复杂系统发展模式，模拟社会经济以及人类管理活动等策略方案驱动下的复杂系统的响应动态，是对生态岛建设的现状情景进行合理性评估以及对发展策略方案进行效益分析、优化调控的基础。因此，区域复杂系统过程模型的构建是崇明岛生态建设决策支持系统开发的核心内容。

根据崇明岛生态建设决策支持系统总体结构框架（图 3-2），在"模拟体－评估体－合成体"组成的循环系统中，模拟体需要通过其内部的模型组，模拟复杂系统社会、资源、环境过程对策略变量（如时间、人口、经济水平、社会投入等）的发展的响应过程，在此基础上计算各个决策问题与展示信息的情景值，以驱动评估体的现状评估和决策策略辅助分析工作。因此，在模拟体实现对崇明复杂系统过程的数字描述的过程中，需要通过参数接口调用数据库中的生态岛建设基础数据，并执行来自用户的决策变量和运算指令。

复杂系统模块（实线）及其与周边模块（虚线）的关系如图 5-2 所示，模型组以"社会发展预测亚模块"和"自然过程亚模块"为核心。其中，"社会预测亚模块"面向复杂系统过程设计，基于系统承载潜能与承载需求之间的匹配关系，分析生态岛社会（人

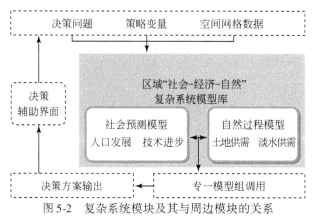

图 5-2　复杂系统模块及其与周边模块的关系

口发展、技术进步）、经济（规模、产业）、自然各方面动态之间的耦合发展机制，筛选复杂系统的关键驱动变量，建立决策策略 – 驱动变量与系统主要能量、物质过程之间的定量关系，实现复杂生态系统结构与过程的模型化。在"社会预测亚模块"的基础上，"自然过程亚模块"面向生态岛建设中水资源利用、土地利用、植被建设和环境质量四大方面的关键决策问题设计，采用"预测亚模块"的系统模型，建立驱动变量变化与具体问题调控的关系，从而在输入策略的基础上，提出决策问题指标的发展趋势、承载潜能。

　　复杂系统模型构建需要的区域生态系统模型理论，考虑区域生态系统结构与功能的对应关系以方便与崇明岛生态建设决策问题的耦合。复杂系统模块的结构思路是：以供需链为主线，注重人口、资源、环境和发展之间的关系，将系统供给和需求区分模拟。系统供给和需求之间的复杂反馈通过相对简化的"需求、信息反馈、支持和限制力"四类属性变量对供需组分进行作用体现；系统同外界的人、物、信息和资金交流则与区域经济发展水平和产业类型经验相关（图5-3）。这样的模块结构便于解释复杂系统的"互作"、"反馈"

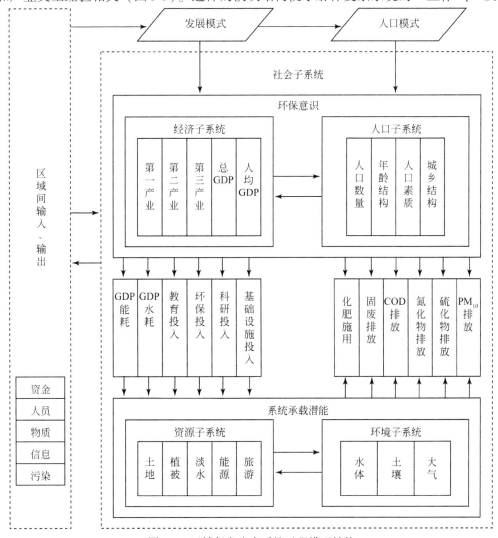

图 5-3　区域复杂生态系统过程模型结构

和"延滞"问题以及决策系统中最关键、最挑战性的"时空"和"多目标"问题。

区域发展模式以及复杂系统预测亚模块详细结构、建模方式、工作流程和应用实例介绍可见《生态承载力复合模型系统与应用》第 3 章第 2 节 "过程动态模型"（王开运，2007）。

5.2 复杂系统亚模块描述

5.2.1 经济模块

区域 "自然 – 经济 – 社会"复杂系统建模中，人口、经济被作为系统的关键驱动变量。在经济子系统中，GDP、人均 GDP 既是经济发展的目标，同时也是其他子系统的原始驱动力。由于各个产业在不同历史时期所作的贡献不同，产业效率也有很大差别，因此要提升区域经济实力，增加 GDP，就必须优化产业结构。根据经济子系统的内部要素及其相互关系，建立经济子系统的框架结构（图 5-4）。

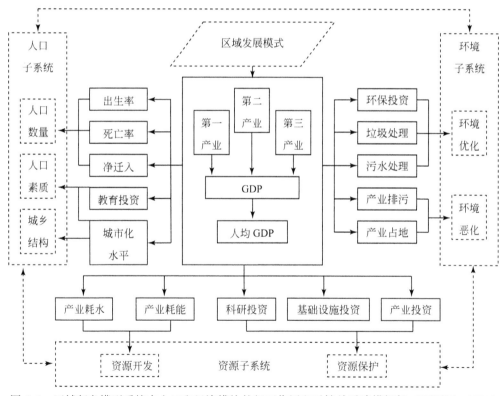

图 5-4　区域复杂模型系统中人口和经济模块的相互作用和反馈关系建模框架（王开运，2007）

一个区域的发展模式决定了经济子系统内部的产业关系和比例，因此产业结构一般是一个区域的近期、中期乃至长期的规划，各产业的比重基本上都可以看成时间的函数。经济子系统通过出生率、死亡率和人口净迁入驱动人口子系统的人口数量子模块；通过教育投资和城市化水平作用人口素质子模块；通过城市化水平驱动人口的城乡结构子模块。经济子系统通过环保投资、垃圾处理、污水处理使环境向健康、优化的方向发展；通过产业排污（废水、废气、废渣）、产业占用土地使环境向污染、恶化的方向发展。经济子系统通过对水资源和能源的消耗，加大对资源的开发和利用，驱动资源的需求；通过科研投资、基础设施投资和某些产业（如旅游业）的投资，提高资源的利用效率和加强资源的保护，正向作用于资源的利用（图5-4）。

经济子系统模块主要函数关系有

$$GDP = e_1 T^4 + d_1 T^3 + c_1 T^2 + b_1 T + a_1 \tag{5-1}$$

$$IND_1 = d_2 T^3 + c_2 T^2 + b_2 T + a_2 \tag{5-2}$$

$$IND_2 = c_3 T^2 + b_3 T + a_3 \tag{5-3}$$

$$IND_3 = 1 - IND_1 - IND_2 \tag{5-4}$$

$$GDP_1 = GDP \, IND_1 \tag{5-5}$$

$$GDP_2 = GDP \, IND_2 \tag{5-6}$$

$$GDP_3 = GDP \, IND_3 \tag{5-7}$$

$$GNP = GDP \, 10^8 / POP_T \tag{5-8}$$

式中，GDP 为国内生产总值（亿元）；T 为虚拟时间；IND_1、IND_2、IND_3分别为第一、第二、第三产业比例（无量纲）；GDP_1、GDP_2、GDP_3分别为第一、第二、第三产业增加值（亿元）；GNP 为人均 GDP（元）；POP_T为区域总人口（人），在此为影子变量，是从人口子系统中引用的变量。其中参数 a_1、a_2、a_3、b_1、b_2、b_3、c_1、c_2、c_3、d_1、d_2、e_1 取值如表5-1 所示。

表5-1　模型参数及其取值（王开运，2007）

参数	取值	参数	取值	参数	取值	参数	取值
a_1	-250.24	a_{20}	-11.87	b_9	6×10^{-5}	d_4	-4×10^9
a_2	0.2684	a_{21}	14.377	b_{10}	0.000009	d_5	4×10^{-10}
a_3	0.3746	a_{22}	0.0514	b_{11}	0.1148	d_6	-0.0138
a_4	0.0196	a_{23}	0.0426	b_{12}	10^{-5}	e_1	-0.05642
a_5	0.0389	a_{24}	0.0374	b_{13}	-4.6144	f_1	0.0005
a_6	$113\,013$	a_{25}	0.0344	b_{14}	398.68	h_5	$20\,376$
a_7	$239\,144$	a_{26}	0.0356	b_{15}	0.0001	h_6	4.4608
a_8	$385\,055$	a_{27}	-15.397	b_{16}	0.0561	h_7	4.3×10^7
a_9	-1.1177	a_{28}	-0.19	c_1	-27.544	h_8	4.7185
a_{10}	-0.073	a_{29}	0.0677	c_2	0.001	h_9	1.5728
a_{11}	0.005124	a_{30}	0.006	c_3	-0.00116	h_{10}	0.0039
a_{12}	-2.4051	b_1	161.81	c_4	3×10^{-11}	h_{11}	0.0033
a_{13}	-2.0367	b_2	-0.0226	c_5	6×10^7	h_{12}	0.0019
a_{14}	485.29	b_3	0.0193	c_6	2×10^7	h_{13}	0.0019
a_{15}	11.477	b_4	-10^{-6}	c_7	4×10^8	h_{14}	0.002
a_{16}	-28.166	b_5	-2×10^{-7}	c_{10}	0.664	h_{15}	2.0295
a_{17}	-4.2763	b_6	-2×10^6	d_1	2.3386	h_{16}	0.0066
a_{18}	-2×10^7	b_7	-2×10^6	d_2	-3.4×10^{-5}		
a_{19}	-2×10^8	b_8	-10^7	d_3	-6×10^8		

5.2.2 人口模块

自18世纪，许多经济学家就提出：经济与人口是一对矛盾统一体，它们之间存在着密切的关系，古典经济学派代表人物亚当·斯密、阿尔弗雷德·马歇尔和凯恩斯学派创始人约翰·梅纳德·凯恩斯等的人口增长促进经济发展理论，古典经济学派代表马尔萨斯和大卫·李嘉图、经济学家努克斯等的人口增长阻碍经济发展理论，人口经济学家阿尔弗雷德·索维的经济适度人口理论，都说明了人口数量是影响经济发展的一个重要因素。因此，包括我国在内的世界各国在经济建设的同时都制定了实践性很强的人口政策。但无论是从理论还是实践角度，对人口重要性的认识似乎存在一定偏离。人口对社会经济发展的影响大体表现在人口数量和人口素质两方面，人口数量的影响是众所周知的，但是对人口素质，特别是人口构成的影响所论不多。现代人口理论的研究表明：人口素质是指人口生存于一个社会中所具有的不同方面的性质，它由个体素质和社会素质构成。其中社会素质强调的就是不同素质的个体人口的构成比例，它是保持社会整体功能的重要指标。因此，人口构成（包括城乡结构）是人口素质的社会性反映，对社会和经济发展理所当然有重要的影响作用。

既然人口子系统如此复杂，本系统人口模块相对简化地将人口子系统分成人口数量子模块、人口素质子模块和人口城乡结构子模块3个部分来考虑。

5.2.2.1 人口数量子模块

人口数量，也就是人口规模，取决于人口的自然变动和机械变动，即主要由人口系统内部的出生、死亡和迁移三者的动态变化所决定。出生和迁入决定了进入人口系统的量，死亡和迁出决定了离开人口系统的量。人口规模就是这4个变量交互作用的结果。出生和死亡代表着自然变动，迁入和迁出代表着机械变动。

将区域人口看成开放的系统，即影响人口动态的要素不仅考虑出生率、死亡率，也要考虑迁移情况。同时要考虑区域经济发展前景和各项引进人才的政策等以及由此带来的家属随迁及民工流（图5-5）。

根据国家对人口年龄结构的规定，参考国际的若干标准，系统将人口按年龄分级，即未成年人（POP_C，0~17岁）、青年人（POP_Y，18~44岁）、中年人（POP_M，45~59岁）和老年人（POP_O，60岁以上）。出生率只影响POP_C，每个年龄级都有各自的死亡率，同时龄级之间随时间变化有跃迁的数量。另外，随着区域人口政策的实施，净迁入人口也会随时间而变化，形成人口数量的动态变化。

一个区域的人口模式是决定区域人口数量的重要因素。经济子系统通过出生率对POP_C进行模拟，通过死亡率、人口净迁入估计整个4个龄级的人口。人口数量通过人力投入使环境改善，同时由于排污、占用土地使环境恶化。人口通过耗水、耗能、资源占有等消耗自然资源，同时通过提高人力资源比例间接改善资源的配置和优化（图5-5）。

人口数量子模块主要函数关系有

$$POP_B = c_4 GNP^2 + b_4 GNP + a_4 \tag{5-9}$$

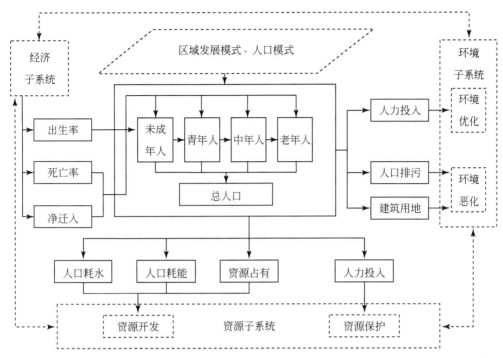

图 5-5　人口数量子模块内部要素及与其他子系统的关系

$$POP_{BA} = POP_B POP_T \tag{5-10}$$

$$POP_{DC} = f_1 e^{g_1 GNP} \tag{5-11}$$

$$POP_{DO} = b_5 GNP + a_5 \tag{5-12}$$

$$POP_{DCA} = POP_{DC} POP_C \tag{5-13}$$

$$POP_{DYA} = POP_{DY} POP_Y \tag{5-14}$$

$$POP_{DMA} = POP_{DM} POP_M \tag{5-15}$$

$$POP_{DOA} = POP_{DO} POP_O \tag{5-16}$$

$$POP_C = POP_{BC} + INTEG[POP_{BA} + POP_{INC} - POP_{DCA} - POP_{IN1}] \tag{5-17}$$

$$POP_Y = POP_{BY} + INTEG[POP_{INY} + POP_{IN1} - POP_{DYA} - POP_{IN2}] \tag{5-18}$$

$$POP_M = POP_{BM} + INTEG[POP_{INM} + POP_{IN2} - POP_{DMA} - POP_{IN3}] \tag{5-19}$$

$$POP_O = POP_{BO} + INTEG[POP_{INO} + POP_{IN3} - POP_{DYA}] \tag{5-20}$$

$$POP_T = POP_C + POP_Y + POP_M + POP_O \tag{5-21}$$

式中，POP_B 为人口出生率（无量纲）；POP_{BA} 为每年出生人口数（人）；POP_{DC} 为未成年人死亡率（无量纲）；POP_{DY}、POP_{DM} 分别为青年人和中年人死亡率，在此作为常数处理，即 $POP_{DY} = 0.001\ 21$，$POP_{DM} = 0.003\ 61$；POP_{DO} 为老年人死亡率（无量纲）；POP_{DCA} 为每年未成年人死亡数（人）；POP_{DYA} 为每年青年人死亡数（人）；POP_{DMA} 为每年中年人死亡数（人）；POP_{DAO} 为每年老年人死亡数（人）；POP_C 为未成年人人口数（人）；POP_{BC} 为未成年人初始值；POP_Y 为青年人人口数（人）；POP_{BY} 为青年人初始值；POP_M 为中年人人口数（人）；

POP_{BM}为中年人初始值；POP_O为老年人人口数（人）；POP_{BO}为老年人初始值；POP_T为总人口（人）；INTEG 为取整函数。其中参数 a_4、a_5、b_4、b_5、c_4、f_1 取值如表5-1所示。

假设一个年龄级内的人口数在每年的分布是均匀的，那么龄级之间人口的跃迁数就可以计算出来。即 $POP_{IN1} = POP_C/18$，$POP_{IN2} = POP_Y/27$，$POP_{IN3} = POP_M/15$，式中，POP_{IN1}、POP_{IN2}、POP_{IN3}分别为每年从未成年人到青年人、青年人到中年人、中年人到老年人的跃迁人口数（人）。

在人口数量的机械变动中，净迁入人口是一个动态的过程，这取决于人口政策和人才引进计划，并受多种因素的影响，其中最重要的是区域之间的人均 GDP 的差，但这涉及的因素非常复杂，包括区域间、国家政策，甚至国际影响，很难建立准确的关系。为了模型的简化，只考虑区域的经济发展水平对人口净迁入的影响。并在短时期内按不变比例处理，即 $POP_{INC} : POP_{INY} : POP_{INM} : POP_{INO} = 0.3 : 0.55 : 0.11 : 0.04$，式中，$POP_{INC}$、$POP_{INY}$、$POP_{INM}$、$POP_{INO}$分别为未成年人、青年人、中年人、老年人的净迁入数（人）。劳动力投入是指青年人口和中年人口中投入劳动的人群，与社会经济状况和就业率有关。

5.2.2.2 人口素质子模块

人出生以后只有经过教育的加工，才能变成对社会有用的劳动力；文化教育结构是衡量人口文化素质的最重要的指标之一。

根据我国目前的教育体制，人口素质子模块（图5-6）由4部分组成：受教育年限为0年（包括文盲和学龄前儿童）、受教育年限为1~6年（包括扫盲班和小学文化程度）、受教育年限为7~12年（中学文化程度）和受教育年限13年以上（大学文化程度以上）。这4部分受教育投资比例的函数影响。尽管一些政策措施也会对其产生一定的影响，如人才引进等，但这些影响相对比较难于量化，所以本系统直接将这些因子的作用在模型内部

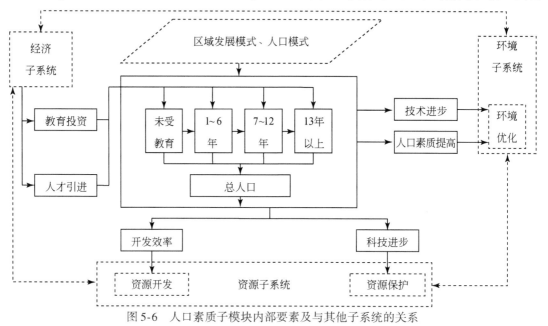

图 5-6 人口素质子模块内部要素及与其他子系统的关系

进行处理。

区域发展模式和人口模式是区域人口素质的重要影响因素。经济发达的区域可以有更高的教育投资和人才引进需要的资金和条件,将对素质子模块中的每个要素产生有利的影响;当人的素质提高了,环保产业必将发展起来,公众的环保意识也将随着提高,有利于环境质量的提高。同时高技术应用于资源开发领域,可以提高开发效率和资源保护方式。这几方面从系统动力学方法论的角度讲,都属于正反馈回路。

人口素质子模块主要函数关系有

$$\mathrm{POP_{EDUU}} = d_3 P_{\mathrm{EDU}}{}^3 + c_5 P_{\mathrm{EDU}}{}^2 + b_6 P_{\mathrm{EDU}} + a_6 \tag{5-22}$$

$$\mathrm{POP_{EDUP}} = c_6 P_{\mathrm{EDU}}{}^2 + b_7 P_{\mathrm{EDU}} + a_7 \tag{5-23}$$

$$\mathrm{POP_{EDUM}} = d_4 P_{\mathrm{EDU}}{}^3 + c_7 P_{\mathrm{EDU}}{}^2 + b_8 P_{\mathrm{EDU}} + a_8 \tag{5-24}$$

$$\mathrm{POP_{EDUH}} = \mathrm{POP_T} - \mathrm{POP_{EDUU}} - \mathrm{POP_{EDUP}} - \mathrm{POP_{EDUM}} \tag{5-25}$$

$$\mathrm{POP_H} = \mathrm{POP_{EDUH}} / \mathrm{POP_T} \tag{5-26}$$

式中,$\mathrm{POP_{EDUU}}$ 为未受教育人口数(人);P_{EDU} 为教育投资比例(无量纲);$\mathrm{POP_{EDUP}}$ 为小学文化程度人口数(人);$\mathrm{POP_{EDUM}}$ 为中学文化程度人口数(人);$\mathrm{POP_{EDUH}}$ 为大专以上文化程度人口数(人);$\mathrm{POP_H}$ 为高素质人口比例(无量纲)。其中参数 a_6、a_7、a_8、b_6、b_7、c_4、c_5、c_6、d_3、d_4 取值如表 5-1 所示。

5.2.2.3　人口城乡结构子模块

人口的城乡结构受社会经济发展水平的影响,因为社会经济发展水平决定了一个区域的城市化水平(图 5-7)。

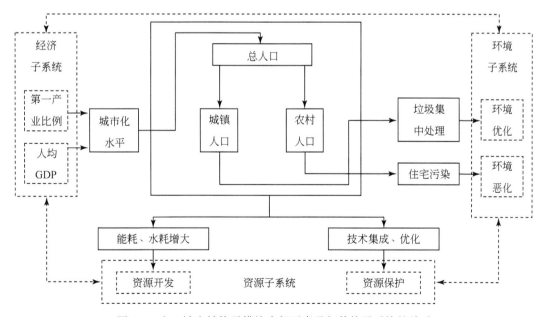

图 5-7　人口城乡结构子模块内部要素及与其他子系统的关系

一般来讲,第一产业比例或人均 GDP 影响了一个区域的城市化水平。城镇人口数的增加有利于垃圾的集中处理，可以节约处理用地，减少污染，而农村人口的增加会加大农村建设用地，缺少合理规划造成所谓的住宅污染。城镇人口的增加，会增加人均资源消耗，同时有利于技术的集成和优化，又可以节省资源。因此可以看出这里存在一定的负反馈回路。

人口城乡结构子模块主要函数关系有

$$P_{\text{URB}} = h_1 \ln \text{GNP} + a_9 \qquad (5\text{-}27)$$

$$\text{POP}_{\text{URB}} = P_{\text{URB}} \text{POP}_{\text{T}} \qquad (5\text{-}28)$$

$$\text{POP}_{\text{RU}} = \text{POP}_{\text{T}} - \text{POP}_{\text{URB}} \qquad (5\text{-}29)$$

式中，P_{URB} 为城市化水平（无量纲）；POP_{URB} 为城镇人口（人）；POP_{RU} 为农村人口（人）。其中参数 a_9 取值如表 5-1 所示。

5.2.2.4　可承载人口总量阈值

区域经济状况是支撑人口发展的关键因素。发展良好的经济体不仅意味着更高的国民收入，也往往代表了适宜的产业结构、更好的医疗卫生水平、城市基础设施、教育投入和人口素质等社会状况，而这些指标的波动又将进一步促进或阻碍经济的发展。因此，可承载人口模型以 GNP 为驱动变量，将 GNP 与人口的拟合关系，通过多个控制变量对其进行修正，综合得到适宜的承载人口，以及可承载人口下的素质结构、年龄结构和空间分布。可承载人口总量阈值 $\text{POP}_{\text{T}(t)}$ 模拟路线如图 5-8 所示。

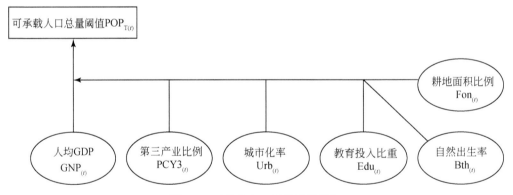

图 5-8　可承载人口阈值计算框架

在具体模型中，人均 GDP 是反映经济发展水平的最重要指标之一。根据复杂生态系统过程模型结构，人均 GDP 是人口总量、人口素质与年龄结构、单位 GDP 能耗、单位 GDP 水耗、教育投入、环保投入、科研投入、基础设施投入、土地利用比例等状态变量或比例因子的主要驱动变量。在各决策问题的计算过程中，人均 GDP 将作为必需决策变量从决策面板输入，目标参数动态将通过人均 GDP 与目标变量拟合关系来控制，进而驱动模拟体工作。

基于崇明岛生态承载力预测结果（王开运，2007），岛域可承载人口总量阈值 $\text{POP}_{\text{T}(t)}$ 为

$$
\begin{cases}
POP_{T(t)} = f(GNP_i) \\
GNP_i = \min\left\{ GNP_{(t)}, \min\left[f_1^{-1}(IND3_{(t)}), f_F^{-1}(Fon_{(t)}), f_E^{-1}(Edu_{(t)}), \right. \right. \\
\qquad\qquad \left. \left. f_U^{-1}(Urb_{(t)}), f_B^{-1}(Bth_{(t)}) \right] \right\}
\end{cases} \tag{5-30}
$$

式中，函数 $f(GNP_i)$、f_1、f_F、f_E、f_U 和 f_B 可表示为

$$
f(GNP_i) = a_{10}(GNP_i)^3 + a_{11}(GNP_i)^2 + a_{12}(GNP_i) + a_{13} \tag{5-31}
$$

$$
f_E = a_{14}GNP_i^{b_9} \tag{5-32}
$$

$$
f_U = a_{15}\ln(GNP_i) + b_{10} \tag{5-33}
$$

$$
f_1 = a_{16}eGNP_i^{b_{11}} \tag{5-34}
$$

$$
f_B = a_{17}GNP_i^{b_{12}} \tag{5-35}
$$

$$
f_F = a_{18}GNP_i^{b_{13}} \tag{5-36}
$$

上述公式的参数值 a_{10}、a_{11}、a_{12}、a_{13}、a_{14}、a_{15}、a_{16}、a_{17}、a_{18}、b_9、b_{10}、b_{11}、b_{12}、b_{13} 是通过拟合全球 20 个对崇明岛有参考意义的岛屿（国家或地区）公布的相关数据获得的（王开运，2007；表 5-1）。

教育投资与经济增长的关系一直是教育学和经济学关注的重要研究课题。美国著名经济学家舒尔茨在《教育和经济增长》一文中对 1929～1957 年美国教育投资对经济增长的关系作了定量研究，得出结论：各级教育投资的平均收益率为 17%；教育投资增长的收益占劳动收入增长的比重为 70%；教育投资增长的收益占国民收入增长的比重为 33%。也就是说，人力资本投资是回投率最高的投资。在舒尔茨的研究基础上，贝克尔从人力资本投资、人力资本投资收益和人力资本投资收益率等关系出发，给出了基础教育、专业教育和在职培训投资收益率的测度方法与模式，奠定了教育投资测度体系的基本框架。20 世纪 60 年代以来，各国竞相进行教育改革，增加教育投入，提高教育质量，以使劳动者适应经济改革和发展的需求。战后日本和亚洲"四小龙"经济的飞速增长，成为教育投资促进经济增长的成功典范。据研究，在 1960～1978 年的近 20 年中，实施教育投资密集战略的国家和地区的实际人均国民生产总值平均增长率为 4.68%，而实施物质资本战略的国家和地区则为 3.86%。目前世界上几乎所有国家都把加强教育投资作为推进国家经济可持续发展的核心组成部分，并作为增强综合国力和提高国际竞争力的重大战略措施。据国家统计局发布的 1952～2002 年的统计数据（国家统计局，2003），有人应用计量经济学研究、探讨了经济发展的不同阶段，教育投资与经济增长之间的内在依存关系（李子奈，2002；刘晓镜，1995）。GDP 的总量虽然也能反映出一个国家综合国力的强弱，但不能完全表现出这个国家的发达程度。采用人均 GDP 就可以消除人口规模的影响。根据联合国统计和预测，目前教育投资占 GDP 比例的全世界平均水平为 5.2%，低收入国家为 3.6%，高收入国家为 5.5%。根据 23 个不同发达程度国家的统计数据，人均 GDP 和其教育投资比例的关系如图 5-9 所示。

工业化对城市化的发展起到关键的推动作用。工业化的推进，带来产业结构的变化和经济总量的增长。人均总量达到一定数值，结构变动速度加快，农业经济比重逐步下降，第二产业比重迅速上升，随着经济的继续增长，第三产业比重迅速上升。产业结构、经济总量的变化，在很大程度上可反映一个国家的工业化程度。因为工业化的过程就是在经济

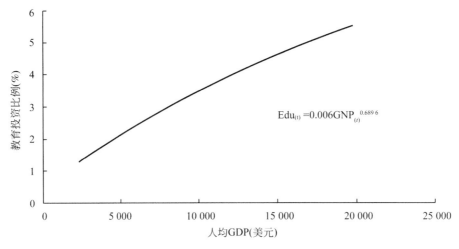

图 5-9　人均 GDP 与教育投资比例的关系

总量增长的同时，农业比重下降，第二、第三产业比重上升的过程。近现代城市是第二、第三产业聚集地和商品经济的集散地，工业化的过程必然伴随着城市化过程。可以通过世界各国城市化进程与各国 GNP、产业结构的相互关系来反映世界工业化与城市化的相互关系。根据《1998 年世界发展指标》，考察世界各国的城市化水平与 GNP、农业增加值占 GDP 比重的对应关系以及不同工业化水平与城市化水平的关系。

以城市化水平为纵坐标，以 GNP 为横坐标，得出若干个国家 1996 年的城市化水平、GNP 的散点分布图（图 5-10）。经模拟，城市化水平与 GNP 的对数有较好的相关。

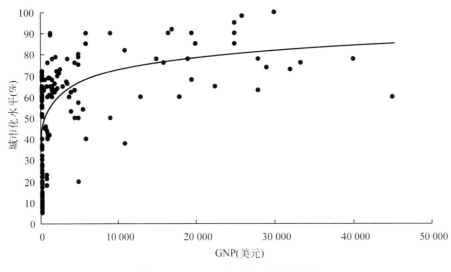

图 5-10　GNP 和城市化水平的关系

函数关系为

$$f_U = 8.5699 \ln \text{GNP} - 6.1819 \quad (R^2 = 0.405) \tag{5-37}$$

经济发展水平高的国家，城市化水平也较高，但并不是线性关系。还有，也并不是经济发展水平高的国家，城市化水平就一定高于经济发展水平低的国家，有不少国家，经济发展水平较低，但有较高的城市化水平。

城市化过程基本上是第一产业向第二或第三产业转化的过程，因此从第一产业在国民经济中的地位和比例可以看出一个国家城市化水平的高低。以城市化水平为纵坐标，以农业增加值占 GDP 比例为横坐标，得出若干个国家 1996 年的城市化水平、农业增加值占 GDP 比例的散点分布图（图 5-11）。

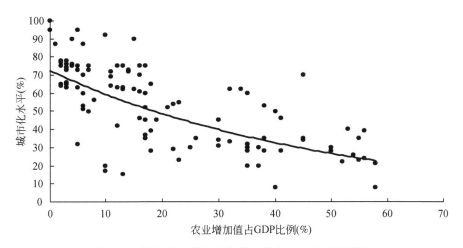

图 5-11　城市化水平与农业增加值占 GDP 比例的关系

函数关系为

$$f_{\mathrm{IND1}} = 72.536\ \mathrm{e}^{-0.02\mathrm{GNP}} \qquad (R^2 = 0.4419) \tag{5-38}$$

城市化水平与农业增加值占 GDP 比例的关系表明：随着农业增加值占 GDP 比例的降低，城市化水平相应提高；但城市化水平与农业增加值占 GDP 的比例的关系也是非线性的。也并不是工业化水平高的国家，城市化水平就一定高于工业化水平低的国家，有些国家，工业化水平较低，但有较高的城市化水平。

5.2.2.5　可承载人口的空间分布阈值

可承载人口阈值的分布特征是对人均 GDP、第三产业比例、城市比率、教育投入比例、自然出生率和耕地面积比例通过空间网格进行插值的基础上，通过以网格为单元的分布计算获得的。这一过程通过基于 GIS AO 组件构建的空间模型来完成。

5.2.2.6　可承载人口素质结构阈值

不同人口素质水平的人口比例（POP_n）可表示为

$$\begin{cases} \mathrm{POP}_{qn(t)} = f_{qn}(\mathrm{GNP}_i) \\ \mathrm{GNP}_i = \min\{\mathrm{GNP}_{(t)}, \min[f_{\mathrm{I}}^{-1}(\mathrm{IND3}_{(t)}), f_{\mathrm{F}}^{-1}(\mathrm{Fon}_{(t)}), \\ \qquad\qquad f_{\mathrm{E}}^{-1}(\mathrm{Edu}_{(t)}), f_{\mathrm{U}}^{-1}(\mathrm{Urb}_{(t)}), f_{\mathrm{B}}^{-1}(\mathrm{Bth}_{(t)})]\} \end{cases} \tag{5-39}$$

式中，$n=4$，代表 4 个人口素质等级，即未受教育、小学教育、初中以上教育、大专以上教育。

根据可持续跨越式发展模式（王开运，2007），岛域人口素质结构阈值随 GNP 发展可用如下多项式表示（函数 f_{Ei}），其中 a_{19}、b_{14}、c_8、d_5 为参数，其拟合参数值如表 5-2 所示。

$$f_{Ei} = a_{19}\mathrm{GNP}^3 + b_{14}\mathrm{GNP}^2 + c_8\mathrm{GNP} + d_5 \qquad (5\text{-}40)$$

表 5-2　岛域人口素质结构阈值函数参数值

教育	a_{19}	b_{14}	c_8	d_5
初等教育	-2×10^{-16}	5×10^{-11}	-4×10^{-6}	0.3358
中等教育	-3×10^{-16}	3×10^{-11}	-1×10^{-6}	0.4716
高等教育	6×10^{-16}	-1×10^{-10}	7×10^{-6}	0.0456

5.2.2.7　可承载人口年龄结构阈值

处于第 n 个年龄结构段的人口数量比例（$\mathrm{POP}_{an(t)}$）可表示为

$$\begin{cases} \mathrm{POP}_{an(t)} = f_{an}(\mathrm{GNP}_i) \\ \mathrm{GNP}_i = \min\{\mathrm{GNP}_{(t)}, \min[f_I^{-1}(\mathrm{IND3}_{(t)}), f_F^{-1}(\mathrm{Fon}_{(t)}), \\ \qquad f_E^{-1}(\mathrm{Edu}_{(t)}), f_U^{-1}(\mathrm{Urb}_{(t)}), f_B^{-1}(\mathrm{Bth}_{(t)})]\} \end{cases} \qquad (5\text{-}41)$$

式中，$\mathrm{POP}_{an(t)}$ 包括 17 岁以下、18 ~ 44 岁、45 ~ 59 岁、60 岁及以上 4 类人口，即少年、青壮年、中年、老年 4 个年龄段人口。承载力研究中，系统过程模型迭代提出了人口年龄结构与 GNP 的关系。基于复杂生态系统过程模型和承载力研究成果，岛域人口年龄结构阈值随 GNP 发展可用如下多项式表示（函数 f_{qn}），其中 a_{20}、b_{15}、c_9、d_6 为参数，其拟合参数值如表 5-3 所示。

$$f_{qn} = a_{20}\mathrm{GNP}^3 + b_{15}\mathrm{GNP}^2 + c_9\mathrm{GNP} + d_6 \qquad (5\text{-}42)$$

表 5-3　崇明岛人口年龄结构阈值函数参数值

年龄结构	a_{20}	b_{15}	c_9	d_6
<17	1×10^{-14}	-6×10^{-10}	9×10^{-6}	0.1781
18 ~ 44	-2×10^{-14}	9×10^{-10}	-1×10^{-5}	0.3988
45 ~ 59	1×10^{-13}	-3×10^{-9}	3×10^{-6}	0.2531
>60	2×10^{-14}	-9×10^{-10}	1×10^{-5}	0.1612

5.2.3　水资源模块

5.2.3.1　崇明岛水资源供需平衡框架

水资源模块面向水资源决策问题设计。岛域河道、湖泊的槽蓄水量是崇明岛水资源利用的直接来源，同时受水面降水、陆面土壤汇流和沿江水闸引潮的补充。槽蓄的水资源量，以及水分补充和消耗的速度决定了水资源承载状况、预警等级和利用策略。因此，模型以岛域水体槽蓄为"动态库"，构建其任意时刻的槽蓄状态和水量平衡过程模型，筛选可供决策者调控的策略变量，从而实现各个淡水资源问题分解、重组、计算和决策交互。影响槽蓄水量平衡的主要变量及其相互关系如图 5-12 所示。

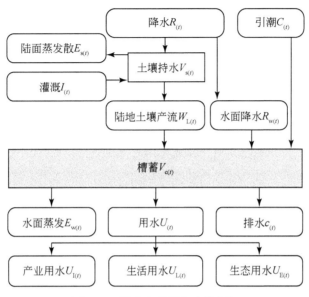

图 5-12　槽蓄水量平衡建模框架

5.2.3.2　崇明岛河网水动力模块

（1）水动力方程

崇明岛河网水动力模块主要基于一维明渠非恒定渐变流的基本方程组（圣维南方程组）：

$$\begin{cases} \dfrac{\partial A}{\partial t} + \dfrac{\partial Q}{\partial x} = q \\ \dfrac{\partial Q}{\partial t} + \dfrac{\partial}{\partial x}\left(\dfrac{Q^2}{A}\right) + gA\dfrac{\partial h}{\partial x} + g\dfrac{Q|Q|}{C^2 AR} = 0 \end{cases} \tag{5-43}$$

式中，x 为距离坐标（m）；t 为时间坐标（s）；A 为过水断面面积（m^2）；Q 为平均流量（m^3/s）；h 为水位（m）；q 为旁侧入流流量（m^2/s）；n 为河床糙率系数（无量纲）；R 为水力半径（m）；g 为重力加速度（m/s^2）。

方程组（5-43）基本假定是：①流速沿整个过水断面均匀分布，可用其平均值 Q 代替。不考虑水流垂直方向的交换和垂直加速度，从而可假设水压力呈静水压力分布，即与水深成正比；②河床比降小，其倾角的正切与正弦值近似相等；③水流为渐变流动，水面曲线近似水平。

利用 Abbott 六点隐式格式离散上述控制方程组，该离散格式在每一个网格点并不同时计算水位和流量，而是按顺序交替计算水位或流量，分别称为 h 点和 Q 点，如图 5-13 和图 5-14 所示。

该格式无条件稳定，可以在相当大的库朗（Courant）数下保持计算稳定，可以取较长的时间步长以节省计算时间。

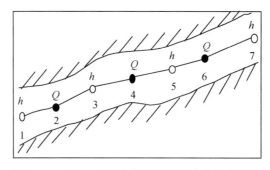

图 5-13 Abbott 格式水位点、流量点交替布置图

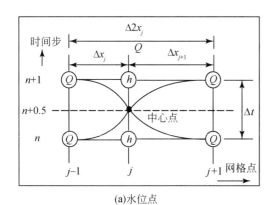

(a)水位点

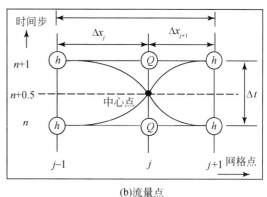

(b)流量点

图 5-14 Abbott 六点中心差分格式

引入蓄存宽度 B_s，连续方程写为

$$B_s \frac{\partial h}{\partial t} + \frac{\partial Q}{\partial x} = q \tag{5-44}$$

$$\frac{\partial Q}{\partial x} = \left[\frac{(Q_{j+1}^{n+1} + Q_{j+1}^n)}{2} - \frac{(Q_{j-1}^{n+1} + Q_{j-1}^n)}{2} \right] / \Delta 2x_j \tag{5-45}$$

$$\frac{\partial h}{\partial t} = (h_j^{n+1} - h_j^n) / \Delta t \tag{5-46}$$

$$B_s = (A_{O,j} + A_{O,j+1}) / \Delta 2x_j \tag{5-47}$$

式中，$A_{o,j}$ 为网格点 $j-1$ 和 j 之间的水表面面积；$A_{o,j+1}$ 为网格点 j 和 $j+1$ 之间的水表面面积；$\Delta 2x_j$ 为网格点 $j-1$ 和 $j+1$ 之间的距离。

则式（5-44）写为

$$B_s \frac{h_j^{n+1} - h_j^n}{\Delta t} + \frac{\dfrac{(Q_{j+1}^{n+1} + Q_{j+1}^n)}{2} - \dfrac{(Q_{j-1}^{n+1} + Q_{j-1}^n)}{2}}{\Delta 2x_j} = q_j \tag{5-48}$$

式（5-48）整理后可以简记为

$$\alpha_j Q_{j-1}^{n+1} + \beta_j h_j^{n+1} + \gamma_j Q_{j+1}^{n+1} = \delta_j \tag{5-49}$$

式中，α、β、γ 为 B_s 和 δ 的函数，并且依赖于 h^n、Q^n 和 $Q^{n+1/2}$。

同样，动量方程各项在流量点上的差分形式为

$$\frac{\partial Q}{\partial t} = (Q_j^{n+1} - Q_j^n)/\Delta t \tag{5-50}$$

$$\frac{\partial \left(\frac{Q^2}{A}\right)}{\partial x} = \left[\left(\frac{Q^2}{A}\right)_{j+1}^{n+1/2} - \left(\frac{Q^2}{A}\right)_{j-1}^{n+1/2}\right]/\Delta 2x_j \tag{5-51}$$

$$\frac{\partial h}{\partial x} = \left[\frac{(h_{j+1}^{n+1} + h_{j+1}^n)}{2} - \frac{(h_{j-1}^{n+1} + h_{j-1}^n)}{2}\right]/\Delta 2x_j \tag{5-52}$$

动量方程离散形式写为

$$\frac{Q_j^{n+1} - Q_j^n}{\Delta t} + \frac{\left[\frac{Q^2}{A}\right]_{j+1}^{n+1/2} - \left[\frac{Q^2}{A}\right]_{j-1}^{n+1/2}}{\Delta 2x_j} + [gA]_j^{n+1/2}\frac{(h_{j+1}^{n+1} + h_{j+1}^n) - (h_{j-1}^{n+1} + h_{j-1}^n)}{2\Delta 2x_j}$$
$$+ \left[\frac{g}{C^2 AR}\right]_j^{n+1/2} |Q|_j^n Q_j^{n+1} = 0 \tag{5-53}$$

当在某个时间步长内，某网格点流速的方向发生变化时，Q^2 的离散形式可写为

$$Q^2 \approx \theta Q_j^{n+1} Q_j^n - (\theta - 1) Q_j^n Q_j^n \tag{5-54}$$

式中，$0.5 \leqslant \theta \leqslant 1$。

式（5-49）整理后可以简记为

$$\alpha_j h_{j-1}^{n+1} + \beta_j Q_j^{n+1} + \gamma_j h_{j+1}^{n+1} = \delta_j \tag{5-55}$$

式中，

$$\alpha_j = f(A)$$
$$\beta_j = f(Q_j^n, \Delta t, \Delta x, C, A, R)$$
$$\gamma_j = f(A)$$
$$\delta_j = f(A, \Delta x, \Delta t, \alpha, q, v, \theta, h_{j-1}^n, Q_{j-1}^n, h_{j+1}^n, Q_{j+1}^{n+1/2})$$

（2）水动力方程求解

河道内任一点的水力参数 Z（水位 h 或流量 Q）与相临网格点的水力参数的关系可以表示为一线性方程：

$$\alpha_j Z_{j-1}^{n+1} + \beta_j Z_j^{n+1} + \gamma_j Z_{j+1}^{n+1} = \delta_j \tag{5-56}$$

式中，系数可以由式（5-55）计算。

假设一河道有 n 个网格点，因为河道的首末网格点总是水位点，所以 n 是奇数。

对于河道的所有网格点写出式（5-56），可以得到 n 个线性方程：

$$\begin{array}{llll}
\alpha_1 H_{us}^{n+1} & + \beta_1 h_1^{n+1} & + \gamma_1 Q_2^{n+1} & = \delta_1 \\
\alpha_2 h_1^{n+1} & + \beta_2 Q_2^{n+1} & + \gamma_2 h_3^{n+1} & = \delta_2 \\
\cdots\cdots & & & \\
\alpha_{n-1} h_{n-2}^{n+1} & + \beta_{n-1} Q_{n-1}^{n+1} & + \gamma_{n-1} h_n^{n+1} & = \delta_{n-1} \\
\alpha_n Q_{n-1}^{n+1} & + \beta_n h_n^{n+1} & + \gamma_n H_{ds}^{n+1} & = \delta_n
\end{array} \tag{5-57}$$

式中，第一个方程中的 H_{us} 和最后一个方程中的 H_{ds} 分别是上、下游汊点的水位。

某一河道第一个网格点的水位等于与之相连河段上游端汊点的水位：$H_1 = H_{us}$，即 $\alpha_1 = -1$，$\beta_1 = 1$，$\gamma_1 = 0$，$\delta_1 = 0$。同样，$h_n = h_{ds}$，即 $\alpha_n = 0$，$\beta_n = 1$，$\gamma_n = -1$，$\delta_n = 0$。

对于单一河道，只要给出上下游水位边界，即 H_{us} 和 H_{ds} 为已知，就可用消元法求解式（5-56）。

对于河网问题，由式（5-56），通过消元法可以将河道内任意点的水力参数（水位或流量）表示为上下游汊点水位的函数：

$$Z_j^{n+1} = c_j - a_j H_{us}^{n+1} - b_j H_{ds}^{n+1} \tag{5-58}$$

式中，a_j、b_j、c_j 为消元后获得的系数。

只要先求河网各汊点的水位，就可用式（5-57）求解任一河段任意网格点的水力参数。

对于围绕汊点的控制体应用连续性方程，得到如图 5-15 所示结果。

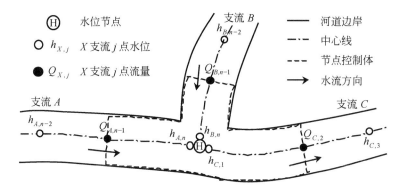

图 5-15　河网汊点方程示意图（以三汊点为例）

$$\frac{H^{n+1} - H^n}{\Delta t} A_n = \frac{1}{2}(Q_{A,n-1}^n + Q_{B,n-1}^n - Q_{C,2}^n) + \frac{1}{2}(Q_{A,n-1}^{n+1} + Q_{B,n-1}^{n+1} - Q_{C,2}^{n+1}) \tag{5-59}$$

将上式中右边第二式的 3 项分别以式（5-58）替代，可以得到：

$$\begin{aligned}\frac{H^{n+1} - H^n}{\Delta t} A_n = &\frac{1}{2}(Q_{A,n-1}^n + Q_{B,n-1}^n - Q_{C,2}^n) + \frac{1}{2}(c_{A,n-1} - a_{A,n-1}H_{A,us}^{n+1}\\ &- b_{A,n-1}H^{n+1} + c_{B,n-1} - a_{B,n-1}H_{B,us}^{n+1} - b_{B,n-1}H^{n+1} - c_{C,2}\\ &+ a_{C,2}H^{n+1} + b_{C,2}H_{C,ds}^{n+1})\end{aligned} \tag{5-60}$$

式中，H 为该汊点的水位；$H_{A,us}$、$H_{B,us}$ 分别为支流 A、B 上游端汊点的水位；$H_{C,ds}$ 为支流 C 下游端汊点的水位。

在式（5-60）中，将某个汊点的水位表示为与之直接相连的河道的汊点水位的线性函数。同样，对于河网所有汊点（假设为 N 个），可以得到 N 个类似的方程（汊点方程组）。在边界水位或流量为已知的情况下，可以利用高斯消元法直接求解汊点方程组，得到各个汊点的水位，进而回代式（5-58）求解任意河道任意网格点的水位或流量。

（3）外边界条件

若在河道边界节点上给出水位的时间变化过程：$h = h_{(t)}$。此时，边界上的汊点方程为（假设边界所在河道编号为 j）

$$h_{j,1}^{n+1} = H_{us}^{n+1} \text{ 或 } h_{j,n}^{n+1} = H_{ds}^{n+1} \tag{5-61}$$

若在河道边界节点上给出流量的时间变化过程 $Q = Q_{(t)}$，则可根据式（5-60）转化为汊点水位的时间变化过程。

若在河道边界节点上给出的是流量水位关系 $Q = Q(h)$，其处理方法同流量边界。

（4）崇明岛河网概化、边界设置和率定

模型概化河网包含崇明岛所有市级和区级河道 33 条，29 座区级闸门，27 座泵站，180 个实测断面，计算网格 200～500m 不等，共计 764 个计算节点（水位、流量）。其他河道、湖泊作为调蓄节点处理。模型河网图如图 5-16 所示。模型沿长江口及杭州湾设 29 处潮位边界，分别由共青圩、老效港、堡镇、青龙港、连生港等潮位站的实测潮位资料插值生成。

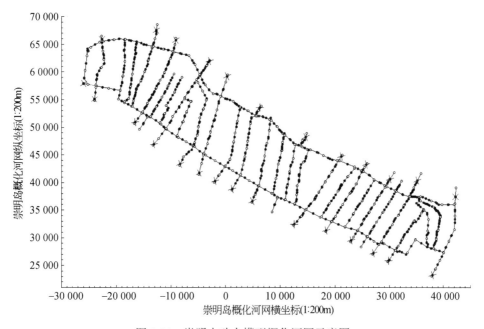

图 5-16　崇明水动力模型概化河网示意图

崇明岛河网模型中所涉及主要河道的糙率系数率定结果如下：黄浦江的糙率系数为 0.02～0.028；川杨河、大治河等市级河道的糙率系数为 0.025～0.030；其他河道糙率系数取 0.03～0.05。

河网水动力模型的率定基于崇明岛 2005 年 8 月综合调水期间的降雨量、蒸发量和实测流量、水位资料而进行。观测共设立 12 个水位、水质监测点：南横引河、北横引河各 3 个；南部 3 座、北部 1 座水闸闸内设立流量、水位、水质测点。水位、流量等监测频次为每半小时一次，水质监测频次为每 4 小时 1 次。

从崇明主要河道控制断面的水位率定结果来看，模型的水文、流量模拟结果同实测结果较为吻合，主要控制断面的水位模拟值与实测结果的平均相对误差一般小于 5%（图 5-17）。

5.2.3.3　崇明水质模块

（1）对流扩散方程

河网水质模型的控制方程为一维对流扩散方程，其基本假定是：物质在断面上完全混

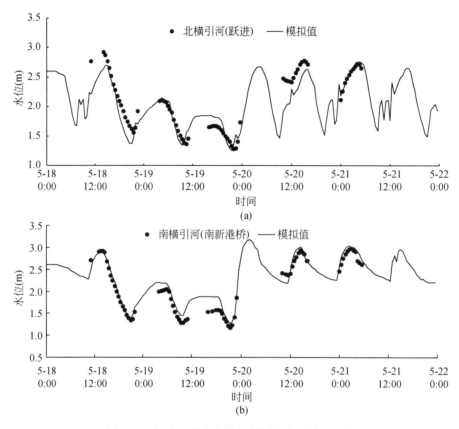

图 5-17　部分河道水位模拟结果与实测结果比较

合；物质守恒或符合一级反应动力学（即线性衰减）；符合 Fick 扩散定律，即扩散与浓度梯度成正比。一维对流扩散方程写为

$$\frac{\partial AC}{\partial t} + \frac{\partial QC}{\partial x} - \frac{\partial}{\partial x}\left(AD\,\frac{\partial C}{\partial x}\right) = -AKC + C_2 q \tag{5-62}$$

式中，x、t 分别为空间坐标（m）和时间坐标（s）；C 为物质浓度（mg/L）；D 为纵向扩散系数（m^2/s）；A 为横断面面积（m^2）；q 为旁侧入流流量（m^3/s）；C_2 为源/汇浓度（mg/L）；K 为线性衰减系数（1/d）。

（2）水质过程模型

水污染物特别是有机污染物在河流中的迁移转化是一个复杂的物理、化学和生物过程，如图 5-18 所示。其物理过程包括：污染物随河水的推流平移和湍流扩散过程；泥沙悬浮颗粒的吸附与解吸，沉淀和再悬浮过程；污染物的传热与蒸发以及以底泥为载体的污染物输送过程等。生物化学过程包括好氧与厌氧两类过程：好氧过程包括含碳化合物的氧化分解和含氮化合物的氧化分解。厌氧过程为脱氮反应，水中硝酸盐氮还原成亚硝酸盐氮，最后生成氮气。

1）溶解氧平衡方程。河流水体的耗氧与复氧过程与许多因素有关。水体耗氧过程主要有：①河水中含碳化合物被氧化而引起耗氧；②河水中含氮化合物被氧化而引起耗氧；③河水中其他还原性物质被氧化而引起耗氧；④水生动植物，微生物因呼吸作用而耗氧；

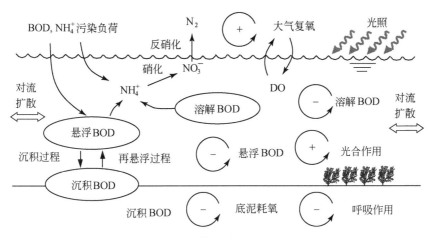

图 5-18　水质模型水质过程示意图

⑤底泥耗氧。

水体中溶解氧来源：①上游河水或潮汐河段所带来的溶解氧；②大气复氧；③水生植物（如藻类）光合作用产氧；④排入河流中的废水带来的溶解氧（一般都很小，不予考虑）。

根据以上过程，河流水体溶解氧平衡方程可以写为

$$\frac{\mathrm{dDO}}{\mathrm{d}t} = + K_2(C_\mathrm{s} - \mathrm{DO}) - K_{\mathrm{d}3}\mathrm{BOD}_\mathrm{d}\Theta_{\mathrm{d}3}^{(T-20)}\frac{\mathrm{DO}^2}{K_\mathrm{s} + \mathrm{DO}^2}$$

$$- K_{\mathrm{s}3}\mathrm{BOD}_\mathrm{s}\Theta_{\mathrm{s}3}^{(T-20)}\frac{\mathrm{DO}^2}{K_\mathrm{s} + \mathrm{DO}^2} - K_{\mathrm{b}3}\mathrm{BOD}_\mathrm{b}\Theta_{\mathrm{b}3}^{(T-20)}\frac{\mathrm{DO}^2}{K_\mathrm{s} + \mathrm{DO}^2}$$

$$- Y_1 K_4 \mathrm{NH}_3 \Theta_4^{(T-20)}\frac{\mathrm{DO}^2}{K_\mathrm{s} + \mathrm{DO}^2} - R\Theta_2^{(T-20)} + P - B_1 \qquad (5\text{-}63)$$

式中，K_2 为 20℃时的复氧系数（1/d）；C_s 为溶解氧饱和浓度；T 为水温（℃）；$K_{\mathrm{d}3}$、$K_{\mathrm{s}3}$、$K_{\mathrm{b}3}$ 分别为 20℃时溶解、悬浮、沉积 BOD 的降解系数（1/d）；DO，NH_3，BOD_d、BOD_s、BOD_b 分别为溶解氧，氨氮，溶解、悬浮、沉积 BOD 的实际浓度（mg/L）；K_s 为半饱和常数；$\Theta_{\mathrm{d}3}$、$\Theta_{\mathrm{s}3}$、$\Theta_{\mathrm{b}3}$、Θ_4、Θ_2 分别为溶解、悬浮、沉积 BOD 降解过程、硝化反应和呼吸过程的阿伦尼乌斯（Arrhenius）温度系数；K_4 为 20℃时的硝化反应速率（1/d）；R 为 20℃时植物、细菌、水生动物的呼吸速率 $[\mathrm{g}/(\mathrm{m}^2 \cdot \mathrm{d})]$；$P$ 为实际产氧速率 $[\mathrm{g}/(\mathrm{m}^2 \cdot \mathrm{d})]$；$Y_1$ 为水体中溶解的氨氮含量 $[\mathrm{mg}(\mathrm{NH}_3\text{-}\mathrm{N})/\mathrm{L}]$；$B_1$ 为底泥耗氧常数 $[\mathrm{g}/(\mathrm{m}^2 \cdot \mathrm{d})]$。

2）BOD 平衡方程。影响河流水体中有机物含量的主要过程包括有机物降解、沉积和再悬浮。溶解性 BOD 平衡方程为

$$\frac{\mathrm{dBOD}_\mathrm{d}}{\mathrm{d}t} = - K_{\mathrm{d}3}\mathrm{BOD}_\mathrm{d}\Theta_{\mathrm{d}3}^{(T-20)}\frac{\mathrm{DO}^2}{K_\mathrm{s} + \mathrm{DO}^2} \qquad (5\text{-}64)$$

悬浮 BOD 的平衡方程为

$$\frac{\mathrm{dBOD}_\mathrm{s}}{\mathrm{d}t} = - K_{\mathrm{s}3}\mathrm{BOD}_\mathrm{s}\Theta_{\mathrm{s}3}^{(T-20)}\frac{\mathrm{DO}^2}{K_\mathrm{s} + \mathrm{DO}^2} + \frac{S_1\mathrm{BOD}_\mathrm{b}}{H} - K_5\frac{\mathrm{BOD}_\mathrm{s}}{H} \qquad (5\text{-}65)$$

沉积 BOD 的平衡方程为

$$\frac{dBOD_b}{dt} = -K_{b3}BOD_b\Theta_{b3}^{(T-20)}\frac{DO^2}{K_s+DO^2} - \frac{S_1BOD_b}{H} + K_5\frac{BOD_s}{H} \qquad (5\text{-}66)$$

式中，S_1 为沉积 BOD 的再悬浮速率 $[g/(m^2 \cdot d)]$，如果 BOD_b 浓度小于临界浓度，则 $S_1 = 0$；K_5 为悬浮 BOD 的沉降速率（m/d）；H 为水深（m）。

3）氨氮平衡方程。影响氨氮的主要过程包括：有机物降解产生氨氮；微生物吸收氨氮；水生植物通过光合作用和呼吸作用吸收氨氮；硝化反应将氨氮转化为硝酸盐等。其平衡方程写为

$$\frac{dNH_3}{dt} = +(Y_d - 0.109)K_{d3}BOD_d\Theta_{d3}^{(T-20)}\frac{DO^2}{K_s+DO^2}$$

$$+(Y_s - 0.109)K_{s3}BOD_s\Theta_{s3}^{(T-20)}\frac{DO^2}{K_s+DO^2}$$

$$+(Y_b - 0.109)K_{b3}BOD_b\Theta_{b3}^{(T-20)}\frac{DO^2}{K_s+DO^2}$$

$$-K_4NH_3\Theta_4^{(T-20)}\frac{DO^2}{K_s+DO^2} - 0.066(P-R) \qquad (5\text{-}67)$$

式中，Y_d、Y_s、Y_b 分别为溶解、悬浮和沉积有机物的氮含量 $[mg(NH_3\text{-}N)/mg(BOD)]$。

4）硝酸盐平衡方程。影响硝酸盐的主要过程包括硝化反应和反硝化反应。硝酸盐物质平衡方程写为

$$\frac{dNO_3}{dt} = K_4NH_3\Theta_4^{(T-20)}\frac{DO^2}{K_s+DO^2} - K_6NO_3\Theta_6^{(T-20)} \qquad (5\text{-}68)$$

式中，K_6 为反硝化反应速率（1/d）；NO_3 为硝酸盐浓度（mg/L）；Θ_6 为反硝化反应的阿伦尼乌斯温度系数。

（3）污染负荷和边界条件

1）污染负荷现状：点源污染负荷数据来自崇明环保局 2006 年污染源调查报告和水务局排放口调查报告；面源污染负荷数据根据农田面积和污染物流失系数计算。污染负荷统计数据见前面章节。利用 MIKE11 GIS 将污染负荷数据转换为水质模型所需边界文件（*.bnd）。

2）边界条件：市监测中心和崇明监测站在崇明长江口南岸水域的水质监测资料（2006 年每月均值）。

3）初始条件：崇明河网枯水期实测浓度值。

4）预测指标：COD_{Cr}、$NH_3\text{-}N$、BOD_5、DO。

（4）水质模型率定

根据水质模型率定结果，考虑温度校正系数，主要污染指标综合降解参数取值如下：COD_{Cr} 0.06～0.12 d^{-1}；BOD_5 0.15～0.2 d^{-1}；$NH_3\text{-}N$ 0.06～0.15 d^{-1}。基于 2006 年崇明水质测定的模型验证结果表明，所建水质模型主要污染指标模拟结果与实测结果比较吻合，大多数站位主要指标模拟值与实验结果相对误差不超过 20%，所建模型及所取模型参数可以用于水环境影响预测和容量计算。

（5）崇明河网水环境容量

根据平原河网的特点，采用平原河网水动力模型对河网的水流运动进行模拟。水动力

模型的控制方程是基于一维明渠非恒定流动的基本方程组即圣维南方程组，水动力模型的计算结果为水质数学模型和水环境容量模型提供流量输入条件。

基于水量水质基本方程并结合面源污染的排放特点，可以建立河网污染物水环境容量计算模型：

$$B_T \frac{\partial Z}{\partial t} + \frac{\partial Q}{\partial x} = q_L \tag{5-69}$$

$$\frac{\partial (AC)}{\partial t} + \frac{\partial (QC)}{\partial x} = \frac{\partial}{\partial x}\left(AE_x \frac{\partial C}{\partial x}\right) - KAC + S_r \frac{A}{h} + \frac{W_p}{dx} \tag{5-70}$$

式中，Q 为流量；Z 为水位；B_T 为河道宽度；q_L 为单位河长区间入流量；A、h、U 分别为过水面积、水深和流速；C 为污染物浓度；K、S_r 分别为污染物降解系数和底泥释放污染物的速率；W_p 为单位时间 dx 长度河段上的污染物排放量；t、x 分别为时间和空间坐标。

假设长度为 L 的河段上污染物排放总量为 W_L，则有

$$dW_L = \frac{\partial}{\partial t}(AC)dx + \frac{\partial}{\partial x}(QC)dx - \frac{\partial}{\partial x}\left(AE_x \frac{\partial C}{\partial x}\right)dx + KACdx - S_r \frac{A}{h}dx \tag{5-71}$$

将式 (5-71) 积分后得

$$W_L = \frac{\partial}{\partial t}\int_L (AC)dx + (QC)\big|_0^L - \left(AE_x \frac{\partial C}{\partial x}\right)\big|_0^L + KVC - A_L S_r \tag{5-72}$$

式中，$V = A_L$ 为河段的水体体积；A_L 为河段底面积。

由于假定污染物是面源排放，因此

$$\frac{\partial C}{\partial x}\bigg|_{C=C_S} = 0, \frac{\partial C}{\partial t}\bigg|_{C=C_S} = 0 \tag{5-73}$$

考虑到上游河道进口断面水质本底浓度 $C|_{x=0} = C_0$，进口断面流量 $Q|_{x=0} = Q_0$。将上述条件代入式 (5-72) 中，得到河段的污染物允许排放量

$$W_L = C_S \frac{\partial V}{\partial t} + (QC_S - Q_0 C_0) + KVC - A_L S_r \tag{5-74}$$

将式 (5-70) 变化后积分，得

$$\frac{\partial V}{\partial t} + (Q - Q_0) = q \tag{5-75}$$

式中，q 为河段区间来水量。

将式 (5-73) 代入式 (5-74)，可得到河段污染物允许排放量

$$W_L = Q_0(C_S - C_0) + qC_S + KVC_S - A_L S_r \tag{5-76}$$

当忽略底泥释放量时，河段污染物允许排放量为

$$W_L = Q_0(C_S - C_0) + qC_S + KVC_S \tag{5-77}$$

上式中，污染物降解系数 (K) 可以是试验分析成果，也可以采用水质模型率定结果。

5.2.3.4 槽蓄量模块

由槽蓄水量平衡图 (图 5-12) 可以看出，任意时刻 t 槽蓄水量为

$$V_{c(t)} = \min\left[W_{(t)} + V_{c(t-1)} - Q_{(t)}, V_{c(t)}^*\right] \tag{5-78}$$

式中，$W_{(t)}$ 为 $t-1$ 至 t 时刻输入槽蓄的水量；$Q_{(t)}$ 为 $t-1$ 至 t 时刻输出槽蓄的量；$V_{c(t)}^*$ 为 t

时刻最大有效槽蓄量。

因此水资源需求量可计算为

$$W = C_{(t)} + V_{c(t-1)} + R_{w(t)} + W_{L(t)} + I_{(t)} + E_{w(t)} - c_{(t)} \tag{5-79}$$

式中，各变量的含义如图 5-12 所示。

$V_{c(t)}^*$ 受 t 时刻水体的理论槽蓄量和淤积程度控制（图 5-19）。

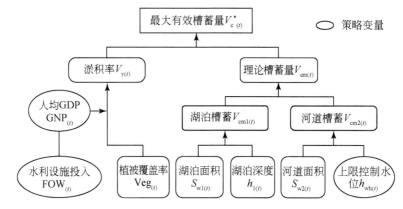

图 5-19　最大有效槽蓄量的建模框架

$$V_{c(t)}^* = V_{cm(t)}\left[1 - V_{y(t)}\right] \tag{5-80}$$

式中，t 时刻淤积率假定与为年 $GNP_{(t)}$ 相关，同时通过最小因子法，由近 3 年平均年水利设施投入 $\left[FOW_{(t)}，万美元，300 \sim 150\,000\right]$、植被覆盖率 $\left[Veg_{(t)}，0.1 \sim 0.55\right]$ 进行调控，也即

$$\begin{cases} V_{y(t)} = -20^{-5}GNP_{VY} + 0.4936 \\ GNP_{VY} = \min\left\{f_{VY}^{-1}\left[FOW_{(t)}\right], f_{Veg}^{-1}\left[Veg_{(t)}\right]\right\} \end{cases} \tag{5-81}$$

其中，f_{VY} 为 GNP 对 FOW（近 3 年平均年水利设施投入，万元）的函数；f_{Veg} 为 GNP 对植被覆盖率 $Veg_{(t)}$ 的函数（图 5-20）。

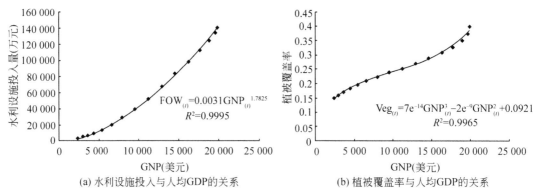

(a) 水利设施投入与人均GDP的关系　　　　(b) 植被覆盖率与人均GDP的关系

图 5-20　植被覆盖率 $Veg_{(t)}$ 的函数

对于理论槽蓄量 $V_{cm(t)}$，如图 5-19 所示，可以得出

$$V_{cm(t)} = V_{cm1(t)} + V_{cm2(t)} \tag{5-82}$$

对于 t 时刻湖泊理论槽蓄量 $\left[V_{cm1(t)}，万\,m^3\right]$，目前崇明已有湖泊包括明珠湖（500 万

m³）、北湖（5000 万 m³，尚未完成蓄淡）、东平湖（15 万 m³），东滩湖（1500 万 m³）正在建设中，远期规划中还将建成东风西沙边湖（12 000 万 m³）。因此湖泊的理论槽蓄能力为随时间（t）变化的分段函数（图 5-21）。

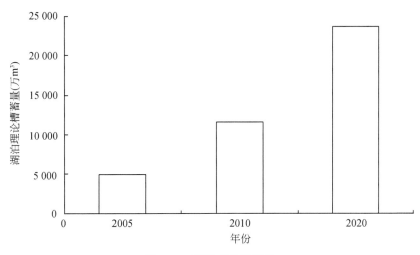

图 5-21　湖泊理论槽蓄量

其中，湖泊理论深度 $h_{1(t)}$ 计为 3m，则

$$S_{w1(t)} = V_{cm1(t)}/100/h_{1(t)} \tag{5-83a}$$

对于 t 时刻河道理论槽蓄量 $[V_{cm2(t)}$，万 m³ $]$，

$$V_{cm2(t)} = \sum_{i}^{3} S_{w2.i(t)} h_{wh.i(t)} \tag{5-83b}$$

式中，i 为河道等级。岛域河道共分三级，对于各级河道，

$$\begin{cases} h_{wh.i(t)} = h_{wh(t)} & i = 1 \\ h_{wh.i(t)} = h_{wh(t)} - 1 & i = 2 \\ h_{wh.i(t)} = h_{wh(t)} - 2 & i = 3 \end{cases}$$

其中，$0 < h_{wh(t)} < h_{w.max}$，$h_{w.max}$ 为河道最大槽蓄高程（m），取 $h_{w.max} = 3.5$，$S_{wi(t)}$ 为各级河道的面积。

5.2.3.5　输出量模块

（1）输出量的构成

$t-1$ 至 t 时刻槽蓄输出量由水闸排水、水面蒸发以及水资源利用构成（图 5-22）：

$$Q_{(t)} = E_{w(t)} + U_{(t)} + c_{(t)} \tag{5-84}$$

其中，水资源利用包括产业用水、生活用水和水体生态用水，产业用水被分为第一、第二、第三产业用水分别计算。生活用水分为城市生活用水和农村生活用水。水体生态用水则考虑水体污染物的稀释和生物生境维持需水，对用水量进行最大值修饰，其中污染的稀释还与排水过程耦合。

人口数量、经济总量、城市化水平、产业结构、单位水耗、水利建设、节水技术、环

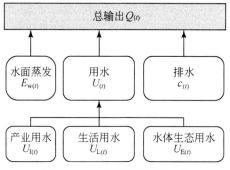

图 5-22　水资源输出的构成

保投入等社会经济策略变量，开启水闸和开启时间等引排策略变量，以及温度、风速、水域面积等自然因子，共同影响了 $t-1$ 至 t 时刻的总输出量。

（2）水面蒸发量

水面蒸发量 $E_{w(t)}$（吨）计算方法为

$$E_{w(t)} = \left[S_{w1(t)} + S_{w2(t)} \right] 3 e_{w(t)} \Delta t \qquad (5\text{-}85)$$

式中，Δt 为 $t-1$ 至 t 时刻的时间步长（月）；$e_{w(t)}$ 为单位面积水面的蒸发强度（mm/d）；$S_{w(t)}$ 为水域面积，也即蒸发面积（km^2），见式（5-83）。

蒸发强度 $e_{w(t)}$ 的计算采用通用蒸发模型（道尔顿模型）。模型考虑了水面蒸发过程中水-气界面上质量、能量和动量传递过程以及水文、气象要素对水面蒸发的线性影响，通过漂浮筏蒸发实验资料确定模型系数，综合了水、气温度，相对、绝对湿度，气压，风速等众多因子对水面蒸发量和蒸发系数的影响（图 5-23）。

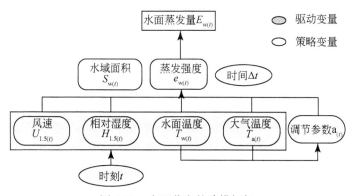

图 5-23　水面蒸发的建模框架

$$e_{w(t)} = \left\{ 0.027 + 0.0156 u_{(t)}^2 + \frac{0.0025 \mid T_{w(t)} - T_{a(t)} \mid}{1 + a_{(t)} \left[T_{w(t)} - T_{a(t)} \right]^2} \right\}^{\frac{1}{2}} \times \left[e_{s(t)} - e_{a(t)} \right] \qquad (5\text{-}86)$$

式中，$u_{(t)}$ 为水面以上 1.5m 处的风速；$T_{a(t)}$ 为水面以上 1.5m 处大气温度；$e_{s(t)}$ 为 t 时的饱和水蒸气压，

$$e_{s(t)} = 0.611 \exp \left[\frac{17.27 T_{w(t)}}{T_{w(t)} + 237.3} \right] \qquad (5\text{-}87)$$

$e_{a(t)}$ 为 t 时刻水面上 1.5m 处空气中的水汽压，

$$e_{a(t)} = \frac{H_{1.5(t)} e_{s(t)}}{100} \qquad (5\text{-}88)$$

其中，$H_{1.5(t)}$ 为 t 时刻水面上 1.5m 处的相对湿度。

调节参数 $a_{(t)}$ 由水汽温差决定：

$$\begin{cases} T_{w(t)} - T_{a(t)} \geqslant 0, a_{(t)} = 0 \\ T_{w(t)} - T_{a(t)} < 0, a_{(t)} = 0.01 \end{cases}$$

5.2.3.6 水闸引排水模块

$t-1$ 至 t 时刻，排水量由开启的排水水闸、开启水闸的排水时间、水闸的设计排水能力、内河控制水位以及河道淤积程度的综合影响（图 5-24）。崇明岛引水、排水水闸的分布如图 5-25 所示。

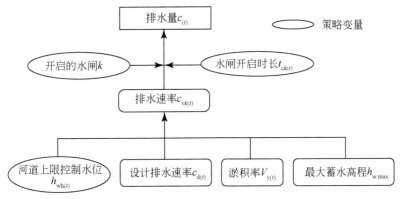

图 5-24 水闸排水建模框架

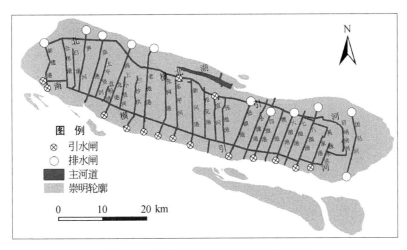

图 5-25 崇明引水水闸与排水水闸分布

$$c_{(t)} = \sum_k \left[K_k c_{vk(t)} t_{ck(t)} \right] 10.8 \qquad (5\text{-}89)$$

式中，排水闸开闭因子 K_k 作为策略变量，通过图形界面由决策者控制，水闸开启时 $K_k =$

1，关闭时 $K_k = 0$。其中 $k > 14$（表5-4）。

表5-4　崇明排水水闸参数

编号	闸名	竣工年月	设计引水量（m³/s）	底板高程（m）	设计排水量（m³/s）
1	崇西水闸	2004.3	450	0.00	350
2	新建水闸	1972.3	131.6	0.00	120.7
3	庙港南闸	1975.5	230	−0.45	200
4	南鸽水闸	1961.7	188	0.12	122.5
5	三沙洪闸	2004.1	250	−0.50	200
6	老效南闸	1979.8	182	−0.50	112
7	张网港闸	2003.9	200	0.00	175
8	东平河闸	2004.3	200	0.00	175
9	新河水闸	2002.5	200	−0.50	175
10	南堡水闸	1994.4	175	−0.10	100
11	南四效闸	1986.6	175	−0.50	100
12	南六效闸	2003.9	200	0.00	175
13	南八效闸	1988.12	175	−0.50	100
14	奚家港闸	2002.9	200	−0.50	175
15	北八效闸	1999.2	175	0.00	150
16	北六效闸	1979.12	81.4	−0.50	114.8
17	北堡水闸	1978.8	81.4	−0.50	114.8
18	北四效闸	1964.7	0	0.12	0
19	北鸽水闸	1978.6	81.4	−0.50	114.8
20	界河水闸	1970.8	78	0.50	55
21	跃进水闸	1976.5	91.6	−0.20	91.6
22	前进水闸	1973.7	0	0.00	0
23	长江水闸	1966.5	0	0.50	0
24	东旺沙闸	1992.4	150	−0.10	100
25	老效北闸	2003.11	200	−0.50	175
26	团结沙闸	1991.12	150	−0.10	100
27	庙港北闸	2004.5	200	−0.50	175

水闸 k 排水速率 $c_{vk(t)}$ 为

$$c_{vk(t)} = c_{dk(t)} \frac{h_{wh(t)}}{h_{w.max}}[1 - V_{y(t)}] \tag{5-90}$$

式中，$V_{y(t)}$ 来自式（5-81）。

5.2.3.7　水资源需求模块

$t-1$ 至 t 时刻，从槽蓄中直接利用的水资源由产业用水 $[U_{I(t)}$，万 t]、生活用水

$[U_{L(t)}$，万 t$]$、水体生态用水 $[U_{E(t)}$，万 t$]$ 构成。其中由于水体生态用水仍可作为产业和生活用水继续使用，因此作为对槽蓄用水量的最大修正变量（图 5-26）。

$$U_{(t)} = \max[U_{I(t)} + U_{L(t)}, U_{E(t)}] \tag{5-91}$$

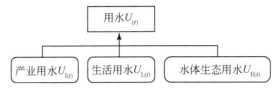

图 5-26   崇明水资源需求组分

（1）生态用水量阈值

生态用水一般来讲是指维持区域生物地理生态系统水分平衡所需用的水（数量和质量），包括水热平衡、生物平衡、水沙平衡、水盐平衡等所需用的水都可在生态用水范畴，其概念相对广泛。对于一个具体特定的生态系统，我们可以说生态需水量是指生态系统维持正常的生态系统结构和功能所必须消耗的水量。

生态用水决策过程常常需要考虑以下问题：①研究区域与水资源限制有关的生态问题；②不同区域生态系统的需水临界值问题；③水的生态、社会与经济价值优化问题；④生态用水控制性指标以及调控准则问题；⑤保障策略和措施问题。

在本系统中，水体生态用水主要考虑污染稀释用水量，以及水生生物生境、堤岸承压等所需的最小槽蓄量（图 5-27）。

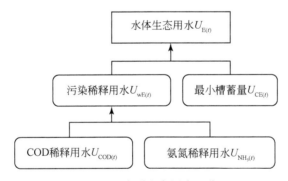

图 5-27   崇明生态用水组分

$$U_{E(t)} = \min[U_{W(t)}, U_{C(t)}] \tag{5-92}$$

其中，污染稀释用水以 COD、氨氮作为指标污染物：

$$U_{W(t)} = \min[U_{COD(t)}, U_{NH_3(t)}] \tag{5-93}$$

最小槽蓄量 $U_{CE(t)}$（万 t）的计算框架如图 5-28 所示。

$$U_{CE(t)} = S_{w(t)} h_{w(t)} V_{y(t)} = [S_{w1(t)} + S_{w2(t)}] h_{w(t)} V_{y(t)} \tag{5-94}$$

式中，河道面积 S_{w2}、湖泊面积 S_{w1} 为参数；下限控制水位为策略变量，从决策面板输入；淤积率 $V_{y(t)}$ 由式（5-81）获取。

COD 稀释用水（万 t）的计算（氨氮稀释用水的计算方法类似）框架如图 5-29 所示。

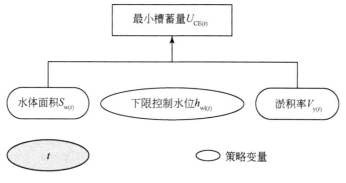

图 5-28 崇明最小槽蓄量

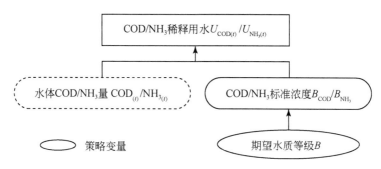

图 5-29 崇明 COD 稀释用水

COD 稀释用水

$$U_{\text{COD}(t)} = \frac{\text{COD}_{(t)}}{B_{\text{COD}}} \times 100 \tag{5-95}$$

式中，水体 COD、NH$_3$ 量 [COD$_{(t)}$、NH$_{3(t)}$，t] 从"环境容量"模型中引用。标准浓度（B_{COD}、B_{NH_3}，mg/L）受策略变量"期望水质等级"控制（图 5-29，表 5-5）。

表 5-5　策略变量"期望水质等级"控制

指标	期望水质等级			
	1 级	2 级	3 级	4 级
B_{COD}（mg/L）	15	15	20	30
B_{NH_3}（mg/L）	0.15	0.5	1.0	1.5

COD$_{(t)}$ 的计算框架如图 5-30 所示。

$$\text{COD}_{(t)} = P_{\text{COD}(t)} \left[1 - c_{\text{x}(t)} \right] \tag{5-96}$$

$$c_{\text{x}(t)} = \frac{c_{(t)}}{V_{c(t-1)} + C_{(t)}} \tag{5-97}$$

$$P_{\text{COD}(t)} = P_{\text{s COD}(t)} \frac{\Delta t}{12} + P_{\text{d COD}(t)} = P_{\text{s COD}(t)} \frac{\Delta t}{12} + C_{\text{COD}(t-1)} + \text{COD}_{(t-1)} \tag{5-98}$$

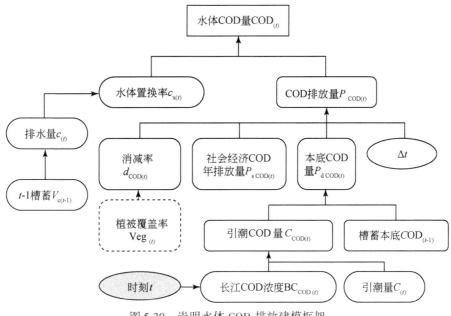

图 5-30　崇明水体 COD 排放建模框架

式中，

$$C_{\mathrm{COD}(t)} = C_{(t)} \mathrm{BC}_{\mathrm{COD}(t)} / 10 \tag{5-99}$$

$\mathrm{BC}_{\mathrm{COD}(t)}$ 可根据所在时刻 t 引水断面的定期水质监测结果，从数据库中定期读取。排水量 $c_{(t)}$ 见式（5-89），引水量 $C_{(t)}$ 见式（5-79），$t-1$ 时刻槽蓄量见式（5-78）。

式（5-98）中，$t-1$ 至 t 时刻，社会经济 COD 排放量 $P_{\mathrm{s\,COD}(t)}$（生产生活中的点、面源 COD 排放总量如图 5-31 所示）可描述为

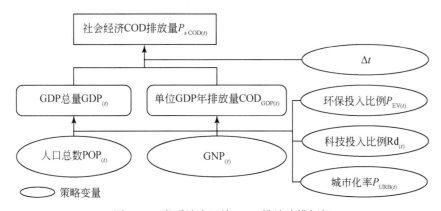

图 5-31　崇明社会经济 COD 排放建模框架

$$P_{\mathrm{s\,COD}(t)} = \mathrm{GDP}_{(t)} \mathrm{COD}_{\mathrm{GDP}(t)} \frac{\Delta t}{12} = 8 \mathrm{POP}_{(t)} \mathrm{GNP}_{(t)} \mathrm{COD}_{\mathrm{GDP}(t)} \frac{\Delta t}{12} \tag{5-100}$$

式中，

$$\begin{cases} \mathrm{COD}_{\mathrm{GDP}(t)} = K_C(\mathrm{GNP}_i) \\ \mathrm{GNP}_i = \min\left\{ \mathrm{GNP}_{(t)}, \min\left[K_E^{-1}(P_{\mathrm{EV}(t)}), p_U^{-1}(P_{\mathrm{URB}(t)}), q_R^{-1}(\mathrm{Rd}_{(t)}) \right] \right\} \end{cases} \tag{5-101}$$

其中，函数 $K_c[\text{GNP}_{(t)}]$、$K_E[e_{v(t)}]$ 如图 5-32 所示。

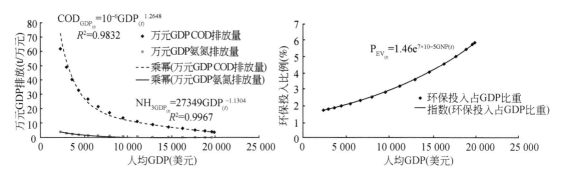

图 5-32　$\text{COD}_{\text{GNP}(t)}$，$\text{NH}_{3\text{GDP}(t)}$ 和 P_{EV} 与 GNP（GDP）的经验关系

函数 q_R 来自图 5-33；函数 P_u 来自"人口模型"。

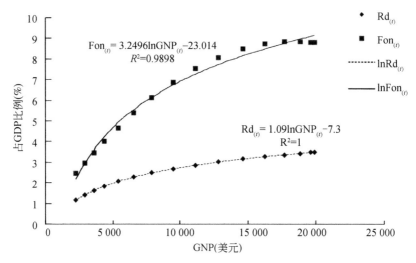

图 5-33　科技投入 $[\text{Rd}_{(t)}]$ 和基础设施投入 $[\text{Fon}_{(t)}]$ 与 GNP 关系

$\text{NH}_{3(t)}$ 的计算途径与 COD 类似，仅社会经济 NH_3 排放量计算不同（图 5-34）。

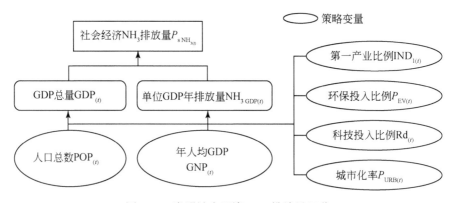

图 5-34　崇明社会经济 NH_3 排放量组分

$$\begin{cases} \mathrm{NH}_{3\mathrm{GDP}(t)} = K_N(\mathrm{GNP}_i) \\ \mathrm{GNP}_i = \min\left\{\mathrm{GNP}_{(t)}, \min\left[K_E^{-1}(P_{\mathrm{EV}(t)}), P_u^{-1}(P_{\mathrm{URB}(t)}), q_n^{-1}(\mathrm{IND}_{1(t)}), q_R^{-1}(\mathrm{Rd}_{(t)})\right]\right\} \end{cases}$$

(5-102)

式中，$q_n(\mathrm{IND}_1)$ 见图 5-40；K_N 为万元 GDP 氨氮排放量。

（2）产业用水量阈值

工业用水预测采用间接的方法，即由工业生产总产值和第二产业万元产值用水量两者的乘积计算得到。工业生产总产值的预测主要以各城市发展规划作为主要的依据，在这里主要介绍第二产业万元产值耗水量的预测方法。由于社会经济发展水平的差异，我国的第二产业万元 GDP 耗水量与世界存在着相当大的差异。例如，在我国经济发展水平较高的深圳在 2001 年的工业万元 GDP 耗水量为 $48\mathrm{m}^3/$万美元，而日本国仅仅为 $11.5\mathrm{m}^3/$万美元。而我国其他经济比较落后的地区其农业万元 GDP 耗水量较深圳还要高，这种状况就反映了农业万元 GDP 耗水量与社会经济发展水平这两个指标之间存在正相关的关系，即工业万元 GDP 耗水量随着社会经济发展水平的提高而提高，随着后者的降低而降低。因此，本系统采用线性回归方程表达二者之间的关系。

农业用水是水资源开发利用的重要方面，其对于维持农业生态环境健康、农村生活以及国家粮食供应意义深远。农业用水广义上是指农田灌溉、农村生活、农村工业和林木渔业用水。狭义上是指农田灌溉、农村生活用水。农村生活用水以生活用水的一部分进行运算，所以在这里农业用水主要是指农田灌溉用水。用水系统的复杂性使得建立一个确定模型对它进行描述相对困难，所以绝大多数需水量预测方法都是建立在对历史数据的统计分析基础上，不同的只是数据处理方式及应用特点。根据对数据处理方式的不同，需水量预测方法主要可以分为时间序列法、结构分析法和系统方法。根据预测模型对未来的描述能力，即预测周期的长短，需水量预测方法可以分为单周期预测方法和多周期预测方法。此处提及的周期可理解为时、日、月、年等时间单位。如以过去的历史数据预测未来一个单位时间的需水量，可视为单周期预测；预测未来两个以上单位时间的需水量，可视为多周期预测，时间序列法属于单周期预测方法，而多周期预测方法包括结构分析法和系统方法。

产业用水 $[U_{\mathrm{I}(t)}$，万 t$]$ 计算框架如图 5-35 所示。

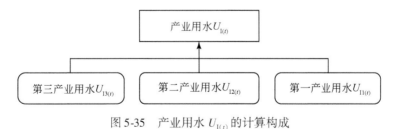

图 5-35　产业用水 $U_{\mathrm{I}(t)}$ 的计算构成

由图 5-35 得

$$U_{\mathrm{I}(t)} = \sum_{j=1}^{3} U_{\mathrm{I}j(t)}$$

(5-103)

式中，j 为产业类型，$j=1$，2，3。

不同产业用水 $[U_{\mathrm{I}j(t)}$，万 t，$j=1$，2，3$]$ 的计算框架如图 5-36 所示。

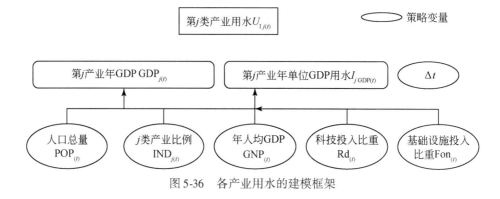

图 5-36 各产业用水的建模框架

$$U_{Ij(t)} = \text{GDP}_{j(t)} I_{j\,\text{GDP}(t)} \frac{\Delta t}{12} \qquad (5\text{-}104)$$

$$\text{GDP}_{j(t)} = 8\text{POP}_{(t)}\text{IND}_{j(t)}\text{GNP}_{(t)} \qquad (5\text{-}105)$$

$$\begin{cases} I_{j\,\text{GDP}(t)} = g_j(\text{GNP}_i) \\ \text{GNP}_i = \min\left\{\text{GNP}_{(t)}, \min\left[q_{Ij}^{-1}(\text{IND}_{j(t)}), q_R^{-1}(\text{R}_{d(t)}), q_F^{-1}(\text{Fon}_{(t)})\right]\right\} \end{cases} \qquad (5\text{-}106)$$

式（5-106）中，$g_j(\text{GNP}_i)$ 为万元 GDP 水耗与 GNP 之间的关系，其中 j 表示产业类型（$j = 1，2，3$），如图 5-39 所示；$q_{Ij}^{-1}(\text{IND}_{j(t)})$ 为 GNP 与第 j 类产业比重的关系，如图 5-40 所示；$q_F^{-1}(\text{Fon}_{(t)})$ 表示基础设施投入与 GNP 的关系，如图 5-33 所示。

根据联合国统计，科研投资占 GDP 比例，发达国家为 2.6%，中等发达国家为 1.7%，发展中国家为 0.5%，欧盟各国预计 2010 年达到 3%。根据 15 个国家的人均 GDP 和科研投资比例的数据，得到如下关系（图 5-37）。

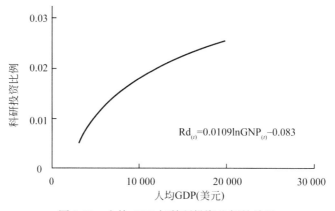

图 5-37 人均 GDP 与科研投资比例的关系

理论上基础设施投资和消费是互补关系，即基础设施建设投资的增加导致私人消费同方向增加：①作为微观经济主体活动的基础，基础设施是企业经济活动的中间投入要素，基础设施服务成本的任何降低都将增加企业的盈利能力，同时降低产品的价格，不但扩大了企业的生产，同时也促进了就业与消费。而基础设施建设本身也是一种生产性消费，这种生产性消费有着大的乘数效应，因此对消费推动刺激有着不可忽视的作用。②基础设施的发展直接决定一个国家的福利水平的高低。良好的基础设施水平能为公众提供好的生存环境，并能降低生活必需品在消费中的比例，促进消费结构升级。由于这二者是替代关系，这时基础设施建设投资支出实际上对私人消费需求产生了挤出效应：①当公共基础设施存量已经适应了当前经济的发展水平，继续扩大对基础设施建设的投资，在政府非基础设施建设支出不变的情况下，国家必然要增加税收，减少了私人收入，从而对消费有抑制作用；②基础设施投资结构不合理将抑制消费的增长，抑制消费结构的升级。

城市化是实现现代化的重要手段，长期以来由于行政管辖和户籍的限制，我国的城市化严重落后于工业化，且与我国的社会经济发展水平不相适应。新世纪加快城市化进程已经成为共识；但在城市发展过程中，基础设施投入的严重不足、水平滞后、结构不合理等，城市的各项功能难以正常发挥作用，严重阻碍了城市化的推进。基础设施建设需要大量的人力投入，创造大量的就业机会，吸引外来务工人员，直接造成了人口从乡村向城市的转移，因此基础设施对城市化的直接影响即是每年基础设施投资额使一定数量的农业人口转变为非农人口（江小娟，1999；黄华民，2000）。尽管一定数量的基础设施投资在短期内并不会带来确定数目的非农人口，但是基础设施的完善将为其他物质生产提供了更加便利的生产条件和流通渠道，降低生产成本，创造更多的物质财富，提高城市的生活水平，从而吸引农业人口向城市转移，从事非农产业活动；同时基础设施的积累，会大大改善城市的生活环境，提高生活质量，也会造成农业人口向城市的转移。这种间接性的影响对城市化持续的时间会很长。本系统以 1988 年的基础设施投资额为基数，以每年到 1988 年的累加投资额作为该年该地区基础设施的水平，并以此作为自变量，同样以该年该地区的非农人口减去 1988 年的基数作为该年度的城市化的水平，选取全国的数据进行分析（图 5-38）。回归得到的拟合方程如下：

$$y = 2934.9\ln x - 22\ 061 \quad (R^2 = 0.9917) \tag{5-107}$$

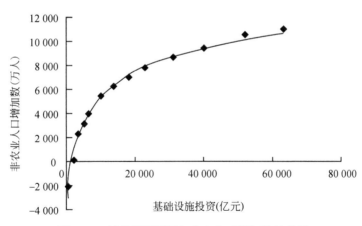

图 5-38　基础设施投资与非农人口增加数的关系

由于 GNP 是表征社会经济发展水平的重要指标，因此采用国内外主要城市和地区的相关数据进行回归，建立工业万元 GDP 耗水量（U_{Ij}）和产业结构（IND_j）与 GNP 之间的回归方程（图 5-39 和图 5-40）。

（3）生活用水量阈值

城镇生活用水 [$U_{L(t)}$] 是指城市用水中除工业（包括生产区生活水）以外的所有用

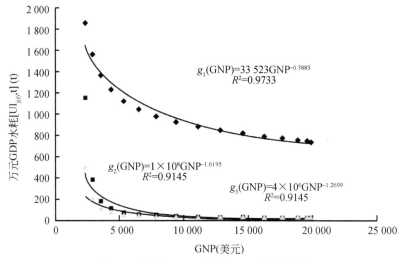

图 5-39　万元 GDP 水耗与 GNP 经验关系

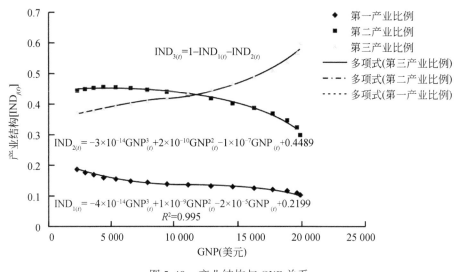

图 5-40　产业结构与 GNP 关系

水，包括城市居民住宅用水、公共建筑用水市政用水、环境景观和娱乐用水、供热用水、消防用水等。城市居民住宅用水指城市居民在家中的日常生活用水，包括冲厕、洗浴、洗涤、饮用烹调、清洁、庭院绿化、洗车以及漏失水等。公共建筑用水包括机关、办公、商业服务业、宾馆饭店、文化体育、学校等设施用水，还包括绿化和道路浇洒用水。市政环境景观和娱乐用水包括浇洒街道及其他公共活动场所用水，补充河道、人工河湖、池塘及以保持景观和水体自净能力的用水，人工瀑布、喷泉、划船、滑水、涉水、游泳等娱乐用水，融雪、冲洗下水道、消防用水等。

生活用水量建模框架概括如图 5-41 所示。

由图 5-41 得，

$$U_{L(t)} = U_{LU(t)} + U_{LRU(t)} \tag{5-108}$$

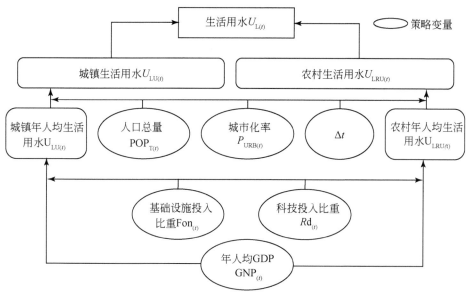

图 5-41　生活用水量 $U_{L(t)}$ 建模框架

$$U_{LU(t)} = U_{LU(t)} POP_{T(t)} P_{URB(t)} \frac{\Delta t}{12} \qquad (5-109)$$

$$U_{LRU(t)} = U_{LRU(t)} POP_{T(t)} \left[1 - P_{URB(t)} \right] \frac{\Delta t}{12} \qquad (5-110)$$

式中，城镇年人均生活用水 $U_{LU(t)}$ 和农村年人均生活用水 $U_{LUR(t)}$ 用 GNP 函数表示，同时受基础设施投入占 GDP 比例和科技投入占 GDP 比例调控。

$$\begin{cases} U_{LU(t)} = \mu_U(GNP_U) \\ U_{LRU(t)} = \mu_s(GNP_U) \\ GNP_U = \min \{ GNP_{(t)}, \min [q_R^{-1}(Rd_{(t)}), q_F^{-1}(Fon_{(t)})] \} \end{cases} \qquad (5-111)$$

式中，$\mu_U(GNP_U)$ 和 $\mu_s(GNP_U)$ 分别表示城镇和农村年人均生活用水与 GNP 的关系，如图 5-42 所示。

　　我国地域辽阔，南北气候相差较大，水资源时空分布极不均衡，城市性质及用水情况千差万别。以 1994 年调查统计分析，1994 年全国城市共 622 个，对其中 535 个城市用水量统计显示，总生活用水量为 106.26 亿 m³，人均用水量为 199.4L/(人·d)，其中北方城市生活用水量为 82～292L/(人·d)，平均为 157.8L/(人·d)，南方城市生活用水量为 128～515L/(人·d)，平均为 215.1L/(人·d)。总体而言，北方城市人均生活用水量较南方城市低，其影响因素除气候和生活习惯外，北方城市普遍水资源短缺、供水设施能力不足也是问题的关键。

　　从我国城市生活用水发展变化情况分析，总体呈增长势态。1986 年与 1994 年统计数据比较显示，城市人均生活用水量由 158.85L/(人·d) 增长到 199.4L/(人·d)，年平均增长率为 2.9%。从我国城市生活用水结构总体情况分析，公共市政用水量占城市生活用水量的比例一般在 40%～50%，部分城市公共市政用水量比例可达 70%～80%，这与城市规模及性质有关，如北京市为 75.3%，这与其是全国的政治文化中心及旅游城市有关。

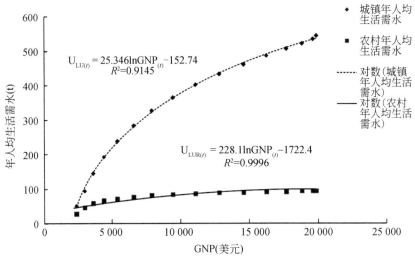

图 5-42　函数 μ_U 和 μ_S 与 GNP 经验关系

从城市居民住宅用水水平分析，居住条件及室内卫生设备水平是其影响的关键因素，同时也受气候条件、生活习惯、生活水平及供水设施能力等因素影响，而与城市规模无直接关系。随着城市居民居住条件的改善、生活水平的提高，城市居民住宅用水量将会有所增加，现据南北方住宅用水量典型调查数据显示，对于安装给排水卫生设备和热水的单元式住宅，北方地区平均居住用水量为99.8L/(人·d)，南方地区为129L/(人·d)。

根据世界上不同发达程度国家（日本、美国、意大利、韩国、加拿大、瑞典、新加坡、英国、以色列等）和地区（纽约长岛加拿大温哥华和爱德华王子岛、日本北海道、瑞典哥特兰岛、中国香港、中国台湾、深圳、上海浦东等）的统计资料（表5-6），随着人均GDP的增大，人均生活用水逐渐增加。

表 5-6　人均 GDP 和人均用水的关系

人均 GDP（美元）	人均生活用水（m³/人）	人均 GDP（美元）	人均生活用水（m³/人）	人均 GDP（美元）	人均生活用水（m³/人）
40 630	40	24 000	26	9 740	111
39 640	125	23 750	123	9 700	120
31 250	98	20 580	53	8 210	42
29 890	70	19 380	288	8 030	94
27 510	58	19 020	138	7 040	224
26 980	244	18 720	606	4 160	98
26 890	100	18 700	41	4 120	59
26 730	38	17 390	336	3 640	54
24 990	106	15 920	65	3 380	177
24 710	101	13 580	94	3 320	54

续表

人均 GDP（美元）	人均生活用水（m³/人）	人均 GDP（美元）	人均生活用水（m³/人）	人均 GDP（美元）	人均生活用水（m³/人）
3 160	61	1 630	108	1 120	30
2 790	42	1 600	45	1 110	21
2 780	140	1 510	50	1 050	123
2 740	24	1 510	11	970	165
2 240	134	1 480	91	800	20
1 900	34	1 330	92	790	57

利用以上数据进行拟合，得到的两者之间的关系如图 5-42 所示。

5.2.3.8　水资源输入量模块

（1）输入量的构成

输入量 $[W_{(t)}$，万 t$]$ 的计算构成如图 5-43 表示。

输入量可计算为

$$W_{(t)} = W_{\text{L}(t)} + R_{\text{w}(t)} + C_{(t)} \tag{5-112}$$

（2）水面降水量

水面降水量 $[R_{\text{w}(t)}$，万 t$]$ 计算框架如图 5-44 所示。

水面降水量可计算为

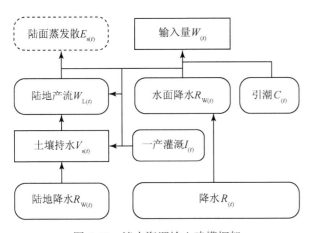

图 5-43　淡水资源输入建模框架

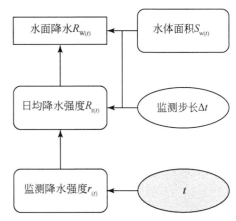

图 5-44　水面降水量 $[R_{\text{w}(t)}]$ 建模框架

$$R_{\text{w}(t)} = 0.1 R_{\text{r}(t)} [S_{\text{w1}(t)} + S_{\text{w2}(t)}] \Delta t \tag{5-113}$$

式中，参数 $S_{\text{w}(t)}$ 单位为 km²；$R_{\text{r}(t)}$ 为 $t-1$ 至 t 时刻的平均降水强度（mm/月），根据所在时刻 t，由数据库中读取在线监测数据 $r_{(t)}$ 后平均得到

$$R_{\text{r}(t)} = \frac{\sum_{t=t-\Delta t}^{t} r_{(t)}}{\Delta t} \tag{5-114}$$

（3）引潮量

引潮量 $[C_{(t)}$，万 t$]$ 计算基于以下框架（图 5-45）。

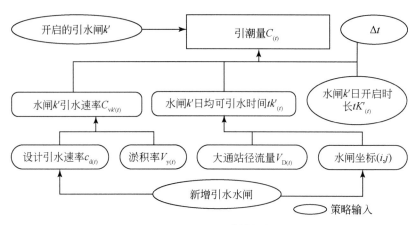

图 5-45 引潮量建模框架

水闸 k′ 日开启时长 $tK'_{(t)}$

$$C_{(t)} = \sum^{k'} \{ K_{k'} \cdot C_v k'_{(t)} \min [tk'_{(t)}, tK'_{(t)}] \Delta t \} 10.8 X_{(t)} \tag{5-115}$$

式中，k' 为引水水闸，见表 5-4 中 1～14 项，水闸开闭可由决策者控制（若水闸 k' 开启，则 $K_{k'}=1$，反之赋值为 0）；$X_{(t)}$ 为潮汐校正因子，反映潮汐的年季变化对咸潮的影响（表 5-7）。

表 5-7 崇明岛潮汐校正因子月变化

月份	校正因子 $X_{(t)}$	月份	校正因子 $X_{(t)}$
1	0.9	7	1.1
2	0.8	8	1.2
3	0.7	9	1.3
4	0.8	10	1.2
5	0.9	11	1.1
6	1	12	1

默认值为日均可引水时间 $tk'_{(t)}$ 大于 0 的引水水闸。引水水闸编号、设计引水速率等如表 5-4 所示。

水闸 k' 引水速率为

$$C_{vk}'_{(t)} = c_{d(t)} [1 - V_{y(t)}] \tag{5-116}$$

式中，淤积率 $V_{y(t)}$ 见式（5-81）。

水闸 k' 日均可引水时间由长江大通站月均径流量 $V_{D(t)}$（m^3 s），水闸所处的网格坐标 (i, j) 决定：

$$tk'_{(t)} = -15.2005 + 0.0012805 V_{D(t)} + 0.10049i - 0.018494j \tag{5-117}$$

（4）陆面产流量

陆面产流量 $[W_{L(t)}$，万 t$]$ 计算基于以下框架（图 5-46）。

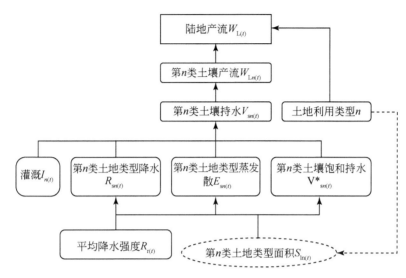

图 5-46　陆面产流量建模框架

根据土壤产流过程及植被状况，$t-1$ 至 t 时刻，陆面产流量被分为耕地、草地、林地（农防、海防、游憩林，GIS 中称林地/林带）、果园苗圃、城镇绿地（附属绿地）和建设用地（房屋、道路）6 类。

$$W_{L(t)} = \sum_{n=1}^{6} W_{Ln(t)} \tag{5-118}$$

$$W_{Ln(t)} = \begin{cases} [V_{sn(t-1)} + R_{sn(t)} + I_{n(t)}] - E_{sn(t)} - V^*_{sn(t)}, [V_{sn(t-1)} + R_{sn(t)} + I_{n(t)}] \\ \qquad - E_{sn(t)} - V^*_{sn(t)} \geqslant 0 \\ 0, [V_{sn(t-1)} + R_{sn(t)} + I_{n(t)}] - E_{sn(t)} - V^*_{sn(t)} < 0 \end{cases} \tag{5-119}$$

$$V_{sn(t)} \begin{cases} V^*_{sn(t)}, W_{Ln(t)} > 0 \\ V_{sn(t-1)} + R_{sn(t)} + I_{n(t)} - E_{sn(t)}, W_{Ln(t)} = 0 \end{cases} \tag{5-120}$$

因此，需分别对 $t-1$ 至 t 时刻各土壤类型饱和持水、降水、灌溉和蒸发散进行计算。各类土地利用面积作为策略变量，由决策者调控。

（5）土壤饱和持水

第 n 类土壤饱和持水 $[V^*_{sn(t)}$，万 t$]$ 计算框架（图 5-47）。

非毛管持水为参与蒸发散和迁移的土壤持水，在此，土壤饱和持水量即为土壤非毛管孔隙度。若不考虑土壤中水分的水平迁移，则

$$V^*_{sn(t)} = C_{sn(t)} S_{n(t)} H_{s(t)} / 100 \tag{5-121}$$

式中，$C_{sn(t)}$ 为第 n 类土地利用类型土壤的非毛管孔隙度（体积百分比）；$S_{n(t)}$ 为第 n 类土地利用类型的面积（km^2）；$H_{s(t)}$ 为 t 时刻平均地下水水位（m），根据所在时刻 t，读取数据库中的监测数据，其中各类型土壤的非毛管孔隙度随围垦年代或植被群落年龄（t_a，年）的增加而逐渐变化（表 5-8）。

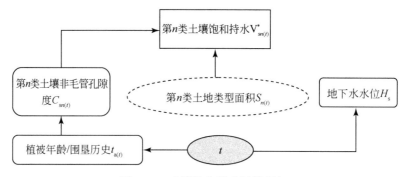

图 5-47　土壤饱和持水计算框架

表 5-8　各类型土壤的非毛管孔隙度随围垦年代或植被群落年龄的变化

类型 n	非毛管孔隙度 $C_{sn(t)}$（%）	$t_{a(t)}$
耕地	$\begin{cases} 0.013\,t_{a(t)} + 0.265, & t_a < 15 \\ 46, & t_a \geqslant 15 \end{cases}$	耕作历史（年）
草地	2.2	—
果园苗圃	$0.001\,688\,t_{a(t)} + 0.0325$	林龄
林地	—	林龄
城市绿地	—	林龄
建设用地	0	—

（6）土地利用类型面积

各土地利用类型面积为策略变量，由决策者输入，或从土地利用模型中读取，其默认变化为

1）耕地

$$S_1 = 0.0018\,\mathrm{GNP}_{(t)} + 500.91 \qquad (5\text{-}122)$$

2）草地

$$S_2 = 0.0003\,\mathrm{GNP}_{(t)} + 0.4749 \qquad (5\text{-}123)$$

3）园地

$$S_3 = 0.001\,\mathrm{GNP}_{(t)} + 101.4 \qquad (5\text{-}124)$$

4）林地/林带（海防、农防、游憩林）

$$S_4 = 6 \times 10^{-11}\,\mathrm{GNP}_{(t)}^3 - 2 \times 10^{-6}\,\mathrm{GNP}_{(t)}^2 + 0.0209\,\mathrm{GNP}_{(t)} - 22.294 \qquad (5\text{-}125)$$

5）城市绿地

$$S_5 = 1 \times 10^{-11}\,\mathrm{GNP}_{(t)}^3 - 3 \times 10^{-7}\,\mathrm{GNP}_{(t)}^2 + 0.0088\,\mathrm{GNP}_{(t)} + 6.1608 \qquad (5\text{-}126)$$

$t-1$ 至 t 时刻第 n 类土地降水 $[R_{sn(t)}，万\,t]$ 为

$$R_{sn(t)} = 0.1\,R_{r(t)}\,S_{n(t)}\,\Delta t \qquad (5\text{-}127)$$

式中，平均降水强度 $R_{r(t)}$ 参数从式（5-113）中引用。各土地利用类型面积（km²）取自默认值。

（7）蒸发散

$t-1$ 至 t 时刻第 n 类土地的蒸发散 $[E_{sn(t)}，万\,t/月]$ 计算框架如图 5-48 所示。

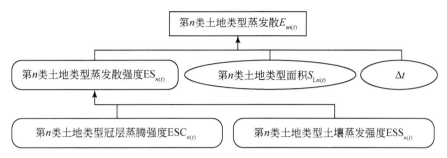

图 5-48 土壤蒸发散 $[E_{sn(t)}]$ 计算框架

$$E_{sn(t)} = 3ES_{n(t)}S_{n(t)}\Delta t \tag{5-128}$$

式中，$ES_{n(t)}$ 为蒸发散强度（mm/d）；土地面积单位 km^2；Δt 为时间步长（月）。

蒸发散被分为冠层蒸腾 $ESC_{n(t)}$（mm/d）和土壤蒸发 $ESS_{n(t)}$（mm/d）两个部分计算：

$$ES_{n(t)} = ESC_{n(t)} + ESS_{n(t)} \tag{5-129}$$

第 n 类土地的冠层蒸腾强度 $ESC_{n(t)}$（mm/d）的计算采用彭曼－蒙斯特蒸发散模型：

$$ESC_{n(t)} = \frac{24}{\lambda}\frac{\Delta R_{np} + \dfrac{3600C_p\rho\left[e'_{s(t)} - e_{a(t)}\right]}{r_c}}{\Delta + \gamma\left(1 + \dfrac{r_c}{r_a}\right)} \tag{5-130a}$$

式中，R_{np} 为冠层截留的净辐射密度 $[MJ/(m^2 \cdot h)]$。

$$R_{np} = R_n e^{-K \cdot LAI} \tag{5-130b}$$

式中，K 为消光系数，如表 5-9 所示；LAI 为叶面积指数（m^2/m^2）；Δ 为饱和水汽压与温度关系的斜率（kPa/℃）；γ 为干湿表常数（kPa/℃）；ρ 为空气密度（kg/m^3）；C_p 为空气定压比热（$MJ\ kg^{-1}℃^{-1}$），$C_p = 0.001012$；$e'_{s(t)}$ 为大气饱和水汽压（kPa）；$e_{a(t)}$ 为大气实际水汽压（kPa）；r_a 为空气动力学阻力（s/m）；r_c 为冠层阻力（s/m）；λ 为汽化潜热（MJ/kg）；R_r 为冠层以上净辐射密度 $[MJ/(m^2 \cdot s)]$。冠层气温为 T_a 时，

$$\lambda = 2.498 - 0.00233T_a \tag{5-131}$$

$$\Delta = 5966.89 \times 10^{2.63T/(241.9+T)}/(241.9 + T_a)^2 \tag{5-132}$$

$$\gamma = 0.06455 + 0.00064T_a \tag{5-133}$$

$$\rho = 1.2837 - 0.0039T_a \tag{5-134}$$

$$e'_{s(t)} = 0.611 \times 10^{7.63T/(241.9+T_a)} \quad (T_a > 0)$$
$$e'_{s(t)} = 0.611 \times 10^{9.5T/(265.5+T_a)} \quad (T_a \leq 0) \tag{5-135}$$

$$r_a = \frac{1}{\sigma^2 v_u} \cdot \left|\ln\left|\frac{Z - d_u}{Z_0}\right|\right|^2 \tag{5-136}$$

式中，v_u 为地表 1.5m 高处风速（m/s）；σ 为卡门常数，取 0.41；Z 为测风处高度；d_u 为零平面位移高度，取 $d_u = 0.75h_d$，其中 h_d 为植物高度（m）；Z_0 为冠层粗糙度，取 $Z_0 = 0.1 h_d$。

r_c 计算式为

$$r_c = \frac{\dfrac{r_{min}}{LAI}}{F_1F_2F_3F_4} \tag{5-137}$$

式中，F_1、F_2、F_3、F_4 分别为温度胁迫函数、土壤水分胁迫函数、水汽压胁迫函数和辐射胁迫函数。$r_{\min}$ 为最小气孔阻力，即气孔导度最大时的气孔阻力：

$$r_{\min} = \frac{\alpha}{g_{\max}} \tag{5-138}$$

式中，$\alpha = 0.6$；$g_{\max}$ 为最大气孔导度，见表5-9。

表5-9　不同土地类型土壤蒸发散相关参数

土地类型	LAI	θ_{w} (%)	K	H_{d} (m)	$g_{\max}$ (s/m)	$g_{\min}$ (s/m)	R_{ne} (W/m²)
耕地	1.1	8.6	0.4	0.4	85	1700	700
草地	$1.1\left[\dfrac{1}{2} - \dfrac{\sin\left(\frac{\pi t}{6} + \frac{\pi}{2}\right)}{2}\right]$	8.6	0.3	0.4	85	1700	700
果园苗圃	$2.15 + 1.07\left[\dfrac{1}{2} - \dfrac{\sin\left(\frac{\pi t}{6} + \frac{\pi}{2}\right)}{2}\right]$	2	0.7	5	70	1400	500
林地	$\{0.54\ln\left[t_{a(t)}\right] + 0.791\}\left[\dfrac{3}{4} - \dfrac{\sin\left(\frac{2\pi t}{7} + \frac{9\pi}{14}\right)}{4}\right]$	2	0.7	15	50	1000	500
城市绿地	$2.15 + 1.07\left[\dfrac{1}{2} - \dfrac{\sin\left(\frac{\pi t}{6} + \frac{\pi}{2}\right)}{2}\right]$	2	0.6	8	50	1300	500
建设用地	—	—	—	—	—	—	—

注：t 为月份；$t_{a(t)}$ 为林龄（年）

$$F_1 = 1 - 1.6(T - 25)^2/10^3 \tag{5-139}$$

$$F_2 = \frac{V^*_{sn(t-1)} - \theta_{\mathrm{W}} V^*_{sn(t-1)}}{V_{sn(t-1)} - \theta_{\mathrm{W}} V^*_{sn(t-1)}} \tag{5-140}$$

式中，θ_{W} 如表5-9所示。

$$F_3 = 1 - \beta\left[e'_{s(t)} - e_{a(t)}\right], \tag{5-141}$$

式中，β 取 0.0061。

$$F_4 = (r_{\min}/r_{\max} - f)/(1 + f) \tag{5-142}$$

其中

$$r_{\max} = \frac{\alpha}{g_{\min}}, f = 0.55 \frac{R_n}{R_{ne}} \frac{2}{\mathrm{LAI}} \tag{5-143}$$

式中，R_{ne} 为光饱和点辐射值；$g_{\min}$ 为最小气孔导度。

$t-1$ 至 t 时刻土壤蒸发强度的计算为

$$\mathrm{ESS}_{n(t)} = \frac{(dt)\rho C_p\left[\delta e'_{s(t)} - e'_{a(t)}\right]}{\lambda \gamma (r_{ss} + r_a)} \tag{5-144}$$

式中，当地面温度为 T 时，用 T 替换 T_a，λ 见式（5-131）；γ 见式（5-133）；ρ 见式（5-134）；$C_p = 0.1012$；$e'_{s(t)}$ 算法见式（5-135）；r_a 见式（5-136）；r_{ss} 为土壤表面蒸发阻力（s/m），

$$r_{ss} = 3.5\left(\frac{V_{sn(t-1)}}{V^*_{sn(t-1)}}\right) + 33.5 \tag{5-145}$$

δ 为土壤表面相对湿度，计算公式为

$$\delta = \exp\left(gH_{s(t)}\frac{T + 273.16}{R}\right) \tag{5-146}$$

式中，g 为重力加速度；$H_{s(t)}$ 为地下水深度（m）；$R = 461.5\text{m}^2/(\text{s}^2 \cdot \text{K})$。

（8）灌溉量

灌溉使土壤含水量保持在最适值，当土壤含水量低于最适植被生长的临界含水量，则产生灌溉需水 $[I_n(t)]$。

各土地利用类型，临界含水量为

$$V'_{sn(t)} = V^*_{sn(t)} \cdot \omega_n \tag{5-147}$$

式中，$V^*_{sn(t)}$、$C_{sn(t)}$ 见式（5-121）；θ_w 见表5-9；ω_n 为调节参数，各土地利用类型 ω_n 见表5-10。

表 5-10　不同土地利用类型灌溉量调节参数

土地类型 n	ω_n	土地类型 n	ω_n
1. 耕地	0.6	4. 林地	0.3
2. 草地	0.3	5. 城市绿地	0.4
3. 果园苗圃	0.4	6. 建设用地	0

则，灌溉量 $I_{(t)}$ 可由式 5-148 计算得到，为

$$I_{(t)} = \sum_{n}^{6} I_{n(t)}$$

$$I_{n(t)} = \begin{cases} V'_{sn} - V_{sn(t-1)}, & V'_{sn(t-1)} \leqslant V'_{sn(t)} \\ 0, & V_{sn(t-1)} > V'_{sn} \end{cases} \tag{5-148}$$

5.2.4　土地资源模块

5.2.4.1　土地利用类型框架

土地利用是指在一定社会生产方式下，人们为了达到一定的目的，依据土地自然属性及其规律，对土地进行的使用、保护和改造活动。它包括生产性利用和非生产性利用。

要进行合理的土地利用，首先要对土地利用进行区划，综合研究组成土地综合体的各种要素，然后按照一定的原则和系统对土地利用分类和规划。

对于一个区域而言，特别是具有成长性的区域，如岛屿，其土地利用格局具有独特的特点，其面积的增加对其土地利用具有重要的影响。

尽管土地利用类型很多，为了简化模型结构，并考虑研究目标——生态承载力，本书选择植被面积、耕地面积、水域面积为主要研究对象，而将其他土地利用类型归为其他面积（图5-49）。

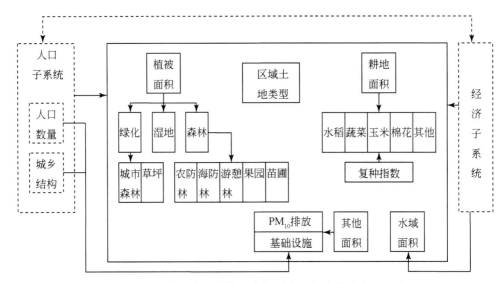

图 5-49　土地利用类型子模块内部要素及与其他子系统的关系

5.2.4.2　土地利用类型主要函数关系

$$S_{af} = d_6 T^3 + c_{10} T^2 + b_{13} T + a_{15} \tag{5-149}$$

$$S_{pf} = h_5 \ln T + a_{16} \tag{5-150}$$

$$S_{cf} = h_6 \ln T + a_{17} \tag{5-151}$$

$$S_{ar} = b_{14} POP_{T(t)} + a_{18} \tag{5-152}$$

$$S_{av} = h_7 \ln P_{FZ} + a_{19} \tag{5-153}$$

$$P_{FZ} = f_3 e^{g_3 P_{IKY}} \tag{5-154}$$

$$S_{cu} = h_8 \ln \left[GNP_{(t)} \right] + a_{20} \tag{5-155}$$

$$S_{cc} = h_9 \ln \left[GNP_{(t)} \right] + a_{21} \tag{5-156}$$

式中，S_{af} 为农防林面积（km^2）；S_{pf} 为海防林面积（km^2）；S_{cf} 为游憩林面积（km^2）；S_{ar} 为水稻面积（m^2）；S_{av} 为蔬菜面积（m^2）；P_{FZ} 为耕地的复种指数（无量纲）；S_{cu} 为城镇人均居住面积（m^2）；S_{cc} 为农村人均居住面积（m^2）；P_{IKY} 为科研投资比例（无量纲）；$POP_{T(t)}$ 为区域总人口（人），在此为影子变量，是从人口子系统中引用的变量。

在同一年内于同一块田地上收获两季或多季作物的种植方式，称为复种。例如，小麦—早稻—晚稻的一年三熟；大麦—棉花的一年二熟；高粱—小麦—甘薯的二年三熟等。一个地区或一个生产单位的不同田块，在一年内有不同的复种次数。复种程度的高低，通常用复种指数来表示。P_{FZ} 是农业生产评价和耕地利用状况评价中常用的一个量化指标。P_{FZ} 是指全年内作物收获总面积与耕地总面积的百分比，即

$$P_{FZ} = 全年收获总面积／耕地总面积 \times 100 \tag{5-157}$$

提高复种指数就是增加收获面积，延长单位土地面积上作物的光合作用时间。在一年中巧妙搭配各种作物，可从时间、空间上更好地利用光能，缩短田地的空闲时间，减少漏

光率。提高复种指数是充分利用光能，提高产量的有效措施，具体措施包括套作、间作与轮作。

5.2.4.3 土地资源供给

土地资源总供给面积的变化主要由于岛屿边滩的淤涨。在忽略长江来水量、含沙量、潮汐的未来年变化等不确定干扰因素，按照目前近五年的滩涂平均淤涨速率，土地资源供给面积 $[S_{(t)}, \text{km}^2]$ 为时间变量（t，年份）驱动函数，呈线性增长，如图 5-50 所示。

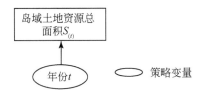

图 5-50 崇明岛土地面积预测模型框架

$$S_{(t)} = 0.8011t + 413.76 \tag{5-158}$$

5.2.4.4 土地资源总面积及类型需求阈值

根据崇明生态承载力研究和国民经济发展对土地资源的利用方式，土地资源需求主要包括建设用地需求（包括城镇建设用地、农村建设用地）、植被建设用地、耕地以及储备用地需求（图 5-51）。

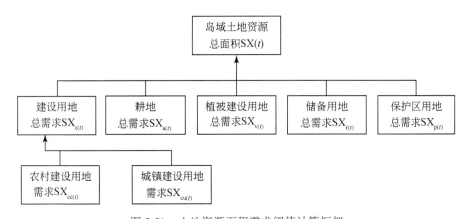

图 5-51 土地资源面积需求阈值计算框架

$$
\begin{aligned}
\text{SX}_{(t)} &= \text{SX}_{c(t)} + \text{SX}_{a(t)} + \text{SX}_{v(t)} + \text{SX}_{r(t)} + \text{SX}_{p(t)} \\
&= \text{SX}_{cc(t)} + \text{SX}_{cu(t)} + \text{SX}_{a(t)} + \text{SX}_{v(t)} + \text{SX}_{r(t)} + \text{SX}_{p(t)}
\end{aligned} \tag{5-159}
$$

人口、社会经济总量与分布格局的发展是驱动土地利用面积和利用格局改变的根本动力，而不同的人口的年龄结构、教育程度，以及产业的发展偏好、基础设施建设、环境保护需求情景将对同一土地利用模式的产出效率产生直接或间接的影响。研究通过人均 GDP 水平作为各类型土地需求基准的驱动变量，同时根据最小因子原则，从总人口、产业结构（主要考虑第一、第三产业）、城市化率、基础设施投入占 GDP 比例、科技投入占 GDP 比例等方面，对各类型土地资源需求基准值进行校正（图5-52）。

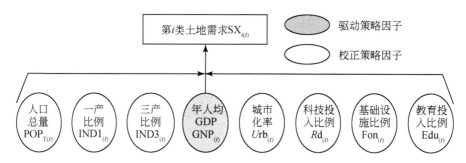

图5-52　各类型土地资源需求阈值计算框架

其中，对不同的土地需求类型，校正因子将产生相应的选择偏好。对于农村建设用地面积 [$\text{SX}_{cc(t)}$] 和城镇用地面积 [$\text{SX}_{cu(t)}$]，调整因子包括人口总量、第一产业比例、城市化率、基础设施投入比例、教育投入比例；植被建设用地受人口总量、城市化率、第一产业比例、第三产业比例、基础设施投入比例影响；耕地受城市化率、第一产业比例、第三产业比例以及科技投入比例影响（表5-11）。

表5-11　不同类型土地需求校正策略因子

土地需求类型	校正策略因子
$\text{SX}_{cc(t)}$	人口总量、第一产业比例、城市化率、基础设施投入比例、教育投入比例
$\text{SX}_{curb(t)}$	人口总量、第一产业比例、城市化率、基础设施投入比例、教育投入比例
$\text{SX}_{a(t)}$	城市化率、第一产业比例、第三产业比例、科技投入比例
$\text{SX}_{v(t)}$	人口总量、城市化率、第一产业比例、第三产业比例、基础设施投入比例
$\text{SX}_{r(t)}$	—
$\text{SX}_{p(t)}$	—

因此，
$$\text{SX}_{i(t)} = \begin{cases} f[\text{GNP}_{x(t)}] \\ \text{GNP}_{x(t)} = \min[\text{GNP}_{(t)}, X_{i(t)}] \end{cases} \qquad (5\text{-}160)$$

式中，$f[\text{GNP}_{x(t)}]$ 为各土地资源需求与驱动策略因子（人均 GDP，GNP）的函数关系；$X_{i(t)}$ 为校正策略因子与驱动策略因子（人均 GDP，GNP）的关系。

基于崇明岛承载力预测结果（王开运，2007），崇明城镇建设用地需求面积（SX_{curb}，km^2）与 GNP（美元）的关系为

$$\text{SX}_{curb(t)} = 0.0116\text{GNP}_{(t)}^3 - 0.4031\text{GNP}_{(t)}^2 + 6.0424 \qquad (5\text{-}161)$$

农村建设用地需求面积（SX_{cru}，km^2）与 $\text{GNP}_{(t)}$（美元）的关系为

$$\text{SX}_{cru(t)} = -0.0078\text{GNP}_{(t)}^3 + 0.3794\text{GNP}_{(t)}^2 - 7.258\text{GNP}_{(t)} + 98.723 \qquad (5\text{-}162)$$

耕地面积需求（SX_a，km^2）与 $\text{GNP}_{(t)}$（美元）的关系为

$$\text{SX}_{a(t)} = 0.3319\text{GNP}_{(t)}^2 - 7.393\text{GNP}_{(t)} + 545.72 \qquad (5\text{-}163)$$

植被面积需求（SX_v，km^2）与 $\text{GNP}_{(t)}$（美元）的关系为

$$\text{SX}_{v(t)} = 0.0857\text{GNP}_{(t)}^3 - 2.5985\text{GNP}_{(t)}^2 + 38.497\text{GNP}_{(t)} + 126.46 \qquad (5\text{-}164)$$

储备用地需求（SX_r，km^2）与$GNP_{(t)}$的关系为

$$SX_{r(t)} = -0.0636GNP^3_{(t)} + 1.3781GNP^2_{(t)} - 18.067GNP_{(t)} + 420.11 \quad (5\text{-}165)$$

保护用地需求设定为固定的土地面积比例，即

$$SX_{p(t)} = aS_{(t)} \quad (5\text{-}166)$$

式中，$a = 39.5\%$。

5.2.5　耕地资源模块

5.2.5.1　耕地资源框架

在耕地子系统中，以农作物固定的太阳能总量来作为耕地承载潜能的原始值（图 5-53）。因此，有 3 个问题需要重点阐述清楚，即光能转化率、生物能转化率、农产品的价格及消费结构。

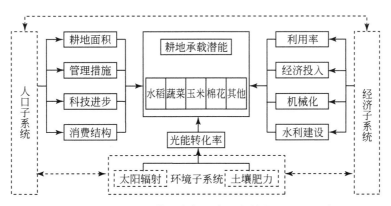

图 5-53　耕地资源子模块内部要素及与其他子系统的关系

5.2.5.2　耕地资源主要函数关系

作物的光能转化率一般从 1% ~2% 变化，受投入、科技水平的影响，因此采用表函数的形式表达。

$$UE_r = h_{10}\ln P_{IKY} + a_{22} \quad (5\text{-}167)$$

$$LE_v = h_{11}\ln P_{IKY} + a_{23} \quad (5\text{-}168)$$

$$LE_c = h_{12}\ln P_{IKY} + a_{24} \quad (5\text{-}169)$$

$$LE_{co} = h_{13}\ln P_{IKY} + a_{25} \quad (5\text{-}170)$$

$$LE_{or} = h_{14}\ln P_{IKY} + a_{26} \quad (5\text{-}171)$$

式中，UE_r 为水稻的生物能转化率（无量纲）；LE_v 为蔬菜的生物能转化率（无量纲）；LE_c 为玉米的生物能转化率（无量纲）；LE_{co} 为棉花的生物能转化率（无量纲）；LE_{or} 为其他作物的生物能转化率（无量纲）。其中参数 a_{22}、a_{23}、a_{24}、a_{25}、a_{26}、h_{10}、h_{11}、h_{12}、h_{13}、h_{14} 取值如表 5-1 所示。

5.2.6 植被资源模块

5.2.6.1 植被资源框架

在植被资源子系统中，植被所固定的太阳能总量被作为植被资源承载潜能的原始值（图5-54），并根据能量与生态服务功能的关系转化为可以测度的货币形式。在此子系统中，重要的过程变量包括光能利用率、生物能有效利用率、植被生态服务功能。

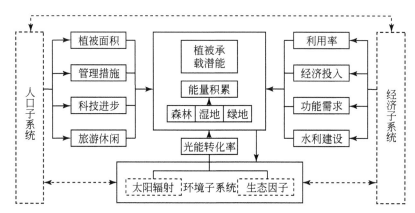

图 5-54 植被资源子模块内部要素及与其他子系统的关系

5.2.6.2 植被资源主要函数关系

$$\text{LE}_{\text{for}} = h_{15}\ln(t) + a_{27} \tag{5-172}$$

$$\text{LE}_{\text{wet}} = b_{15}t + a_{28} \tag{5-173}$$

$$\text{LE}_{\text{fbio}} = h_{16}\ln P_{\text{IKY}} + a_{29} \tag{5-174}$$

$$\text{LE}_{\text{wbio}} = b_{16}P_{\text{IKY}} + a_{30} \tag{5-175}$$

$$\text{LE}_{\text{gr}} = b_{17}P_{\text{IKY}} + a_{31} \tag{5-176}$$

式中，LE_{for}为森林的光能利用率（无量纲）；t为时间；LE_{wet}为湿地植被的光能利用率（无量纲）；LE_{fbio}为森林的生物能有效利用率（无量纲）；LE_{wbio}为湿地植被的生物能有效利用率（无量纲）；LE_{gr}为城市绿地植被的生物能有效利用率（无量纲）。其中参数a_{27}、a_{28}、a_{29}、a_{30}、b_{15}、b_{16}、h_{15}、h_{16}取值如表5-1所示。

植被除了每年固定一定量的太阳能外，还会积累所固定太阳能的一部分，根据研究和历史资料，湿地积累当年的3%；城市绿地积累5%；而森林在成熟期之前，可以积累8%的能量。

作物生产力的形成过程是光能转化、固定和积累的过程，是农田生态系统能量流动的主体部分。太阳辐射能进入农田生态系统后，一部分被作物群丛和地面反射入大气中，一部分穿透作物群丛被地面吸收，仅有一小部分能量被作物的光合作用所固定，最终以有机物的形式积累下来，成为可利用的生物潜能。作物对光辐射的反射、透射及利用与作物群丛的结构、年龄、叶片分布特征等密切相关，且随作物种类不同亦有很大差异。例如对内蒙古奈曼地区的研究表明，发现春季太阳总辐射的最大值出现时间为 12：00 左右，反射辐射与透射辐射强度亦随总辐射强度的变化而变化，并且反射辐射强度没有受到小麦冠层高度和叶面积变化的影响，但透射辐射强度随冠层高度和叶面积的增大而减弱。由于环境条件和生长特性的变化，小麦在不同生育期的光能转化率应是有变化的。研究表明小麦对太阳辐射能的利用率约为 1.17%，高于地球陆地植被对太阳总辐射的平均转化率 0.24%，但是在短期内小麦的光能转化率可达 4%~10%，说明植物对光能的转化率因各种条件的差异变动幅度较大。水稻的光能利用率（例如黑龙江北部）约为 1.2%。水稻产量的 90% 以上来自抽穗后的光合作用产物，因此，要实现水稻高产，务必通过各种综合栽培措施，最大限度地提高水稻叶片的功能和活力，特别是提高抽穗后叶片的光能利用率。水稻光能利用率低的原因有很多，包括品种、漏光、光强、温度、二氧化碳、肥料等，因此加强管理，提高产量（光能转化率）是可能的。可以通过以下几种方式来进行：选择熟期适宜、高光效的品种；合理密植；合理灌水和施肥等。根据研究资料，模型分别率定了优化后的水稻、小麦、棉花及其他作物的光能转化率，并根据作物发育周期建立了光能转化率与时间的函数关系，运用于系统模型中。

5.2.6.3　植被总面积及主要类型需求阈值计算

根据承载力研究中对岛域植被功能需求类型的划分，岛域需求将包括草坪、森林、湿地三类，其中森林根据其生态服务功能，可分为农防林、海防林、游憩林和果园苗圃四类（图 5-55）。

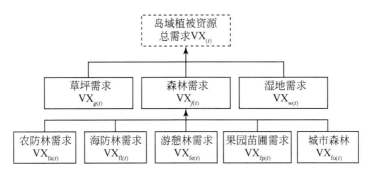

图 5-55　岛域尺度植被类型面积需求阈值分析框架

因此，岛域植被资源总面积需求阈值为

$$VX_{(t)} = VX_{g(t)} + VX_{f(t)} + VX_{w(t)}$$
$$= VX_{g(t)} + VX_{fa(t)} + VX_{fl(t)} + VX_{fe(t)} + VX_{fp(t)} + VX_{fu(t)} + VX_{w(t)} \qquad (5-177)$$

覆盖率需求 $V_{x(t)}$ 为

$$V_{x(t)} = \frac{VX_{(t)}}{S_{(t)}} \qquad (5-178)$$

式中，$S_{(t)}$ 来自土地资源供给模块。

根据承载力研究对岛域植被面积及其主要功能类型的需求机制分析（图 5-56），防护林建设与林地的防风效应需求密切相关；城镇森林的需求阈值主要由人口规模及城镇化程度决定，游憩林的需求阈值则需考虑第三产业的发展需求。对于滩涂湿地植被建设，则需依据滩涂围垦和淤涨扩增速率适度进行。

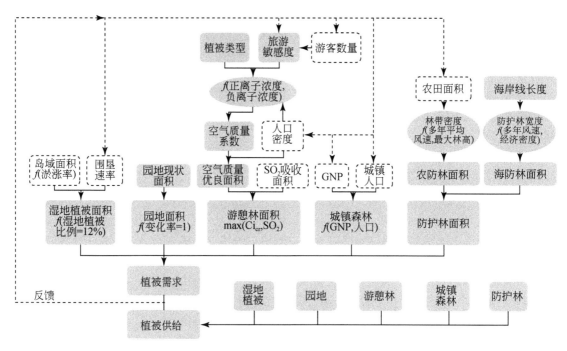

图5-56　崇明岛植被生态服务功能评估框架（王开运，2007）

崇明岛成陆历史较短，植被覆盖率较低，包括森林、草坪和湿地植被。图5-57表明了植被未来15年的动态变化及各自所占比例。2005年植被覆盖率为15.0%，面积为206.1km²，其中森林覆盖率9.0%，所占比例为60.7%，主要是果园和苗圃（面积103.7km²），其他森林类型面积都较少；湿地植被所占比例不到40%；草坪面积很少。2010年，植被面积增加85.2km²，覆盖率达到21.0%，森林面积增加55.3km²，森林覆盖率13.1%，其中农防林增加最多（25.4km²），其次为海防林（14.8km²），游憩林、城镇

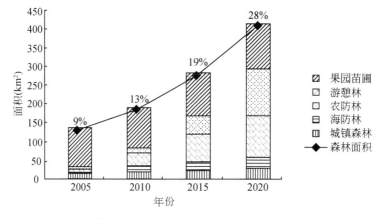

图5-57　崇明岛植被面积需求阈值预测（王开运，2007）

森林和果园苗圃增加较少。"十二五"期间，植被面积增加 122.1km²，2015 年覆盖率达 29.2%，森林面积增加 92.5km²，覆盖率达 19.0%，其中游憩林和农防林面积增加约 36.1km²，城镇森林、海防林、果园苗圃增加约 6.0km²，草坪面积增加幅度与"十一五"期间相差不大。"十三五"期间，植被面积增加 163.2km²，覆盖率达到 40.3%，比规划覆盖率较小（55.0%），其中森林覆盖率达 28.1%，面积增加 132.5km²，游憩林增加较多（76.2km²），农防林增加 38.3km²，城镇森林、海防林和果园苗圃增加 5~7km²，草坪面积每五年增加近 2.2km²，湿地面积每五年增加约 28.5km²，但湿地所占植被比例有所下降。

因此

$$VX_{i(t)} = \begin{cases} v_i \big[GNP_{x(t)} \big] \\ GNP_{x(t)} = \min \big[GNP_{(t)}, X_{i(t)} \big] \end{cases} \qquad (5\text{-}179)$$

式中，函数 v 为 GNP 与植被需求类型 i 的关系；$X_{i(t)}$ 为校正策略因子与驱动策略因子（人均 GDP）的关系，如图 5-58 所示。

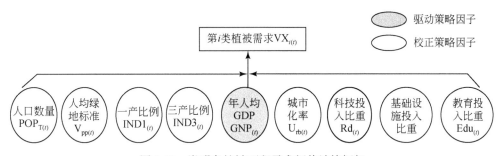

图 5-58　崇明岛植被面积需求阈值计算框架

基于崇明岛承载力预测结果（王开运，2007），崇明各植被类型面积阈值与人均 GDP 的关系如下。

1）湿地面积阈值

$$VX_{w(t)} = 0.0225GNP_{(t)}^3 - 0.7865GNP_{(t)}^2 + 12.118GNP_{(t)} + 56.113 \qquad (5\text{-}180)$$

2）果园面积阈值

$$VX_{fp(t)} = -0.0054GNP_{(t)}^2 + 0.9562GNP_{(t)} + 103.18 \qquad (5\text{-}181)$$

3）农田防护林面积阈值

$$VX_{fa(t)} = 0.015GNP_{(t)}^3 - 0.4778GNP_{(t)}^2 + 9.0772GNP_{(t)} - 10.853 \qquad (5\text{-}182)$$

4）游憩林面积阈值

$$VX_{fe(t)} = 4.1517e^{0.1644GNP_{(t)}} \qquad (5\text{-}183)$$

5）海防林面积阈值

$$VX_{fl(t)} = 0.0105GNP_{(t)}^3 - 0.4188GNP_{(t)}^2 + 6.1304GNP_{(t)} - 6.3702 \qquad (5\text{-}184)$$

6）城镇森林面积阈值

$$VX_{fu(t)} = 0.0014GNP_{(t)}^3 - 0.0469GNP_{(t)}^2 + 1.0695GNP_{(t)} - 0.7987 \qquad (5\text{-}185)$$

7）草地面积阈值

$$VX_{g(t)} = 0.2636GNP_{(t)} + 0.1383 \qquad (5\text{-}186)$$

5.2.7 不同功能区土地资源模块

5.2.7.1 不同功能区土地需求阈值

在《崇明三岛总体规划》中，崇明县被划分为七大功能分区（图1-1）。崇东分区，大通道景区与生态示范、休闲运动为主体的生态保育区；崇南分区，以田园城市化为主体的经济文化中心城区；崇西分区，以生态景湖区与环湖度假、国际会议为主体的生态办公区；崇北分区，以主题乐园区与有机生态农业展示区为主体的生态农业园区；崇中分区，中央森林区与以休闲度假、教育研创区为主体的农业休闲度假区；长兴分区，以船舶、港机制造业为主的海洋装备区；横沙分区，以休闲度假为特色的生态旅游度假区。

分区土地资源供给（km^2）计算中，假定崇西、崇中、崇南、长兴、横沙的土地面积均不再增加，岛域面积的增长主要来自于崇东和崇北滩涂的淤涨。

$$\begin{cases} S_{1(t)} = \left[0.6416(t-2005) \right] + 282.2 \\ S_{2(t)} = 255.49 \\ S_{3(t)} = 157.01 \\ S_{4(t)} = \left[0.1480(t-2005) \right] + 271.55 \\ S_{5(t)} = 452.88 \\ S_{6(t)} = 113.12 \\ S_{7(t)} = 59.41 \end{cases} \tag{5-187}$$

式中，下标数字代表分区，1为崇东；2为崇南；3为崇西；4为崇北；5为崇中；6为长兴；7为横沙。

分区土地资源需求为

$$\mathrm{SX}_{j(t)} = \sum_i \mathrm{SX}_{ji(t)} \tag{5-188}$$

其中，

$$\mathrm{SX}_{ji(t)} = \begin{cases} f\{ g_j [\mathrm{GNP}_{x(t)}] \} \dfrac{S_{j(t)}}{S_{(t)}} & (5\text{-}189) \\ \mathrm{GNP}_{x(t)} = \min [\mathrm{GNP}_{(t)}, X_{i(t)}] & (5\text{-}190) \end{cases}$$

式中，j 为分区编号；S_j 为分区面积；$\mathrm{SX}_{ji(t)}$ 为第 j 分区第 i 类土地需求的面积；$g_j [\mathrm{GNP}_{x(t)}]$ 用于计算岛域平均 GNP 下各分区的 GNP（图5-59）。

5.2.7.2 不同功能区土地利用类型阈值

各功能区划（k）的土地利用类型结构为

$$\mathrm{SX}_{ki(t)} = f [\mathrm{GNP}_{k(t)}] \frac{S_{k(t)}}{S_{(t)}} \tag{5-191}$$

式中，$S_{k(t)}$ 为功能区划 k 的面积；$S_{(t)}$ 为岛域面积；$\mathrm{GNP}_{k(t)}$ 为输入的岛域 GNP 情景及其策略因子下，功能区划 k 的平均人均 GNP。$\mathrm{GNP}_{k(t)}$ 需通过空间网格计算获取（图5-60）。

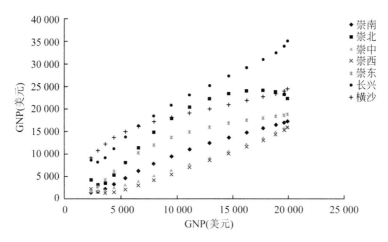

图 5-59　崇明岛各分区的 GNP 与岛区平均 GNP 关系

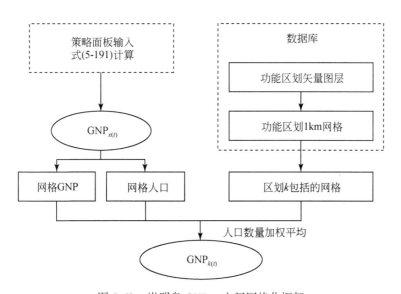

图 5-60　崇明岛 $\text{GNP}_{k(t)}$ 空间网格化框架

5.2.7.3　不同功能区植被面积及主要类型阈值

由于各功能区在经济、社会和产业结构等方面发展的不均衡性，使得植被需求总量和需求结构的发展呈现分异情况。当岛域社会经济情景一定时，各分区的 GNP 情况为

$$\text{GNP}_{xj(t)} = \begin{cases} g_j\big[\,\text{GNP}_{x(t)}\,\big] \\ \text{GNP}_{x(t)} = \min\big[\,\text{GNP}_{(t)}, X_{i(t)}\,\big] \end{cases} \tag{5-192}$$

式中，函数 g_j 来自图 5-59。

对于分区 j，在一定 $\text{GNP}_{xj(t)}$ 下，其植被总需求和需求结构为

$$\begin{aligned} \text{VX}_{j(t)} &= \text{VX}_{gj(t)} + \text{VX}_{fj(t)} + \text{VX}_{wj(t)} \\ &= \text{VX}_{gj(t)} + \text{VX}_{faj(t)} + \text{VX}_{flj(t)} + \text{VX}_{fej(t)} + \text{VX}_{fpj(t)} + \text{VX}_{fuj(t)} + \text{VX}_{wj(t)} \end{aligned} \tag{5-193}$$

各分区的产业结构发展将呈现相应差异，从而影响对不同功能类型植被的需求，进而使植被类型结构呈现不同的偏好趋势。分区 j 的第一、第三产业产值占 GDP 比重（$IND1_j$、$IND3_j$）与 GNP 的关系如下。

1）崇南分区

$$IND1_j = 0.1477e^{-0.0538GNP_{(t)}} \tag{5-194}$$

$$IND3_j = 0.0022GNP^2_{(t)} - 0.0248GNP_{(t)} + 0.429 \tag{5-195}$$

2）崇北分区

$$IND1_j = 0.0003GNP^3_{(t)} - 0.0099GNP^2_{(t)} + 0.1056GNP_{(t)} - 0.0654 \tag{5-196}$$

$$IND3_j = -0.006GNP^3_{(t)} + 0.0247GNP^2_{(t)} - 0.252GNP_{(t)} + 1.079 \tag{5-197}$$

3）崇中分区

$$IND1_j = -0.001GNP^2_{(t)} + 0.192GNP_{(t)} + 0.1856 \tag{5-198}$$

$$IND3_j = 0.004GNP^3_{(t)} - 0.0074GNP^2_{(t)} + 0.0414GNP_{(t)} + 0.3322 \tag{5-199}$$

4）崇西分区

$$IND1_j = 0.0026GNP^2_{(t)} - 0.0668GNP_{(t)} + 0.5703 \tag{5-200}$$

$$IND3_j = 0.1837\ln\left[GNP_{(t)}\right] + 0.2451 \tag{5-201}$$

5）崇东分区

$$IND1_j = -0.0003GNP^3_{(t)} + 0.0114GNP^2_{(t)} - 0.1068GNP_{(t)} + 0.4719 \tag{5-202}$$

$$IND3_j = 0.005GNP^3_{(t)} - 0.0156GNP^2_{(t)} + 0.1332GNP_{(t)} + 0.1535 \tag{5-203}$$

6）长兴分区

$$IND1_j = -0.0494\ln\left[GNP_{(t)}\right] + 0.2300 \tag{5-204}$$

$$IND3_j = -0.0701\ln\left[GNP_{(t)}\right] + 0.5599 \tag{5-205}$$

7）横沙分区

$$IND1_j = 0.077\ln\left[GNP_{(t)}\right] - 0.083 \tag{5-206}$$

$$ND3_j = 0.147e^{0.0703GNP_{(t)}} \tag{5-207}$$

基于式（5-194）～式（5-207），在一定的岛域植被总需求和总体类型结构情景下，分区 j 中各区域面积阈值如下。

1）农防林面积阈值。

$$VX_{faj(t)} = \frac{GNP_{xj(t)}POP_{j(t)}IND1_{j(t)}}{\sum_j\left[GNP_{xj(t)}POP_{j(t)}IND1_{j(t)}\right]}VX_{fa(t)} \tag{5-208}$$

式中，$IND1_{j(t)}$ 为岛域尺度的第一产业比例；$POP_{j(t)}$ 为分区人口数量。各分区的 $GNP_{xj(t)}$ 来自图 5-59；$VX_{fa(t)}$ 为岛域农防林总面积，来自式（5-182）。

2）海防林面积阈值。海防林的计算将不包括崇中分区。考虑海防林对当地经济的综合防护功能，分区 j 的海防林需求阈值将由其人口经济总量决定。

$$VX_{flj(t)} = \frac{GNP_{xj(t)}POP_{j(t)}}{\sum_j\left[GNP_{xj(t)}POP_{j(t)} - GNP_{5j(t)}POP_{5(t)}\right]}VX_{fl(t)} \tag{5-209}$$

式中，下标 5 代表崇中分区。

3）游憩林面积阈值。

$$VX_{fej(t)} = \frac{GNP_{xj(t)} POP_{j(t)} IND3_{j(t)}}{\sum\limits_{j} \left[GNP_{xj(t)} POP_{j(t)} IND3_{j(t)} \right]} VX_{fe(t)} \tag{5-210}$$

式中，$VX_{fe(t)}$ 为总游憩林面积；$IND3_{(t)}$ 为各分区第三产业比例。

4）果园苗圃面积阈值。果园苗圃既是岛域有机农副产品的重要生产力之一，同时又与农业度假产业的发展密切相关。因此果园苗圃的需求阈值与分区的第一、第三产业均有相关。

$$VX_{fpj(t)} = \frac{GNP_{xj(t)} POP_{j(t)} \left[IND1_{j(t)} + IND3_{j(t)} \right]}{\sum\limits_{j} \left\{ GNP_{xj(t)} POP_{j(t)} \left[IND1_{j(t)} + IND3_{j(t)} \right] \right\}} VX_{fp(t)} \tag{5-211}$$

式中，$VX_{fp(t)}$ 为岛域果园苗圃面积。

5）城市森林面积阈值。城镇森林需求阈值与城镇人口、规模和经济水平密切相关。

$$VX_{fuj(t)} = \frac{GNP_{xj(t)} POP_{j(t)} Urb_{j(t)}}{\sum\limits_{j} \left[GNP_{xj(t)} POP_{j(t)} Urb_{j(t)} \right]} VX_{fu(t)} \tag{5-212}$$

式中，$Urb_{j(t)}$ 为分区 j 的城市化率，通过 $GNP_{xj(t)}$，经城市化率和 GNP 关系推导而得；$VX_{fu(t)}$ 为城镇森林总面积。

6）草地面积阈值。草地需求阈值主要与畜牧、养殖业和游憩需求有关。

$$VX_{gj(t)} = \frac{GNP_{xj(t)} POP_{j(t)} IND1_{j(t)}}{\sum\limits_{j} \left[GNP_{xj(t)} POP_{j(t)} IND1_{j(t)} \right]} VX_{g(t)} \tag{5-213}$$

式中，$VX_{g(t)}$ 为岛域草地面积需求阈值。

7）湿地面积阈值。

$$VX_{wj(t)} = \frac{GNP_{xj(t)}}{\sum\limits_{j} \left[GNP_{xj(t)} \right]} VX_{w(t)} \tag{5-214}$$

式中，$VX_{w(t)}$ 为湿地总面积。

第6章 崇明岛生态建设决策支持系统评估体的构建

6.1 评估体的结构与功能

评估体的功能是针对各个决策问题，依据合成体输入参数和模拟体预测亚模块输出结果，生成决策问题的承载指标评判阈值；根据模拟体预测亚模块计算结果和评判阈值，判断输入策略下选定决策问题的承载状况，筛选有待改进的策略指标，形成初步决策方案，提交给合成体向用户反馈，直到模拟体得出的方案结果通过评估检验，从而生成优化的决策方案。基于决策支持系统构建目标，评估体的评估内容如下。

1）现状情景下，对于各决策问题，岛域复杂生态系统是否处于可承载状态；

2）现状或规划的决策策略组是否满足生态岛最优发展模式；

3）提升哪些策略指标对进一步改善岛域生态承载状况、增加承载潜能贡献最大。

针对现状情景和未来发展策略，评估体将基于以上内容，面向系统功能设定的决策问题（见3.1.1节）提供两套评估功能体系：其一为针对生态岛现状和历史情景的发展现状评价功能；其二为面向未来发展情景规划与政策制定工作的决策辅助分析功能。其中，内容1）将不包括在决策辅助分析功能中。

基于决策支持系统总体结构，图6-1表现了评估体的结构。评估体由评估指标体系、评估模型两个运算组件以及三类参数接口组件构成。其中参数接口包括：其一，面向模拟体，调用其过程亚模块计算结果的"过程结果"组件；其二，面向决策问题——合成体，根据决策问题类型准备相应的评价指标体系和阈值，并反馈评估结果等的"初步决策方案"组件；其三，面向数据库，根据用户指令，导入完成优化的决策方案以备查询的"优

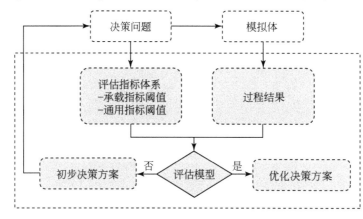

图6-1　评估体结构

142

化决策方案"组件。

"评估指标体系"与"评估模型"是实现评估体功能的核心组件。"评估指标体系"是由评估指标、权重和阈值组成的指标库，根据用户选择的决策问题，将进行自动筛选组织，从而支持针对不同决策问题的评估模型的工作。根据阈值的类型，指标可分为承载阈值指标和通用阈值指标。其中，"承载阈值指标"类由一一对应的"供给指标"和"需求指标"对构成，用以判断某一决策问题参数是否处于承载状况的指标。例如，通过比较水资源总供给量与总需求量，判断水资源总量是否处于可承载范围。在崇明生态承载力研究的基础上，"通用阈值指标"类由复杂生态系统承载力状态空间评价指标体系组成。其指标及阈值的筛选考虑了崇明"自然－经济－社会"复杂系统的主要结构、机制特征，根据复杂生态系统承载力理论构建，反映了随着崇明的可持续发展，社会－经济－自然子系统指标之间的耦合关系、相互作用强弱；其指标阈值反映了生态系统在满足可持续、可承载要求和三岛规划目标下的最优发展轨迹，是随生态岛建设的进行而不断发展的动态阈值，用以评判决策者提供的备选方案是否符合生态承载力的发展研究。通用评估指标及阈值的构建详见6.2节。

基于"评估指标体系"提供的指标和动态阈值，"评估模型"调用"模拟体"、"过程亚模块"中的指标值，分别对决策问题相关承载指标的承载状况和决策策略中最急需调整的指标即抑制变量，作出判断。在此基础上，评估体向合成体反馈建议文本，由合成体与交互界面衔接。"评估模型"的构建详见6.4节。

6.2　通用评估指标组的构建

6.2.1　评估指标的筛选

通用评估指标体系以崇明生态承载力研究项目提出的"生态承载力指标体系"为基础。该指标体系根据崇明"自然－经济－社会"复杂系统的特征，基于状态空间法评价区域系统生态承载力的需求，充分考虑承载体与受载体之间的互动反馈方式、强度、后效、潜力与相互替代等特点，参照简单直观的目标分层法，从生态承载力内涵出发，建立指标体系的多级递阶结构（图6-2）。其中A为目标层，即生态承载力指数；B为分目标层，分别为环境纳污能力、资源供给能力和人类支持能力三个方面；C层为准则层；D层为具体的指标。

在具体的指标筛选中，重点考虑了两个问题：①如何遵循科学性、可操作性、密切相关性（必要性）、完备性（充分性）等原则，并围绕生态承载力内涵，对已有指标［各类规划指标、可持续发展指标、生态市（县）考核指标、常用环境指标、资源指标、技术进步指标等］加以应用；②如何使所选指标尽可能与系统动态模型（SD）输出参数相一致。各指标既要方便从区域水平提取实际值，也要能够通过环境标准、理论水平、技术标准等确定其理论或理想值。初步的指标体系包括了通过频度统计法选取的使用频率较高的指标。然后，这些指标通过专家咨询法和多重共线性分析进行筛选，以消除具体指标间信息重叠可能对分析造成的误差（通常采用线性回归的方法，以最小二乘原则求算），从而提高最终生态承载力指标体系的科学性和合理性。

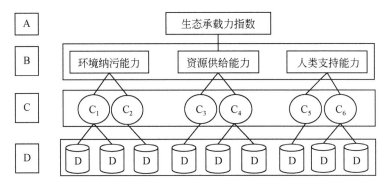

图 6-2　生态承载力指标体系层次结构

根据崇明的实际情况，为突出崇明的现状特点及发展能力，一般指标从人口、经济、社会、资源和环境五大系统中选取，并经过专家调查及多重共线性分析，归纳为环境纳污能力、资源供给能力和人类支持能力三个方面的最终评价指标。多重共线性分析运用社会统计分析软件 SPSS 的 Correlate 分析方法进行。最终选取的指标共有 42 个，见表 6-1。

表 6-1　指标体系及权重

目标层	分目标层	准则层	指标层	权重		
				层次分析法 AHP	主成分分析法 PCA	等权重法
生态承载力（P）	环境纳污能力（A）	大气环境（A1）	PM$_{10}$年日均浓度（mg/m^3）（A11）	0.0419	0.0425	0.0244
			氮氧化物年日均浓度（mg/m^3）（A12）	0.0105	0.0635	0.0244
			二氧化硫年日均浓度（mg/m^3）（A13）	0.0322	0.0112	0.0244
			空气质量优良天数（d）（A14）	0.0477	0.0237	0.0244
			二氧化硫年排放量（万 t/a）（A15）	0.0108	0.0375	0.0244
		水环境（A2）	地表水水质达标率（%）（A21）	0.0360	0.0311	0.0244
			饮用水源水质达标率（%）（A22）	0.0794	0.0250	0.0244
			COD 年排放量（t）（A23）	0.0138	0.0149	0.0244
			氨氮年排放量（t）（A24）	0.0138	0.0282	0.0244
		土壤环境（A3）	化肥施用量（t/hm^2）（A31）	0.0397	0.0232	0.0244
			农药施用量（t/hm^2）（A32）	0.0079	0.0162	0.0244
	资源供给能力（B）	能源资源（B1）	清洁能源比例（%）（B11）	0.0101	0.0305	0.0244
			能源自给率（%）（B12）	0.0101	0.0184	0.0244
		水资源（B2）	咸水包围岛期岛内水资源维持能力指数（B21）	0.1468	0.0291	0.0244
			地表水资源总量（亿 m^3）（B22）	0.0163	0.0263	0.0244
		土地资源（B3）	脱盐土地面积比例（%）（B31）	0.0255	0.0087	0.0244
			湿地面积比例（%）（B32）	0.0626	0.0759	0.0244
			可开发的土地面积比例（%）（B33）	0.1522	0.0096	0.0244

续表

目标层	分目标层	准则层	指标层	权重		
				层次分析法 AHP	主成分分析法 PCA	等权重法
生态承载力（P）	资源供给能力（B）	植被资源（B4）	森林覆盖率（%）（B41）	0.0243	0.0116	0.0244
			自然保护区面积比例（%）（B42）	0.0081	0.0184	0.0244
			人均公共绿地面积（B43）	0.0081	0.0083	0.0244
		旅游资源（B5）	空间容量（人次/a）（B51）	0.0075	0.0117	0.0244
			设施容量（人次/a）（B52）	0.0528	0.0090	0.0244
	人类支持能力（C）	管理与建设水平（C1）	工业废气处理率（%）（C11）	0.0083	0.0087	0.0244
			工业废水排放达标率（%）（C12）	0.0083	0.0356	0.0244
			污水集中处理率（%）（C13）	0.0083	0.0184	0.0244
			工业固废处理率（%）（C14）	0.0031	0.0660	0.0244
			垃圾无害化处理率（%）（C15）	0.0031	0.0184	0.0244
			环保投资比重（%）（C16）	0.0083	0.0119	0.0244
			基础设施投资比重（%）（C17）	0.0213	0.0190	0.0244
		技术进步（C2）	单位 GDP 能耗（tce/万元）（C21）	0.0029	0.0427	0.0244
			单位 GDP 用水量（t/万元）（C22）	0.0061	0.0263	0.0244
			工业用水重复率（%）（C23）	0.0061	0.0330	0.0244
			单位 GDP 二氧化硫排放量（万 t/万元）（C24）	0.0008	0.0323	0.0244
			单位 GDP COD 排放量（t/万元）（C25）	0.0008	0.0151	0.0244
			单位 GDP 氨氮排放量（t/万元）（C26）	0.0005	0.0290	0.0244
			研发投入占 GDP 比重（%）（C27）	0.0029	0.0200	0.0244
		社会经济进步（C3）	建成区经济密度（万元/km²）（C31）	0.0093	0.0080	0.0244
			人均 GDP（万元）（C32）	0.0236	0.0184	0.0244
			城市化水平（%）（C33）	0.0042	0.0122	0.0244
			第三产业增加值比例（%）（C34）	0.0236	0.0100	0.0244

资料来源：王开运，2007

6.2.2　通用指标阈值的确定

评估体需要对策略指标偏离最优发展模式的程度，以及策略之间的匹配状况进行判定并提出建议，而通用指标体系的指标阈值符合"社会－经济－自然"复杂生态系统可承载且承载力平稳变化的最优发展模式，因此反映了满足生态岛发展目标和可持续要求的发展标准。由于生态系统的复杂性、非线性结构，复杂生态系统人口和经济水平的提高，不仅带来资源、环境的需求不断发展，还通过持续的社会投入改善资源利用效率和污染治理水平，同时社会对生态系统和谐的要求也不断提升，从而使得"可承载"的阈值标准呈现出动态发展的特征。

在复杂生态系统过程模型的基础上，崇明生态承载力研究建立了承载力状态空间评价模型、空间决策模型以及空间数据库系统构成的"生态承载力复杂模型系统"，支持最优承载力情景下跨越式发展模式阈值的提出。系统包括 6 个主要模块：模式对比分析、过程动态模型、状态空间评价模型、空间决策模型、GIS 数据库系统和应用体系。模型系统通过划分复杂生态系统中的承载体和承载对象，定量描述复杂生态系统各组分的相互作用、动态和反馈，加入系统外区域要素对系统组成、功能的影响，基于空间数据库与模型库，建立其复杂生态系统承载力的评价指标和权重模式，从而形成生态承载力多目标情景－决策优化模型。

在复杂生态系统过程模型的情景模拟基础上，状态空间评价模型以"状态空间法"和以基于 AHP 法的"承载力评估指标体系"为基础，对模拟情景的生态系统人类支持、资源供给与环境容纳三个方面的"发展性指标"和"限制性评价指标"进行加权评估，计算各种发展策略下岛域生态承载力的综合状况，从而支持策略优化和最佳方案优选。过程动态模型为状况空间评价模型提供动态的指标值和评价标准值。对比模式分析模型则向过程动态模型提供用于建立复杂系统发展动态的基本方案。为简化生态系统综合承载潜能和生态系统需求之间复杂的反馈关系，生态承载潜能通过相对简化的"需求、支持和限制力"三个属性变量进行修饰，其中主要考虑人口和经济对资源（土地资源、水资源、能源、植被资源、旅游资源等）承载潜能和环境（土壤、水体、大气等）容量的需求。

通过分析国内外类似国家或地区发展经验，结合崇明现状与机遇，并参考《崇明三岛总体规划》以及其他相关规划提出的关于崇明岛生态建设的定位和目标，在可持续跨越式发展原理的基础上，承载力研究设计了崇明社会、经济、产业和生态环境的 4 种经济方案，用于"复杂生态系统承载力模型"分析。

1）现状模式：部分实现《崇明三岛总体规划》中社会、环境目标，适当降低经济发展目标，实现人均绿色 GDP 的增长超过上海平均水平，按照《崇明三岛总体规划》进行产业布局。

2）顶层模式：全面实现《崇明三岛总体规划》中的经济、环境、社会发展目标。

3）情景指标：按照《崇明三岛总体规划》的产业布局，分析发达国家以及类似岛屿在不同发展阶段时的社会经济和环境变化之间的规律，结合崇明岛历史、现状与未来定位和目标，设计出崇明未来 15 年重要社会发展情景指标，主要包括基于三产结构的单位 GDP 能耗、人均能耗、单位 GDP 水耗、人均水耗、环保投资比例、基础设施投资比例、R&D 投资比例、教育投资比例、城市化水平等21 个跨越式情景指标。

4）优化发展模式：力求达到重要经济目标与三岛总体规划一致；区域生态承载力平稳持续发展，并拥有足够的风险承受空间；承载力各要素在"十二五"期间聚集平衡，达到资源最大有效利用；地区间承载差异更趋合理。在情景模式分析与反馈调整的基础上，最终形成了通用指标库及其阈值构成的"通用指标/阈值"，如表 6-2 所示。

表 6-2　基于生态承载力的生态建设指标准则

子系统	指标	2005 年	2010 年	2015 年	2020 年
经济	GDP（亿元）	127	420～590	930～1 250	1 280～1 600
	绿色 GDP（亿元）	98	220～320	680～860	1 050～1 450
	GDP 年均增长率（%）	13.4	22～27	20～22	9

续表

子系统	指标	2005 年	2010 年	2015 年	2020 年
经济	人均 GDP（美元）	2 320	6 600～7 400	14 600～15 700	20 000
	第一产业增加值比例（%）	18.9	15	12	10
	第二产业增加值比例（%）	43.8	45	40	30
	第三产业增加值比例（%）	37.3	40	48	60
	旅游业产值比例（%）	7.5	16	28	39
人口	人口总量（万人）	66.5	68～72	73～86	80～100
	人口自然增长率（%）	−0.1	−0.1	0	−0.1
	净迁入人口*（万人）	−2	2～6	3.6～12.8	7.5～13.7
	城镇人口密度（人/km²）	11 330	9 673～9 457	8 482～8 390	8 040
	农村人口密度（人/km²）	300	216～213	139～154	109～138
	人均期望寿命（岁）	77.15	77.5	78.8	80
	受高等教育人口比例（%）	6.8	14～17	22～30	35～46
	中青年人口比例（%）	62	58	57	57～58
	城镇人口（万人）	26	39～43	54～65	66～81
社会	城市化水平（%）	39	60	75	81
	城镇人均居住面积（m²）	24	30	33	35
	农村人均居住面积（m²）	26	28	30	30
	城镇人均绿地面积（m²）	8	15～16	20～21	23
	社会保障覆盖率（%）	56.2	90	98	100
	恩格尔系数（%）	42	37	33	30
	区域经济密度（万元/km²）	114	340～400	860～1 100	1 400～1 800
	教育投资占 GDP 比例（%）	1.3	2.6～2.8	4.5～4.7	5.5
	基础设施投资比例（%）	2.5	5.4～5.8	8.5～8.6	8.8
	研发投入占 GDP 比例（%）	1.5	2.3	3.2	3.5
	环保投资比例（%）	1.7	2.3～2.4	4.1～4.4	5.9
	区域间客运量（万人）	1 120	3 000～3 200	10 500～11 300	15 400
	公路网密度（km/10² km²）	28	56～61	108～115	143
环境	PM₁₀年排放量**（t）	6 500	<7 400	<9 800	<13 300
	氮氧化物年排放量**（t）	14 700	<13 100	<11 480	<12 100
	二氧化硫年排放量**（t）	11 000	<10 000	<9 960	<10 980
	地表水水质达标率（%）	93	95	97	100
	饮用水源水质达标率（%）	97	100	100	100
	Ⅱ类水水质达标率（%）	5.8	29	72	100
	COD 年排放量**（t）	78 500	<81 400	<82 200	<68 400
	氨氮年排放量**（t）	5 050	<5 020	5 400	<5 460

续表

子系统	指标	2005 年	2010 年	2015 年	2020 年
环境	单位耕地面积化肥施用量（t/hm²）	1.9	1.5~1.4	0.7~0.6	0.2
	单位耕地面积农药施用量（t/hm²）	0.012	0.010	0.006	0.003
	单位 GDP 二氧化硫排放量（kg/万元）	8.61	2.5~1.8	1.0~0.8	0.7~0.6
	单位 GDP COD 排放量（kg/万元）	62.68	21.6~20.9	7.7~8.1	3.8~4.8
	单位 GDP 氨氮排放量（kg/万元）	4.04	1.37~1.20	0.55~0.49	0.35~0.34
	工业废气处理率（%）	70	80	100	100
	汽车尾气排放达标率（%）	77.4	100	100	100
	工业废水排放达标率（%）	38.3	60	70	80
	生活污水集中处理率（%）	29	45~64	83~86	100
	工业固废处理率（%）	100	100	100	100
	生活垃圾无害化处理率（%）	30	52~71	86~98	100
资源	能源	能源总需求*（万 tce）	300	1 600	3 600	5 900
		输入电量*（亿 kW·h）	3.12	80	165	270
		煤炭最大输入量*（万 tce）	250	350	370	440
		石油输入量*（万 t）	22	330	830	1 480
		天然气输入量*（亿 m³）	1.55	30	95	190
		可利用的生物质能*（万 tce）	—	930	1 260	1 720
		风能*（万 tce）	—	380	400	430
		太阳能*（万 tce）	—	230	300	430
		清洁能源比例（%）	35	38	47	57
		第一产业万元 GDP 能耗（tce）	0.59	0.69~0.68	0.94~0.92	1.06
		第二产业万元 GDP 能耗（tce）	0.95	0.78~0.75	0.45~0.43	0.32
		第三产业万元 GDP 能耗（tce）	0.42	0.37~0.36	0.29~0.28	0.25
		城镇人均生活耗能（tce）	2.15	2.78	4.65	5.67
		农村人均生活耗能（tce）	1.57	1.95	3.03	3.59
		产业耗能与生活耗能之比	1.29	1.30~1.33	1.20~1.22	1.07~1.10
		能源输入费用占 GDP 比例（%）	18.2	19.1~18.5	19.8~19.4	19.5~19.3
	水	淡水供应量（亿 t）	33.4	33.5	33.6	33.7
		淡水总需求（亿 t）	13.6	15.7~16.9	21.6~24.5	25.1~29.6
		生活需水（万 t）	3 640	11 900~14 900	25 900~32 400	37 400~46 800
		生态需水（万 t）	27 800	31 000~32 700	36 200~38 100	41 300~43 500
		水产养殖需水（万 t）	17 800	16 000	14 400	11 600
		第一产业万元 GDP 耗水量（t）	1 770	1 260	871	720
		第二产业万元 GDP 耗水量（t）	780	120	32	17
		第三产业万元 GDP 耗水量（t）	388	88	28	18

续表

子系统		指标	2005 年	2010 年	2015 年	2020 年
资源	水	城镇人均用水（t）	79	310	480	550
		农村人均用水（t）	39	60	84	95
		枯水期淡水资源最少维持天数（d）	10	10	8	7
	土地	总面积（km²）	1 361	1 395	1 431	1 467
		耕地面积（km²）	535	508	509	536
		建设用地（km²）	109	110～114	125～139	146～176
		水域面积（km²）	136	140	143	146
		湿地面积（km²）	80	108	136	165
		植被面积（km²）	205	288～290	405～413	554～576
		储备面积（km²）	376	347～341	249～211	83～105
	植被	植被覆盖率（%）	15	20～21	28～29	38～40
		森林覆盖率（%）	9	13	19～20	26～28
		农防林面积（km²）	9	32～35	67～70	102～108
		海防林面积（km²）	4.6	19	27	33
		绿地面积（km²）	2.1	6.5～7.4	13～15	18.5～22
		游憩林面积（km²）	5	11～14	46～49	114～127
		果园、苗圃面积（km²）	105	110	115	121
		自然湿地植被面积（km²）	80	108	136	165
		物种多样性指数	1.03	1.33	1.88	2.25
		植被总生物量（万 t）	67	100	150	220
	旅游	景区最大人口容量（万人）	1 500	1 700	2 100	2 500
		旅游人数（万人）	119	178～219	301～425	438～722
		旅游投资（亿元）	9	14	19	23
		游人生活垃圾治理投资（万元）	140	1 300～2 100	8 070～11 386	9 000～13 060

＊为"十一五"、"十二五"和"十三五"期间的 5 年总量；＊＊为"十一五"、"十二五"和"十三五"期间年均排放量最大控制值；其余为"十一五"、"十二五"和"十三五"期末的指标控制值

6.3　承载评估指标组的构建

　　承载评估指标组针对特定决策问题的承载状况评价需求而建立，面向评估体评估内容以及评估模型，提供的承载状况评估与决策问题情景的最优模式符合程度评估所需的参数指标。

　　承载评估指标组包括"资源供给指标"、"现状需求指标"和"基本需求指标"。"资源供给指标"表示决策情景下资源量的上限；"现状需求指标"表示现状情景的实际人口数量或资源需求量；"基本需求指标"表示基于"通用指标组"最优发展模式阈值的最优

人口 – 产业发展轨迹、资源利用效率与消耗量。其中，"供给指标"不包括在人口类决策问题中；而"现状需求指标"仅针对决策支持系统现状评估功能（表6-3）。

表6-3　各决策问题涉及的评估指标类型

项目	指标	资源供给指标	现状需求指标	基本需求指标
发展现状评价	人口问题		●	●
	水资源问题	●	●	●
	土地资源问题	●	●	●
	指标资源问题	●	●	●
决策辅助分析	人口问题			●
	水资源问题	●		●
	土地资源问题	●		●
	指标资源问题	●		●

承载状况评估通过比较"供给指标"与"现状指标"、"供给指标"与"基础需求指标"的关系，判断决策问题所处的承载状况。决策问题情景与最优发展模式的符合程度则通过比较"现状指标"与"基础需求指标"的关系得出。"现状指标"来自于用户从决策面板 – 合成体输入的现状值，"供给指标"和"基础需求指标"则来自于模拟体的过程参数结果。各决策问题涉及的承载评估的指标、类型及来源如下。

6.3.1　人口问题

人口问题如表6-4和表6-5所示。

表6-4　现状需求指标

指标名	变量名	单位	来源
现状人口总数	—	万人	决策面板输入

表6-5　基础需求指标

指标名	变量名	单位	来源
可承载人口总数	$POP_{T(t)}$	万人	式（5-30）

6.3.2　淡水资源问题

水资源决策问题组中，涉及的承载评估的问题、评估指标及来源如表6-6所示。其中，所有水资源问题指标的公式均来自5.2.3节。

表 6-6　水资源决策问题，供给需求指标

水资源决策问题	现状需求指标	资源供给指标	基础需求指标
岛域淡水资源年供需状况	年需水量 用户输入	年供水量 W 式 (5-79)	年需水量 $U_{(t)}$ 式 (5-91)
岛域淡水资源年需求结构	产业需水 用户输入	—	产业需水 $U_{I(t)}$ 式 (5-103)
	生活需水 用户输入	—	生活需水 $U_{L(t)}$ 式 (5-108)
	生态需水 用户输入	—	生态需水 $U_{E(t)}$ 式 (5-92)
	一产需水 用户输入	—	第一产业需水 $U_{Ij(1)}$ 式 (5-104)
	二产需水 用户输入	—	第二产业需水 $U_{Ij(2)}$ 式 (5-104)
	三产需水 用户输入	—	第三产业需水 $U_{Ij(3)}$ 式 (5-104)
	城镇生活需水 用户输入	—	城镇生活需水 $U_{LU(t)}$ 式 (5-110)
	农村生活需水 用户输入	—	农村生活需水 $U_{LRU(t)}$ 式 (5-111)
分区淡水资源需求构成	同"岛域淡水资源年需求结构" 用户输入	—	同"岛域淡水资源年需求结构"
枯水期影响月份	月份 n 长江径流量 用户输入	—	$9000\text{m}^3/\text{s}$
枯水期影响月份的总供需状况	—	$\sum W_n$ 式 (5-79)	$\sum U_{(t)}$ 式 (5-91)

6.3.3　土地资源问题

土地资源决策问题组中，涉及的承载评估的问题、评估指标及来源如表 6-7 所示。其中，所有标注公式来自 5.2.4 节和 5.2.7 节。

表 6-7　土地资源决策问题，供给需求指标

土地资源决策问题	现状需求指标	资源供给指标	基本需求指标
岛域土地资源供需状况	—	土地总面积 $S_{(t)}$ 式 (5-158)	土地总需面积 $SX_{(t)}$ 式 (5-159)
岛域土地储备状况	储备土地面积 用户输入	—	储备需求 $SX_{i(t)}$ 式 (5-160)

土地资源决策问题	现状需求指标	资源供给指标	基本需求指标
岛域土地资源需求结构	各用地类型（耕地、植被、建设用地、储备、保护区）的面积 用户输入	—	用地类型 i 的基本需求 $SX_{i(t)}$ 式（5-160）
分区土地总面积供需状况	分区土地总面积 用户输入	分区 i 土地面积 Si 式（5-187）	分区 j 土地面积需求 $SX_{j(t)}$ 式（5-188）
分区土地需求结构	分区用地类型（耕地、植被、建设用地、储备、保护区）的面积 用户输入	—	分区 j 用地类型需求 $SX_{ji(t)}$ 式（5-189）
分区土地储备状况	同上	—	式（5-189）
土地功能区划的需求结构	区划用地类型（耕地、植被、建设用地、储备、保护区）的面积 用户输入	—	功能区划 k 用地结构 $SX_{ki(t)}$ 式（5-191）

6.3.4 植被资源问题

植被资源决策问题组中，涉及的承载评估的问题、指标如表6-8所示。其中，所有标注公式来自5.2.6节和5.2.7节。

表 6-8 植被资源决策问题及供给需求指标

植被资源决策问题	现状需求指标	资源供给指标	基本需求指标
岛域植被资源需求	现状岛域植被面积 用户输入	—	植被总需面积 $VX_{(t)}$ 式（5-178）
岛域植被类型结构	现状岛域植被类型面积（草地、湿地、农防林、海防林、果园苗圃、城市森林、游憩林） 用户输入	—	植被类型面积需求 $VX_{i(t)}$ 式（5-179）
分区植被资源需求	现状分区植被面积 用户输入	—	$VX_{j(t)}$ 式（5-193）
分区植被类型结构	现状分区植被类型面积（草地、湿地、农防林、海防林、果园苗圃、城市森林、游憩林） 用户输入	—	$VX_{nj(t)}$ 式（5-208）~式（5-214）

6.4 评估模型的构建

针对决策支持系统评估和决策问题，评估体三大评估任务如下。

1）各决策问题的现状或规划情景是否处于复杂生态系统承载潜力范围；

2）决策问题现状是否满足生态岛最优承载力发展模式；

3）哪些策略指标对岛域生态承载状况和承载潜能造成最大限制，成为决策策略中的抑制变量。

针对此三类评估工作，基于承载评估相关的决策问题和指标组，研究通过分别构建的"承载状况评估模型"、"发展现状合理性评估模型"以及"抑制策略筛选模型"构成了评估体评估模型。

6.4.1 承载状况评估模型的构建

对于决策支持系统发展现状评估功能，"现状需求指标"与"资源供给指标"的大小关系即现状资源需求量与资源承载潜力的对比，表现了决策问题的承载现状；对于决策辅助功能，"基础需求指标"与"资源供给指标"的大小关系反映了与最优发展模式承载需求与系统承载潜力之间的对比，表现了一定策略组下系统可能的承载状况。承载状况评估模型的判定模式如下。

对于决策问题 X 的发展现状评估：

1）"现状需求指标"小于"资源供给指标"，X 处于可承载范围内；

2）"现状需求指标"大于"资源供给指标"，X 已超出生态系统承载限度；

3）"现状需求指标"等于"资源供给指标"，X 已达到生态系统承载上限。

对于决策问题 Y 的决策辅助分析：

1）"基础需求指标"小于"资源供给指标"，Y 将处于可承载范围内；

2）"基础需求指标"大于"资源供给指标"，Y 将超出生态系统承载限度；

3）"基础需求指标"等于"资源供给指标"，Y 将逼近生态系统承载上限。

6.4.2 发展现状合理性评估模型的构建

基于 6.3 节中承载评估指标组，由于"基础需求指标"反映了最优承载状况的发展模式下各项资源消耗总量及其利用结构，因此，"现状需求指标"与"基础需求指标"之间的差值反映了目前淡水、植被和土地资源利用状况与最佳利用效率之间的差距，表明了生态岛建设有待改进的方面和可改进的程度。对于评估问题 Z，发展现状的合理性评估条件如下。

1）"现状需求指标"小于"基础需求指标"，Z 尚未达到最佳发展模式要求，与最优发展模式相比，还可提升（或降低）；

2）"现状需求指标"大于或等于"基础需求指标"，Z 已达到最佳利用效率。

6.4.3 抑制策略筛选模型的构建

在崇明"社会 – 经济 – 自然"复杂生态系统的结构中（见5.1.3节），经济子系统的国内生产总值（GDP）、人均 GDP 既作为经济发展的目标，也被认为是其他子系统的原始驱动力。其中，人均 GDP 是衡量经济发展水平的最重要指标之一。根据复杂生态系统 SD 模型和决策支持系统模拟体的构建方式，人均 GDP 对人口总量、人口素质与年龄结构、单位 GDP 能耗、单位 GDP 水耗、教育投入、环保投入、科研投入、基础设施投入、土地利用比例等因子建立了拟合函数关系，从而通过人口和 GDP 的发展，驱动复杂生态系统模型的动态过程。

然而，由于复杂生态系统调控的复杂性，被人均 GDP 驱动的目标变量之间仍存在复杂的反馈关系和综合影响。例如，随着人均 GDP 的增长，科技水平（科技投入占 GDP 比例）随之增长，单位 GDP 能源消耗则逐渐下降。然而，政府如在其策略中科技投入支出低于现状经济水平的相应需求，无疑降低能耗的总体目标将受到影响，导致单位 GDP 能耗值无法达到该社会经济水平的期望值。在实际系统中，单位 GDP 能耗的影响因素更为复杂。不仅科技投入影响着能耗水平，优势产业类型、人口素质、能源设施建设投入等相关因素的失衡均将带来能耗水平的提高，从而使得能耗水平的发展背离最优发展道路。

对于崇明，复杂生态系统过程研究表明，受 GDP 驱动变量之中的多数不仅是影响某一决策问题目标变量的控制因素，也是决策者策略的策略调整对象，因此在不同的策略组合下，将对目标变量带来更为复杂的影响。Liebig 最小因子定律认为，"植物的生长取决于那些处于最少量状态的营养元素"，即"短板"效应是生态系统中的普遍规律。本研究期望通过最小因子原理简化复杂系统中决策变量与目标变量的关系（图6-3）：首先罗列与目标变量相关的主要控制变量（图中控制变量1、2，值分别为 a 和 b），根据可持续跨越式发展模式——生态岛建设的最优模式中驱动变量（人均 GDP）与控制变量的关系，通过反函数筛选控制变量组中代表最低经济水平（人均 GDP）的因子（抑制变量，控制变量1的 a 值），根据其代表的人均 GDP，反推目标变量值（c 值）。

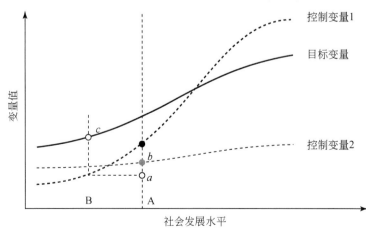

图6-3　基于最小抑制变量的目标变量调控理论

对于人口、水资源、土地与植被资源，其"目标变量"的曲线趋势在承载力研究 φ 已经制定。

人口数量方面，岛域生态可承载人口 80 万~100 万，其中受高等教育人口比例和数量的大幅增长最为显著（图 6-4）。城镇人口从现在 26.2 万增到 65.5 万~81.8 万，农村从现在 40.3 万减到 15.1 万~18.8 万。"十一五"后，城镇化率达到 60% 左右，"十三五"中期之后，城市化率达到 80%，青年人口从"十二五"中期开始大幅增加，到 2020 青年人口维持在 35% 左右；中年人口从 24% 下降到 19%；老年人口上升 5%。

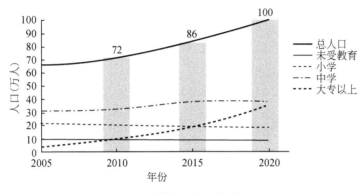

图 6-4　岛域人口发展优化目标

淡水资源方面，在最优情景下，到 2020 年万元 GDP 水耗需要由目前 847m³（上海市平均水平的 7 倍）下降至 118m³，接近目前美国（85m³）、韩国（80m³）水平，但产业用水仍增加 0.7 倍，生态用水增加 1 倍，生活需水增加 15 倍（图 6-5）。崇明现有设计引潮能力（30 亿 m³/a）与可利用降水尽管能满足需求，但实际引潮能力可能需要到现有设计能力的 90% 以上。

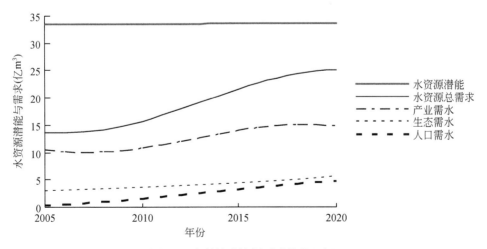

图 6-5　岛域淡水资源需求优化目标

土地、植被资源方面，到 2020 年，耕地总面积能满足未来需求。绿地面积大幅增加，其土地利用将主要来自对预留土地的压缩（图 6-6）；"十三五"末预留土地面积仍需保持不低于规划中 10% 的比例。农村居住用地结构有较大的调整空间（图 6-7）。

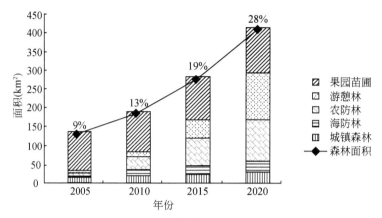

图 6-6　2005 ~ 2020 年优化植被结构发展情景

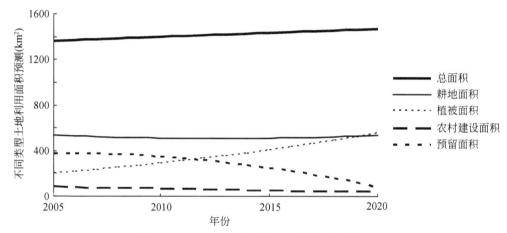

图 6-7　2005 ~ 2020 年优化土地结构发展情景

基于"最小因子"筛选原理，对于各决策问题的目标变量曲线，抑制策略 K 可表示为策略组中，各策略指标 X_n 与人均 GDP 函数的反函数值最小（即达成 $\min\left[f_n^{-1}(X_n)\right]$）的策略指标 X。

各决策问题满足 $\min\left[f_n^{-1}(X_n)\right]$ 的抑制变量筛选方法如表 6-9 所示。

表 6-9　各决策问题抑制变量的筛选方法

问题类	章节	公式
人口承载问题	5.2.2 节	式（5-30）
水资源问题	5.2.3 节	式（5-102）
		式（5-106）
		式（5-111）
土地资源问题	5.2.4 节	式（5-160）
植被资源问题	5.2.6 节	式（5-179）

第7章 崇明岛生态建设决策支持系统数据库及共享平台构建

崇明岛生态建设决策支持系统的数据库要求能在计算机硬、软件的支持下对区域生态建设中的各种地图、空间地理数据和属性数据进行采集、存储、管理、分析和输出。SDSS不同于DSS的最大之处在于数据形式：SDSS的数据具有明显的空间特征，操作对象为空间物体的地理分布数据及属性数据。因此，数据库设计中的关键问题之一，即是如何组织和管理空间数据与属性数据，并确保空间数据与属性数据的相互链接。目前大多采用混合数据结构来组织数据库中的数据，即采用两种或两种以上的模型来分别组织和管理空间数据和属性数据。属性数据一般采用关系数据库技术来管理，而空间数据库多采用GIS技术来管理。

崇明生态岛建设需要掌握人口、资源和环境等方面的分布与变化信息，但目前崇明县各个部门已有数据（包括上海市科委崇明各个专项课题研究所取得的数据）的共享程度很低，导致大量数据无法发挥应有的效用，数据重复采集现象严重，因此数据共享是崇明生态岛数据库建设中迫切需要解决的一个问题。解决数据共享问题一方面需要从政策层面制定法规、实施管理措施，另一方面需要在技术层面上为用户的数据使用提供便利条件，为用户的数据版权提供保障。

7.1 数据库及共享平台建设总目标

崇明岛生态数据库建设以及共享平台建设的目标如下。

1）支撑崇明岛生态建设决策支持系统运行、过程、结果以及在线监测数据的管理；

2）具有传统数据库的基本功能，使用者可以通过平台搜索、浏览和下载数据，拥有者可以通过平台注册数据、编辑地图、更新和分析数据；

3）对采用COM组件方法开发的模型（DLL文件）提供接口，扩展平台的功能，为快速方便地构建专业应用系统，提供空间决策管理支持系统的支撑；

4）能根据权限实现分布式数据的共享，提供多用户会商环境。多个用户可以在不同地点访问本系统，基于系统提供空间数据演示和讨论规划方案等；

5）允许平台管理员发布平台建设信息、修改用户权限等，以及实现海量数据的结构化组织、快速搜索定位以及网络发布。

7.2 数据共享平台总体结构和功能

7.2.1 共享平台总体设计

共享平台采用客户端、网络服务器、数据服务器三层结构的 B/S（Browser/Server）模式构建。客户端可以是任意计算机设备，只要该设备能够连接政务外网，具有 IE、Firefox 等浏览器即可。客户端通过门户站点与网络服务器交互，由网络服务器负责根据用户请求访问元数据服务器，然后根据元数据服务器的返回结果访问分散于网络各结点之上的数据服务器。数据服务器可以提供单一数据类型的服务，也可以提供多种数据类型服务的组合；可以仅提供数据的预览，也可以提供数据下载。数据服务器根据网络服务器发送的请求参数进行相应处理后再将结果返回给网络服务器，由网络服务器将结果传递回客户端。数据服务器由数据拥有者负责建设和维护；平台管理员仅仅负责建设和维护网络服务器和元数据服务器，如图 7-1 所示。

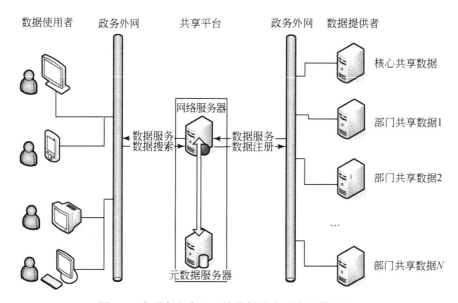

图 7-1 崇明岛生态和环境数据共享平台总体设计图

7.2.2 主页面设计

主页面由 6 个区域组成。

1）用户登录区：用于输入用户名和密码，进行身份验证。

2）平台建设信息区：显示平台建设方面的信息。

3）数据列表区：分专题显示各专题共享数据名称，目前分基础地理数据、环保数据、农业数据、规划数据、水务数据、土地数据、统计数据和其他数据 8 大类。

4）数据搜索区：用于输入查询词，搜索包含查询词的共享数据。

5）菜单导航区：用于平台页面间的导航。

6）相关链接区：相关网站列表。

7.2.3 共享平台功能设计与实现

根据用户的不同权限，平台提供不同的功能。主要功能包括元数据注册与编辑、基于元数据的数据查询、共享数据预览、共享数据下载、共享数据编辑、用户注册、用户权限管理、平台信息管理等，如图7-2所示。

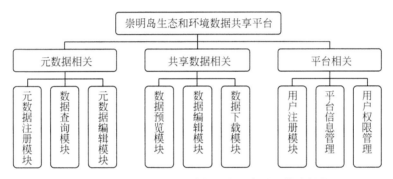

图 7-2 崇明岛生态和环境数据共享平台功能模块结构图

7.2.3.1 元数据注册与编辑

注册用户可通过元数据注册模块对共享数据进行元数据注册，注册后的数据信息将显示在共享平台的主页面上。注册用户还可以根据权限对元数据进行编辑。

元数据注册要求数据拥有者按照平台元数据标准对现有共享数据集的相关信息进行描述，具体字段结构信息可以参考上述元数据库设计部分。数据拥有者在填写完相关描述信息之后提交给平台网站，平台网站将信息存储到元数据库关系表中，即可完成元数据的注册。

在元数据注册过程中，对于不同类型的共享数据集需要注册的信息也有所不同，基于DBMS存储的表格数据，需提供服务器IP地址、文件（文件夹）路径、数据库实例名称、数据库用户名、数据库用户密码、数据视图名称等；ArcGIS Server地图服务数据需提供连接服务的相关资源参数以及资源获取的相关物理地址参数，如服务器IP地址、GIS Server用户名、GIS Server用户密码、服务名称等；Excel格式的文件数据需提供服务器IP地址、文件（文件夹）路径、文件名称。

当共享数据集产生变化或更新时，数据拥有者可以修改相应的元数据信息，甚至可以通过删除元数据取消数据的共享。元数据注册管理模块的实现方便了数据集所有者对数据集的管理，简化了共享数据集的流程，并且便于数据使用者了解数据基本信息。

7.2.3.2 数据查询模块

数据查询模块为平台用户提供了一个基于元数据库的数据检索公共接口。平台基于JDBC（java database connectivity）应用程序接口进行数据库的连接查询操作。数据查询模块主要包括3个步骤：查询条件的设置、数据库连接请求、查询数据库并返回结果。

用户在平台数据查询入口设置查询字段、查询关键字，然后发送查询请求。用户可以根据数据集名称、数据集摘要、关键词以及全文进行查询，其中，全文查询是对元数据的所有字段进行查询，根据用户条件的设置可以生成相应的元数据查询语句。为了保证查询结果的查全率，查询语句都是数据库模糊查询语句。

数据库连接请求首先需要进行数据库连接设置。为了提高用户的查询速度和平台的运行效率，数据库连接采用连接池方式进行连接。数据库资源命名目录（JNDI）需在平台网站的网络服务器的配置文件中进行配置，主要包括资源名、数据库用户名、密码以及数据库连接驱动类、数据库连接 URL 等属性设置。数据库连接的获取是对数据库进行操作的必要前提。数据库连接可根据数据源实例和对上下文进行查询来获取。获得的数据库连接实例将创建 JDBC 状态实例，由状态实例根据用户发送的 SQL 向 DBMS 发送请求，并返回查询结果集对象，从而返回用户申请的元数据记录。

7.2.3.3 共享数据预览模块

为了让用户进一步了解共享数据集的基本情况，平台提供了部分共享数据的在线预览及一些简单操作功能。由于数据格式的多样性和数据存储环境的复杂性，此模块主要解决了基于 RDBMS 存储的表格数据的预览以及 ArcGIS Server 服务数据的在线浏览。

对基于 RDBMS 存储的社会经济统计类表格数据的预览，平台分别采用 Java Excel、JDBC CategoryDataset 和 Fusion Charts 来实现 .xls 和 .dbf 格式数据的可视化表达。

ArcGIS Server 服务数据是基于 ArcGIS Server 作为地图服务器发布的地图服务（map service），所有的地图服务由 ArcGIS Server SOM 集中管理，每一个地图服务数据资源由不同的 ArcGIS Server SOC 进行生命周期控制，所以不同的地图服务数据是分布式的，并且是动态的。因此对于 ArcGIS Server 服务数据的浏览开发就是根据用户的请求实时获取不同地图服务数据信息。平台基于 ArcGIS Server 提供的 Java Web ADF 实现地图服务数据的动态在线浏览功能，提供对地图进行缩放、平移、测量、自定义查询等的功能；具有数据编辑权限的用户还可通过本平台实现地图要素的属性编辑。

7.2.3.4 共享数据下载模块

共享数据下载模块实现了共享数据集的异地下载，并可根据数据存储方式和类型的不同，采用不同的数据下载方式。元数据信息中记录了共享数据集的存储文件路径和文件名称，可根据用户请求进行文件直接定位，将相应数据文件的 URL 提供给用户，供用户下载。为了方便数据的管理，所有集中式存储数据都采用压缩文件格式（.rar 或者 .zip）；并且为保证数据的安全，下载前需要进行用户权限认证。

7.2.3.5 实时数据共享模块

实时数据是目前数据的一个重要组成部分，主要包括气象监测数据、环境监测数据以及其他监测数据。由于实时数据的典型特点就是实时性，所以实时地共享其相关信息成为当前数据共享工程中的一项重要内容。

实时数据由分布于不同位置的监测站点监测得到，各个站点测出的数据结构都遵守统一的标准规则，并且集中存储在一个数据库系统中。本平台在实现这些实时数据共享时，首先对监测站点进行空间坐标定位，然后利用数据库技术和图形绘制技术实现对每一个监测站数据的展示。

7.2.3.6 平台管理模块

平台管理模块包括平台网站动态信息管理模块和用户权限的分配模块。用户信息管理模块用以限定用户权限，从而确保系统的安全性。

用户通过匹配的用户名和密码登录系统。在正确登录后，可以进入相应的管理模块，网站动态信息管理主要实现了平台网站新闻、规章制度、注册用户的编辑、下载权限等相关信息的添加、更新或删除，这些指令通过平台网站的数据库关系表，通过标题、内容、发布时间和类型等关键字段连接到数据库。

管理员用户登录后可以进行平台用户权限级别的设置，包括编辑权限和下载权限。在本平台中，用户类型和权限级别通过对平台网站数据库用户表中的用户类型字段和用户权限字段进行控制。

7.3 核心数据库及其管理系统总体设计

7.3.1 总体框架

根据决策支持系统总体结构与功能框架，崇明岛生态建设决策支持系统数据库及其管理系统的总体结构由数据库、模型库、知识库和问题库以及相应的管理系统组成（图7-3）。

数据库系统的主要功能包括多元源数据采集、标准化、存储、读取、网格转化、数据挖掘、模型存储等，可分为4个主要方面。

1）数据库功能：决策支持系统数据库首先可作为崇明岛生态建设多元数据库，提供对生态岛发展中多元源数据的输入储存、分类、管理、查询、报表制作等整合功能，支持统计报表、图片资料、环境监测数据、多媒体资料等多元源数据，成为岛域多元源数据统计汇总、分类集成、信息发掘和资料共享发布的平台。

2）模型库功能：针对决策支持系统模型的运行需求，提供系统运行所需的模型或模型组、基本参数以及过程结果储存、格式转换功能。

3）问题库功能：决策问题分析、合成和选择。

4）知识库功能：模型与数据库的连接、复杂模型的求解、面向对象的模型表示方法，

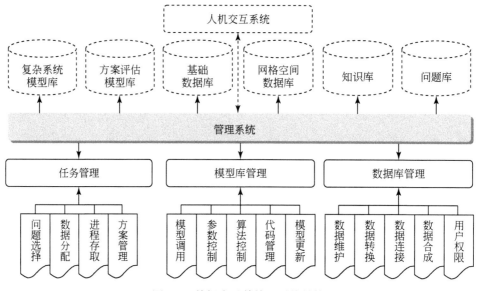

图 7-3　数据库及其管理系统结构

为非结构化决策问题的解决提供支持。同时，根据以前问题的求解方法形成新的问题求解知识，为同类问题求解提供指导。

数据库管理系统集成分为任务管理、模型库管理和数据库管理 3 类。任务管理主要执行决策问题选择、数据分配、决策系统运行过程结果存取和决策方案的管理等职能；模型库管理主要执行模型调用、模型参数控制、算法控制、模型代码管理和模型更新等职能；数据库管理主要执行数据转换、数据连接、数据合成、用户权限控制和数据维护等职能。

复杂系统模型库储存了基于县域尺度"经济－社会－自然"复杂系统子模块的所有内容，是整个决策系统的驱动模块。复杂系统建模原则是以供需链为主线，注重人口、资源、环境和发展之间的关系，把系统供给和需求区分模拟。系统内部供给和需求之间的复杂反馈通过相对简化的"需求、信息反馈、支持和限制力" 4 类属性变量对供需组分的作用进行体现；与系统同外界的人、物、信息和资金交流及区域经济发展水平和产业类型经验相关。

方案评估模型库主要储存了基于崇明岛生态承载力的"时空最适承载阈值"（状态空间法）模型，提高了决策结论的动态性和科学性。

基础数据库储存了包括崇明历年统计年资料、自动气象站监测数据等观测、统计、影像、地图、数字地形（DEM）等基础数据，提供与决策支持系统、公共发布平台、在线监测仪器等多种终端的连接端口，实现生态建设数据的有效交换，构成相对完善的生态系统资料库。

网格空间数据库在原始数据库的基础上建立，在岛域分异建设目标下，为表现全岛发展策略对人口、经济及其相关的资源、环境容量利用的空间分布特征的影响，指导分区功能发展目标的实现，研究基于 GIS 空间分析技术和趋势面模拟技术，将观测、统计等矢量数据与遥感影像、矢量地图以及 DEM 等空间数据相匹配，采用 1km 网格表达土地利用、经济状况、水利交通等设施、资源利用等空间数据，支持模拟体的运行。

7.3.2　数据结构

7.3.2.1　数据分类

（1）按数据内容

1）基础地理数据：包括行政区划图、居民地分布图、道路图、遥感图等。

2）环保数据：包括工业污染源分布图、面源污染排放数据、水质监测点分布图等。

3）农业数据：包括土壤监测点分布图、土壤环境图、土壤分布图、土壤适宜性评价图等。

4）水务数据：包括取水口分布图、水闸分布图、湿地分布图、岸线分布图等。

5）土地数据：包括土地围垦图、土地利用图等。

6）社会经济数据：包括全县供水情况、分乡镇农作物播种面积和产量、全县环境保护与建设等。

7）规划数据：包括崇明三岛总体规划、崇明新城城市总体规划、长兴岛域总体规划等文本数据。

8）其他数据：包括气象历史数据、台风数据、潮位数据等。

（2）按数据形式

按数据形式分为地图（矢量）数据、遥感（栅格）数据、表格数据、文本数据和多媒体数据。

7.3.2.2　表格数据

表格数据包括区域统计数据和监测（调查）数据。前者通过区域编码来标识每个区域，并和行政区划图建立关联；后者通过对象编码来标识每个监测（调查）样点（区），并和监测（调查）样点（区）图建立关联。

例如，包括日期和时间属性的表格数据可通过如表7-1所示的结构进行管理。

表 7-1　表格类型数据结构

字段名	字段类型与长度	字段域
区域编码	整型（8）	查区域编码表
对象编码	整型（8）	前4位为类型编码，后4位为顺序编码
日期	日期型	如 2005-12-31
时间	日期型	如 23:00:00

7.3.2.3　元数据

元数据是共享数据的描述数据。平台用户通过元数据可了解共享数据的名称、摘要、内容、作者、采集日期等相关信息，这些信息由数据拥有者通过元数据注册发布到门户站点。

　　元数据表结构字段可分为元数据信息、标识信息、联系信息、数据集限制信息、分发信息、数据质量信息、数据集维护信息、参照系统信息、内容信息、引用信息等 10 个方面内容。具体表结构设计如表 7-2 所示，其中元数据信息描述元数据创建的相关信息；标识信息对数据集进行基本描述；联系信息描述数据集管理人员的相关信息；分发信息是能否实现数据集有效共享的关键内容，其中描述了数据集的类型、资源定位符、发行格式等；资源定位符字段用于记载共享数据的物理地址信息，包括源数据的 IP 地址、文件名称、数据库实例名、数据库用户名、密码、视图名等。这些信息描述的正确与否关系到数据能否共享成功。处于安全的考虑，分发信息字段在元数据注册时可根据需要进行加密处理。

表 7-2　崇明岛生态和环境数据共享平台元数据表结构详细设计

子集	名称	定义	数据类型	字段名	长度
元数据信息	标识	元数据文件的唯一标识符	字符串	id	30
	元数据采集用户	元数据采集注册的平台用户	字符串	ysjcjyh	20
	元数据作者	元数据信息负责人名或头衔	字符串	ysjzz	50
	元数据作者单位	元数据信息负责的单位	字符串	ysjzzdw	50
	创建日期	元数据创建的日期	字符串	ysjcjrq	20
	最后修改日期	元数据的最后修改日期	字符串	ysjzhxgrq	20
标识信息	数据集名称	数据集描述名	字符串	bs_ sjjmc	50
	数据集摘要	资源内容的简单说明	字符串	bs_ sjjzy	16
	数据集所属类型	说明数据集所属行业类型	字符串	bs_ sjjsslx	50
	数据集出版日期	数据集出版日期	字符串	bs_ sjjcbrq	20
	数据集关键词	数据集关键词	字符串	bs_ sjjgjc	50
	数据集处理过程	数据集处理过程	字符串	bs_ sjjclgc	16
联系信息	负责人姓名	资源负责人的人名	字符串	Lx_ fzrxm	20
	负责人单位名称	资源负责的单位名称	字符串	Lx_ fzrdwmc	50
	负责人联系电话	资源单位联系电话	字符串	Lx_ fzrlxdh	30
	负责人详细地址	资源单位详细地址	字符串	Lx_ fzrxxdz	50
	负责人地址邮编	负责人地址邮编	字符串	Lx_ fzrdzyb	50
	负责人电子邮箱	负责人电子信箱	字符串	Lx_ fzrdzyx	30
数据集限制信息	使用者注意事项	使用者注意事项	字符串	xz_ syzzysx	16
	访问限制	定义访问数据集或元数据权限	字符串	xz_ fwxz	2
分发信息	数据集类型	数据集类型	字符串	ff_ sjjlx	2
	资源定位符	数据集资源定位描述符	字符串	ff_ zydwf	80
	发行格式	分发数据的格式说明	字符串	ff_ fxgs	50
	数据量	数据资源量级	字符串	fb_ sjl	30

子集	名称	定义	数据类型	字段名	长度
数据质量信息	数据源说明	描述数据源的信息	字符串	zl_ sjysm	40
	获取方式	数据获取方式	字符串	zl_ hqfs	40
	搭载平台	数据获取搭载平台	字符串	zl_ dzpt	40
	项目	获取该数据集项目或课题名称	字符串	zl_ xm	60
	说明	数据质量简要说明	字符串	zl_ sjzlsm	16
	处理过程	数据质量控制、处理采用方式或方法	字符串	zl_ clgc	16
数据集维护信息	数据集维护信息	描述该数据集更新范围和频率	字符串	wh_ sjjwhxx	16
参照系统信息	参照系统信息	数据集使用的空间参照系	字符串	cz_ kjczx	16
内容信息	内容信息	描述该数据集主要参数内容	字符串	nr_ nrxx	16
引用信息	作者	数据集作者	字符串	yy_ zz	50
	标题	数据集名称	字符串	yy_ bt	50
	出版日期	数据集出版日期	字符串	yy_ cbrq	8
	版权所有者	数据集版权所有者	字符串	yy_ bqsyz	50
	版本	数据集版本	字符串	yy_ bb	20

7.3.3　数据库支持的管理操作

数据库在数据储存、组织的基础上，将面对用户，支持以下管理功能。

1）地图查看管理：系统管理的数据具有空间性，这些空间性通过电子地图表达出来。为了方便查看信息，需要地图查看管理功能。系统提供漫游、放大、缩小以及全图等功能，通过这些功能，用户可以在不同的尺度下以不同的详细程度查看各种生态问题的发展现状以及决策分析结果。

2）查询：查询可以分为两大类，一类是基于空间几何形态的查询，另一类是基于属性的查询。基于空间几何形态的查询包括点查询、矩形查询和多边形查询等，这些查询只考虑几何关系而不需要设置属性条件；基于属性的查询即通过输入查询条件，以表格的方式返回查询的结果。

3）专题图定制：提供统一的图表接口供应用模块调用，生成的图表类型主要为饼状图、柱状图、折线图。该功能模块采用第三方图表控件 Infragistics 实现。

4）数据维护与更新：数据维护功能包括数据库记录的增加、删除、修改以及 Excel 表导入数据库等功能。增加记录，用户首先选择要增加记录的数据库表，系统将列出该数据库表的字段表单，用户通过填写表单完成新增记录的输入，然后便可提交入库；修改和删除记录，用户首先输入一定的查询条件查询出所要删除或修改的记录，然后修改相应的记录或直接将其删除，所做的操作提交到数据库完成数据库的更新；Excel 表导入，将客户端存储的 Excel 表导入数据库指定表中，完成数据库表的更新。

5）模型维护：由于崇明生态承载力模型是根据崇明生态发展动态变化的，所以系统提供模型维护接口，以实现对模型的动态维护。用户可在界面上设定或更改模型的参数，系统将这些设定或更改存入数据库的参数配置表中，在系统运行时可实时读取参数。

7.3.4　重要驱动变量数据的网格化

驱动变量数据的网格化是指在原始数据库的基础上，筛选模型库运行所需的、除决策变量以外的其他参数，建立驱动因子相关的参数空间连续化模型。在本模型中，参与参数空间化的驱动变量如表 7-3 所示。

表 7-3　崇明岛生态和环境重要驱动变量数据的网格化

变量名称	变量名	单位	边界	默认/初始值
时刻	t	月	$t_0 \sim t_{end}$	初始 t_0
林龄	$t_{a(t)}$	年	$t_0 \sim t_{end}$	初始 13
河道面积	S_{w2}	km^2	—	默认 63.29
河道最大槽蓄高程	h_{wmax}	m	3.5	—
湖泊理论槽蓄量	V_{cm1}	万 m^3	>0	—
水闸所在网格横坐标	I	—	$\geqslant 0$	—
水闸所在网格纵坐标	J	—	$\geqslant 0$	—
地下水水位	H_s	m	$\geqslant 0$	—
日均降水强度	R_r	mm	$\geqslant 0$	—
地面温度	T（陆地）/T_w（水体）	℃	—	—
空气温度	T_a	℃	$\geqslant 0$	—
空气相对湿度	$H1.5(t)$	%	$\geqslant 0$	—
地表风速	V_u	m/s	—	—
日均净辐射	R_n	W/m^2	—	—
土地利用类型的面积	$S_n(n=1 \sim 5)$	km^2	—	默认 GNP 函数
1.5m 高处的风速	$u(t)$	m/s	—	—
湖泊面积	$S_{w1(t)}$	km^2	—	初始 1.72
淤积率	$V_{y(t)}$	—	—	-43.2%
槽蓄本底 COD 量	$COD_{(t-1)}$	t	—	初始 516.04
长江 COD 浓度	BC_{COD}	mg/L	—	默认 15
槽蓄本底 NH_3 量	$NH_{3(t-1)}$	t	—	初始 25.80
长江 NH_3 浓度	BC_{NH_3}	mg/L	—	默认 0.5
产业类型	j	—	1, 2, 3	—
叶面积指数	LAI	—	$>=0$	—

　　地形相关参数的空间化,如水体面积、水体深度等,可通过读取 DEM 或航片解译资料直接获得。而对于气温、降水、太阳辐射强度等点数据源参数,研究建立了基于驱动因子的参数空间化方法。图 7-4 展示了由土地利用结构驱动的气温参数的空间连续化转换过程。

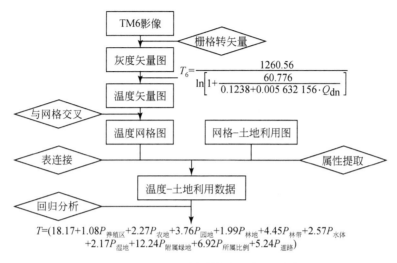

$$T_6 = \cfrac{1260.56}{\ln\left[1+\cfrac{60.776}{0.1238+0.005\,632\,156 \cdot Q_{dn}}\right]}$$

$$T=(18.17+1.08P_{养殖区}+2.27P_{农地}+3.76P_{园地}+1.99P_{林地}+4.45P_{林带}+2.57P_{水体}$$
$$+2.17P_{湿地}+12.24P_{附属绿地}+6.92P_{所属比例}+5.24P_{道路})$$

图 7-4　温度监测点数据的空间连续化

　　1) 基于 TM6 红外影像获取 1km² 网格的地表温度趋势面,并将温度值与 1km² 下各土地利用类型建立多元线性回归模型,由此得到土地利用类型与日均温度之间的趋势关系;

　　2) 根据监测点的气温监测表,建立监测点所在网格温度值与数据表的表连接;

　　3) 监测气象监测点所在网格的气温变化,根据其变化数量,等值浮动各空间网格的温度变化;若网格土地利用类型发生改变,则随即通过回归模型计算生成新的温度空间趋势面(图 7-5)。

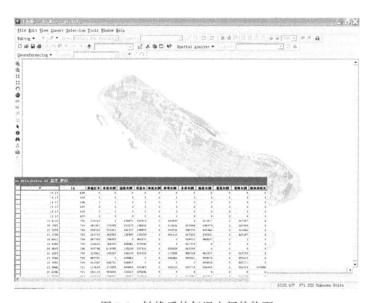

图 7-5　转换后的气温空间趋势面

7.4 数据发布平台

7.4.1 平台总体框架

崇明岛三维数据发布平台采用 B/S 模式，通过引入 Web 服务器完成终端与数据发布服务器的无缝链接，在浏览器环境下提供用户数据浏览、查询服务。该发布平台以 Skyline 软件为开发平台，通过二次开发的方式集成基础空间数据、专题数据、业务数据和三维场景，并实现三维场景的浏览、数据管理与分析等功能，使用户能够像使用 Google Earth 一样以三维形式查询和浏览已发布的各类专题数据。

发布平台由 3 层结构组成（图 7-6）。

1）数据层：利用地形数据融合软件（Skyline TerraBuilder）将遥感影像数据（2008年崇明三岛航空遥感影像，空间分辨率 0.25m）和高程数据（Skyline 提供的高程数据）融合成三维的场景，以数据流的方式读取经过高效处理压缩的地形文件（MPT），空间数据利用 ArcGIS server 以 WFS、WMS 提供二维数据服务。

2）支持层：通过 Web 服务和数据访问中间件等，为系统提供支持。

3）表现层：包括系统表现和业务操作，支撑各部门的业务查询。

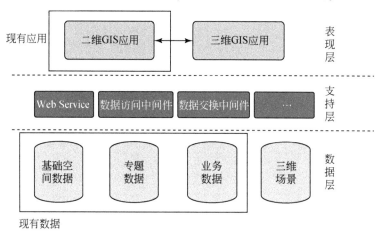

图 7-6 崇明岛三维数据发布平台系统构架

7.4.2 平台的功能

7.4.2.1 数据显示

用户可以加载查看本机或其他服务器中的矢量、栅格、三维模型等空间数据，如行政区划图、河流分布图、污染源分布图等，并且可以通过无线传输方式实时显示跟踪对象的位置（与 GPS 等定位设备连接）。

在加载的矢量数据中，不同要素类型或字段值可以通过不同符号，运用专题制图的功能区别显示。

7.4.2.2　三维浏览与操作

系统提供以下浏览与操作功能。

1）缩放：通过滚动鼠标滚轮方式自由缩放数字地球影像。

2）旋转：通过鼠标的拖拽动作，实现对影像地球任意角度、任意方向的旋转；通过鼠标的点按动作，实现对影像地球任意方向的平移。

3）回正：当影像地球处于任何倾斜状态时，回正功能能够实现对影像地球的水平及垂直方向的回正。

4）居中：通过鼠标双击影像地球上的某一兴趣点，使该兴趣点自动在视窗居中。

5）放大：通过鼠标点击放大级数，则系统会将鼠标点击处作为地图的中心点并放大固定的倍数。

6）缩小：通过鼠标点击缩小级数，则系统会将鼠标点击处作为地图的中心点并缩小固定的倍数。

7）全屏：隐藏页面上部分栏目，使三维显示窗口尺寸变大。

8）漫游：对地图进行连续的移动。漫游操作时光标变成手状状态，可以对地图进行移动操作。

9）平视：以当前观测点所在位置为经纬度坐标，将观测点海拔降到水平位置，将摄像头平视，实现人站在地面上观测的用户感受。

10）俯视：以当前观测位置为经纬度和高度坐标，将摄像头向下垂直，实现鸟瞰效果。

11）停止：取消前面的飞行动作，使三维场景静止处于当前状态。

12）截图：把当前三维场景以图片的格式输出。

13）坐标查看：查看某点的坐标位置。

用户还能设置观测路线、观测平台类型以及平台的运行方式，从而获得相应平台在沿着某条观测路线运动时周边三维景观的即时展示。

平台同时提供三维量测工具用于量测距离、高度、面积等（图 7-7）。

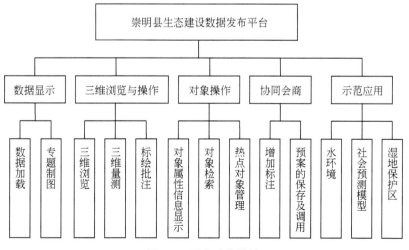

图 7-7　平台功能设计

7.4.2.3 对象操作

对象操作功能包括对象的属性信息显示、对象检索以及热点对象管理。

1）对象的属性信息显示是指利用属性显示工具点击某个对象，将显示该对象的属性信息；

2）对象检索是指能根据表达式或空间位置要求检索符合条件的对象，并快速定位该对象所在的位置。平台提供常用的数据检索，包括道路查询、河流查询、居民地查询。其中道路查询又分为路名－门牌查询、道路交叉查询；河流查询又分为河流名查询、河流交叉查询；居民地查询又分为乡镇查询、村查询等；

3）热点对象管理是指把一些感兴趣的热点对象分类加到树状书签中，以对这些对象进行快速定位，同时可以显示相关信息，包括文本、照片、视频以及移动车载的实景图像等信息。

7.4.2.4 协同会商

协同会商是指多个用户之间通过网络聊天在同一个三维场景中进行同步漫游，并支持实时的空间信息标注和备忘注记。在协同情景中，协同发起者拥有对协同界面操作的管理权限，可管理其他参与者的操作，分配场景的控制权。其他用户共享漫游发起者制定的飞行路径，可对三维场景进行标绘并反馈给发起者，从而便于发起者将方案汇总保存。

第8章　崇明岛生态建设决策支持系统的实现

生态岛建设决策支持系统作为决策支持软件平台，其实现过程将涉及一系列计算机程序开发、组件应用和数据库构建工作。根据崇明岛生态建设决策支持系统的总体框架和决策支持系统人机交互的一般需求，软件实现的主要内容包括以下4个方面。

（1）系统架构的实现

系统架构的实现，即是根据崇明岛生态建设决策支持系统总体结构（图3-2），通过程序脚本，对整个系统中模型库、数据库等组件以及相互之间调用接口类别、数量和相互关系进行设计与实现，从而为软件开发建立总体框架。

（2）系统模型库的实现

系统模型库的实现需要根据系统总体架构，分别将模拟体、合成体和评估体的数学模型表述为计算机代码，建立模块间的调用关系，从而为决策支持系统执行用户指令判别、数据读取、策略组合成、运算、数据储存或发送至人机界面等动作，提供逻辑规则和运算方法。

（3）空间数据库的实现

空间数据库的实现包括以下3个方面：其一，空间数据库需根据系统模型的输入—输出需求，实现对数据的分类存储；其二，实现来源、格式不同的多元数据的标准化，从而将不连续、非标准的数据转化为时空连续数据，驱动模型库的正常运行；其三，实现用户对空间数据库的访问、管理，从而为空间数据库和模型数据库的校正和更新提供操作入口。

（4）人机交互界面的实现

人机交互界面是系统中用户唯一可操作的窗体控件。其实现内容包括用人机友好的图形化界面，向用户递呈崇明岛生态建设决策支持系统的多级结构与功能；针对不同决策问题，提供策略变量和动作指令（运算、查询、储存等）的输入接口，从而使用户得以激活相应的系统模型库；通过灵活的更新窗口，向用户提供策略建议等结果。

针对以上系统实现内容，崇明岛生态建设决策支持系统的实现无疑需要满足以下要求。

1）具有适合复杂系统模型和交联决策变量的运算方法；

2）提供空间计算能力；

3）实现海量与多元化空间与非空间信息存储、管理与维护；

4）满足人机交互的直观性、高效性和易用性。

根据系统的需求，基于对系统业务需求的深入理解，并充分考虑系统服务对象的特殊性和系统维护的便捷性，系统功能模块紧紧围绕决策这个核心，力求功能合理、操作方便。因此，该系统采用面向对象程序设计思想，设计并开发了以数理统计模型和空间分析模型为基本工具模型、以生态专题模型为核心决策模型的崇明生态建设决策模型库，提供了包括崇明岛人口承载力、水资源供需、土地利用供需和植被供需等一系列生态问题的评估、模拟和预测的解决方案，采用三层架构，通过基于 ArcGIS Engine 组件库的二次开发，实现了生态岛建设决策支持系统的开发和调试工作。整个支持系统的程序实现过程如图8-1所示。

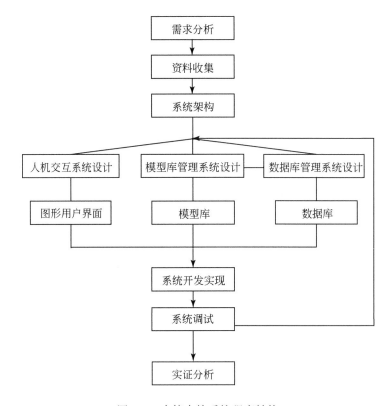

图 8-1　决策支持系统程序结构

8.1　系统整体架构的实现

8.1.1　采用面向对象的程序设计技术

面向对象思维就是基于对象概念，以对象为中心、以类和继承为构造机制来认识、理解、刻画客观世界并设计、构建相应的软件系统。在模型库的设计中采用面向对象的思想，可以使得模型更加便于维护。

1）类（class）和对象（object）。把一切事物都看成对象是面向对象编程的一个基本思想。模型库的设计也采用面向对象的思想，即将每一个模型当做一个实体，每个实体有自己的特征（属性）和行为（方法）。模型开发者可以随时添加或删除模型的属性和方法而不影响模型自身的结构，增强了模型的可维护性。

2）接口（interface）。接口是把隐含的公共方法和属性组合起来，以封装特定功能的一个集合。一旦定义了接口，就可以在类中实现它，这样，类就可以支持接口所制定的所有属性和成员。在模型库中应用接口技术，既可以对模型的功能起到一个约定的作用，又可以保证类的既有内容的稳定性和类的可扩充性。

3）继承（inheritance）。继承是面向对象思想中的一个重要内容。继承性可以从一个较一般的基类扩展或创建更多的特定类，子类可以继承父类的方法和属性，也可以重写以实现自己的要求，亦可以访问父类中的方法和属性。例如，建立一个特定的模型对象可以从一个标准的模型类中扩展得到，该模型继承了父类的所有方法，也可以重写父类中的方法，这样大大增加了代码的可重用性。

4）多态（polymorphism）。多态是指将类中的同一方法或函数可应用于许多不同的类，而每一个类都可以以其特有的方式来执行此方法。例如，模型的数据处理过程中要输入大量参数，但每个参数可能并非都是必需的，此时我们可以实现多种参数的重载方式，使模型使用者可以根据自己需要自行选择调用合适的模型。多态的应用亦可极大地增加模型类代码的可重用性和可维护性。

在 DSS 中，模型是一个可以独立解决决策问题的程序模块，具体解决的算法称为方法。可见，模型应该由两个部分组成，即具体实现的物理部分和描述功能的概念部分，模型间的通信可以通过它们之间的接口来实现，这完全符合面向对象方法。在 DSS 模型的设计和实现中，面向对象技术可充分发挥其自身的特点，使模型的实现更符合面向对象思维，进而提高系统的效率。

8.1.2　基于 GIS Engine 组件与 . Net 的开发环境

崇明生态岛建设涉及自然要素、经济要素和人文要素等多元要素的有机综合，而上述各个要素在空间上的发展极不平衡，因此系统引入了 GIS 技术作为处理空间分异问题的关键技术。基于 GIS 的软件工程开发通常分为 3 种模式：独立开发、宿主型二次开发和基于GIS 组件的二次开发。独立开发不依赖任何组件，从空间数据的采集、编辑到数据的处理分析及结果输出，所有的算法都由开发者独立设计，这种开发方式难度较大，开发周期也较长；宿主型二次开发基于 GIS 软件平台进行二次开发，如 ArcGIS 平台上的 VBA 定制开发。这种开发模式无法脱离 GIS 软件平台，且受 GIS 平台提供的编程语言限制；因此 GIS工具软件与当今可视化开发语言的集成二次开发方式就成为基于 GIS 的软件应用开发的主流。开发过程中，研究选择了 ESRI 的 ArcGIS Engine 组件库作为地图组件，进行空间支持功能的开发。ArcGIS Engine 是用于构建定制应用的一个完整的嵌入式 GIS 组件库，它可以为用户提供针对 GIS 解决方案的定制应用。利用 ArcGIS Engine，开发者可以将 ArcGIS 功能集成到一些应用软件中。ArcGIS Engine 可以同很多开发环境结合在一起进行开发，如. Net、VB、JAVA 等。ArcGIS Engine 还支持多种空间数据格式，可以与多种数据库建立连接，具有强大的空间分析和操作功能，因此它完全能够满足决策支持系统的应用开发需求。

本系统的可视化编程环境采用了微软的 .Net 平台，开发语言为 C#。.Net 平台为开发人员提供了一个全新的软件开发环境，将多种开发语言进行整合，开发人员可以在这个平台内选择自己熟悉的编程语言进行开发，如 C++、VB、JAVA、C#等。C#是微软专门为 .Net 框架设计的一门语言，它具有 C++ 的语法规则，又具有 VB 开发的便捷性，同时还是一种面向对象编程语言，使开发人员可以用面向对象的编程思想进行开发。由于系统采用 C/S 架构，涉及多用户同时访问或操作空间数据库，因此系统使用 ArcSDE 作为 GIS 组件与关系数据库之间的通信通道。ArcSDE 为 DBMS 提供了一个开放的接口，允许 ArcGIS 在多种数据库平台上管理地理信息。这些平台包括 Oracle、Oracle with Spatial/Locator、Microsoft SQL Server、IBM DB2 和 Informix。本系统采用 SQL server 2005 + ArcSDE 作为空间数据管理的解决方案。此外系统还采用了第三方控件 Infragistics，支持系统界面的设计，利用其大量 UI 组件提供更友好的用户界面。Infragistics 还提供了强大的图表控件，能够使系统的专题图表制作达到极佳的效果。

在 GIS engine 和 .Net 平台下，空间分析技术如克里金插值、反距离权重插值、趋势面插值等，可通过如下代码实现（以克里金插值为例）。

```
/**
 *名称：DoKriging
 *功能：克里金插值
 *输入参数：pFC：要素类；z：渲染字段；workDir：工作目录；outputName：输出
名称
 *输出参数：pGeoProcessor Result：操作结果

 */
public static IGeoProcessorResult DoKriging (IFeatureClass pFC, IField z, string workDir, string outputName)
{
    if (pFC = = null | | z = = null) return null;
    Geoprocessor gp = new Geoprocessor ();

    ESRI.ArcGIS.SpatialAnalystTools.Kriging kriging = new
    ESRI.ArcGIS.SpatialAnalystTools. Kriging ();
    kriging.in_ point_ features = pFC;
    kriging.z_ field = z;
    kriging.semiVariogram_ props = " SPHERICAL";
    IWorkspaceFactory pWorkspaceFactory = new RasterWorkspaceFactoryClass ();
    IRasterWorkspace pRasterWorkspace = pWorkspaceFactory.OpenFromFile (workDir, 0) as IRasterWorkspace;
```

```
IWorkspace pWorkspace = null;
pWorkspace = pRasterWorkspace as IWorkspace;
IEnumDatasetName pEnumDatasetName = null;
pEnumDatasetName = pWorkspace.get_ DatasetNames ( (esriDataset-
Type) 12);
IDatasetName pDatasetName = null;
pDatasetName = pEnumDatasetName.Next ();
int rasterCount = 1;

while (pDatasetName ! = null)
{
    if (pDatasetName.Name.Equals (outputName, StringComparison. Or-
dinalIgnoreCase))
    {
        outputName + = Convert.ToString (rasterCount);
        rasterCount + +;
        pEnumDatasetName.Reset ();
        pDatasetName = pEnumDatasetName.Next ();
        continue;
    }
    pDatasetName = pEnumDatasetName.Next ();
}
kriging.out_ surface_ raster = workDir + @ " \" + outputName;
IGeoProcessorResult pGeoProcessorResult;
pGeoProcessorResult = gp.Execute (kriging, null) as IGeoProces-
sorResult;
Application.DoEvents ();
ComReleaser.ReleaseCOMObject (gp);
return pGeoProcessorResult;
}
```

8.1.3　组件对象模型和.Net 的互操作关系

组件对象模型提供了一种客户/服务器标准,已经广泛应用于操作系统和应用程序中。但由于 COM 组件的开发、维护和使用都比较困难,以及其自身存在的 DLL HELL 问题,对系统的稳定性影响已经日益严重,因此微软在.Net 平台下提出了程序集(Assembly)的解决方案,组件的销毁由.Net Framework 负责,极大地简化了组件的开发过程。.Net 是不能直接对 COM 进行访问的,所以在一段时间内在项目中采用托管和非托管混合编程来实现.Net 和 COM 的互操作是必要的。

.Net 平台通过 COM Interop 技术来实现与 COM 的互操作。为了向后兼容，COM Interop 提供了不需要改变组件代码即可实现对.Net 和 COM 进行互操作的方法。这一过程可以通过 COM Interop 提供的类型库导入工具导入相关的 COM 类型到.Net 当中。COM Interop 同样提供了向前兼容以实现 COM 的用户访问托管代码，可以实现从程序集中导出元数据到类型库并且像传统 COM 组件一样注册托管组件。无论是导出还是导入工具处理的结果都与 COM 规范一致。根据需要，CLR 亦可在 COM 对象和托管代码之间列集数据。

为了实现 COM 与.Net 之间的相互调用，.Net 提供了两个包装类：运行时可调用包装（RCW）和 COM（CCW）可调用包装，每当一个.Net 用户调用一个 COM 对象时都会创建一个 RCW 对象，相反，当 COM 用户调用.Net 对象时都会产生一个 CCW。

RCW 的主要功能如下。

1）包装了 COM 组件的方法，并内部实现对 COM 组件的调用；

2）列集.Net 用户和 COM 之间的调用，列集的对象包括方法返回值等；

3）CLR 为每个 COM 对象创建一个 RCW，每个 COM 对象有且只有一个 RCW；

4）RCW 包含 COM 对象的接口指针，并管理 COM 对象的引用计数。

CCW 的主要功能如下。

1）CCW 实际上是 runtime 生成的一个运行时组件（图 8-2），它在注册表注册，有 CLSID 和 IID，实现了接口，内部包含对.Net 对象的调用；

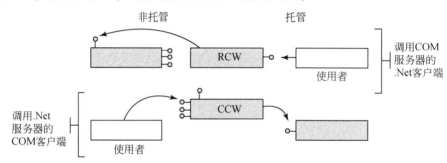

图 8-2　组件对象模型和.Net 的互操作关系框架

2）列集.Net 对象和 COM 用户之间的调用。

COM 用户以指针的方式调用 CCW，所以 CCW 分配在 non-collected 堆上，不受 runtime 管理。作为一类 COM 组件，CCW 具有计数规则，可在计数为 0 时释放对.Net 对象的调用，并释放自己的内存空间。

主互操作程序集（primary interop assemblies，PIAs）是 COM 组件在.Net 下运行的互操作程序集。PIAs 暴露 COM 组件中的所有类、接口和常量。作为.Net 的托管类，ESRI 为所有的 ArcObjects 类型库提供了 PIAs，ArcGIS 的.Net 开发人员只能使用这些安装在 GAC（global assembly cache）下的 PIAs（图 8-3）。

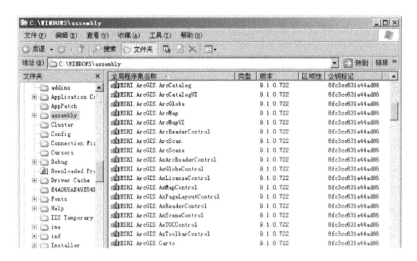

图 8-3 ESRI 提供的 PIAs

8.1.4 实例模式与多线程人机交互技术

单例模式（singleton pattern）要求一个类仅有一个实例，并且需要提供一个全局的访问点。而客户端在调用模型组时，很可能同时申请多个类的实例化操作，所以我们在设计类的实例化方式时就应该考虑到这个问题。

本系统从用户输入参数到运算结果展示都要应用到大量的窗体，因此，为减少实例化过程的计算量，系统窗体的创建统一采用了 Singleton 模式，具体代码如下。

```
public partial class WaterSluiceFrm : Form
{
    //静态私有变量 waterSluiceFrm，用于存放已创建的实例
    private static WaterSluiceFrm waterSluiceFrm;
    public static WaterSluiceFrm CreateForm()
    {
        //判断实例是否存在，如不存在则实例化，如存在则用已存在的实例
        if (waterSluiceFrm = = null)
        {
            waterSluiceFrm = new WaterSluiceFrm();
            return waterSluiceFrm;
        }
        else
        {
            return waterSluiceFrm;
        }
    }
```

......

}

这种实现方式并非是线程安全的，因为可能存在多个线程同时判断 waterSluiceFrm 是否为空，如果返回的结果都为真，就会在多个线程内同时产生多个 WaterSluiceFrm 实例，从而违背 Singleton 模式的原则。在上述代码中，也有可能在计算（waterSluiceFrm = null）表达式的值之前，对象实例便已经被创建，但是内存模型无法保证对象实例在第二个线程创建之前被发现。但在本系统中，窗体本身是允许多个线程同时访问的，因此我们此处只考虑 Singleton 模式的简单应用，即应用于单个线程。

在单例窗体基础上，多线程技术被用以提高系统运行效率。进程是应用程序的执行实例，每个进程是由私有的虚拟地址空间、代码、数据和其他系统资源组成的。线程表示计算机执行的指令序列，相当于一个子程序。操作系统给每个线程分配不同的时间片，使其在某个时刻只能执行一个时间片内的线程，从而使 CPU 内的多个时间片的线程轮流执行，由于时间片很短，对于用户来说，就好像是各个线程是并发处理一样。多线程是为了使得多个线程并行工作以完成多个任务，提高系统的效率。

本系统由于在决策过程中要运行很多后台模型，需要耗费大量的操作系统资源进行运算，如果采用单线程，可能会造成运算时用户界面无法操作，造成不良的用户体验。因此系统启动两个线程：一个是后台线程，用于执行模型运算；另一个是 UI 线程，这样便保证了后台执行运算时不影响用户界面操作。一个最典型的应用是进度条的使用，当后台运算进行时，用户界面显示进度条，使用户掌握系统的运行进度。创建新线程的主要代码如下。

```
//首先创建代理，以传递给新线程入口方法信息
ThreadStart entryPoint = new ThreadStart (ChangeProgressBar);
//创建一个新的线程
Thread progressThread = new Thread (entryPoint);
progressThread. Name = "progressThread";
//开始运行线程
progressThread. Start();

public void ChangeProgressBar ()
{
    //进度条变化的代码
    ......
}
```

8.2　系统模型库的实现

决策支持系统模型库是计算机决策反馈的核心部分，是由"模拟体—评估体—合成体"组成的三体系统，提供模拟运算、选择分析和比较整个问题等关键技术。它包括一系

列支持不同层次的决策活动的基本模型，其中一些为支持频繁操作的单一模型，还有一些是多个单一模型组合而成的复杂模型。在本系统中，一个生态专题问题的决策过程被设计为一系列单一模型组合运算完成。为了方便地进行存储、查询和使用模型，本系统根据崇明生态建设决策的应用需求，将模型分为数理统计模型、空间分析模型和生态专题模型。生态专题模型针对各个决策问题对子模型进行区别构建，同时子模型之间相互调用。数理统计模型为生态专题模型提供通用的基础的数学模型，空间分析模型为生态专题模型的运算结果提供空间处理和地图展示的基本方法。数理统计模型和空间分析模型是模型库中的基本单元，是整个生态模型库的基本功能模块，提供与业务无关的通用 API。各种模型的有机组合，构成了支持崇明生态建设决策的模型库。

8.2.1 三层架构的实现

软件技术发展到今天已经存在多种系统架构方式。早期计算机软件没有架构的概念，随着软件行业的发展，软件开发者开始思考怎样构建具有可维护性、可移植性、可复用性的软件系统，因此软件架构开始受到重视。软件系统架构经历了单层、两层和三层阶段，如今在三层架构的基础上已开始向多层架构方向发展。单层架构将用户界面、业务功能及数据混杂在一起；到两层架构阶段，业务界面从单层架构中独立出来，但是业务功能和数据混杂在一起；到三层架构阶段，已经形成了表现层、业务层和数据层。本系统从数据存储和数据的系统表现之间的关系以及开发效率等方面考虑，定义了一个三层的客户端/服务器(C/S)体系结构，分别为数据层、业务逻辑层和表现层。具体调用关系是表现层调用业务逻辑层，业务逻辑层通过数据层和数据库进行交互操作。

8.2.1.1 数据层类

数据层类将数据库的访问操作封装起来，是连接业务逻辑层和数据库进行交互的中间桥梁。数据层类将 ADO. NET 的相关类封装起来，如 DataReader、DataSet、SqlCommand、DataAdapter 等，构建一个适合本系统应用的数据访问类。下面给出数据层类的部分代码。

```
public class SDEConnection
{
    public IPropertySet GetSDEProperty (string instance, string user,
    string password, string database, string version)
    {
        IPropertySet properSet = new PropertySetClass ();
        properSet. SetProperty ("INSTANCE", instance);
        //SDE 用户名
        properSet. SetProperty ("USER", user);
        //sde 密码
        properSet. SetProperty ("PASSWORD", password);
```

```
//设置数据库的名称
properSet.SetProperty ("DATABASE", database);
//设置数据库的版本
properSet.SetProperty ("VERSION", version);
return properSet;
}

public IPropertySet GetSDEProperty (string instance, string user,
string password, string database)
{

    return GetSDEProperty (instance, user, password, database,
"SDE.DEFAULT");
}

public IPropertySet GetSDEProperty (string user, string password,
string database)
{

    return GetSDEProperty ("sde: sqlserver: yubiao", user, pass-
    word, database, "SDE.DEFAULT");
}

}
```

8.2.1.2　业务逻辑层类

业务逻辑层类是从业务的角度对数据层提取的数据进行操作，是针对具体问题对业务数据的进一步处理。系统将部分业务实体封装成了类并将用户的输入数据定义为类的属性，而将业务逻辑的方法和流程等内容单独封装为业务逻辑处理类，负责对业务实体类进行调用操作。下面给出业务实体类和业务逻辑处理类的部分代码。

```
public class Evaporation
{
    /*属性*/
    //第 LanduseType 种土地利用类型，值域是1，2，3，4，5
    public int LanduseType
    {
        get
        {
            if (landusetype == 0)
            {
                landusetype = 1;
            }
            return landusetype;
```

```
        }
        set
        {
            landusetype = value;
        }
    }
    // 空气相对湿度 ** 没有默认值
    public double [ ] H15
    {
        get
        {
            if (h15 = = null)
            {
                h15 = new double [13];
            }
            return h15;
        }
        set
        {
            h15 = value;
        }
    }
    ......
}


public double [ ] GetU (IndustrialWater NewIndustrialWater, Life-
Water NewLifeWater, EcologyWater NewEcologyWater, double pop,
double gnp, double [ ] indj, double [ ] gnpi, int dt, double gnpu,
double urb)
{
    double [ ] u = new double [13];
    double ui = 0;
    double ul = 0;
    double [ ] ue = new double [13];
    ui = NewIndustrialWater.GetUI ( pop, gnp, indj, gnpi,
dt) /10000d;
    ul = NewLifeWater.GetUL (pop, gnpu, urb, dt);
    ue = NewEcologyWater.GetUE (b);
```

```
for ( int i = 1; i < 13; i + + )
{
    u [ i ] = Math.Max ( ui + ul, ue [ i ]);
}
return u;
}
```

8.2.1.3　表现层类

本系统的表现层主要由 . Net 中的 Windows Form 和一些用户控件构成。表现层只负责接收用户输入信息以及显示结果数据，因此 Windows Form 中的代码主要是根据用户输入的数据做好参数准备，以调用业务逻辑层中的类进行逻辑处理，并接受业务逻辑层处理后的返回结果，结合一系列用户控件进行结果展示。表现层中不包含业务逻辑内容，以达到业务和表现的独立。

8.2.2　基础数学模型库的实现

基础数学模型库中主要包括基础统计（Statistics）类、插值（Interpolation）类、矩阵（Matrix）类、线性代数方程组的求解（LEquations）类、非线性方程与方程组的求解（NLEquations）类、数值积分（Integral）类、相关分析（CorrelationAnalysis）类、回归分析（Regression）类等数据统计方法、数值计算方法和数学评价模型的类实现（图 8-4）。基础数学模型库是一个可扩充库，随时可以将需要的数据模型添加进来。

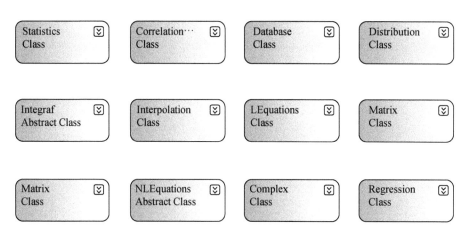

图 8-4　基础数据模型类图

图 8-5 和图 8-6 给出了部分类的结构图。基础数学模型依据具体数学原形的不同，被封装为具有不同性质和组织方式的类库。类库的外部接口被分别设计，从而支持生态专题模型多元化的计算需求。

图 8-5　基础数据模型类结构图（a）

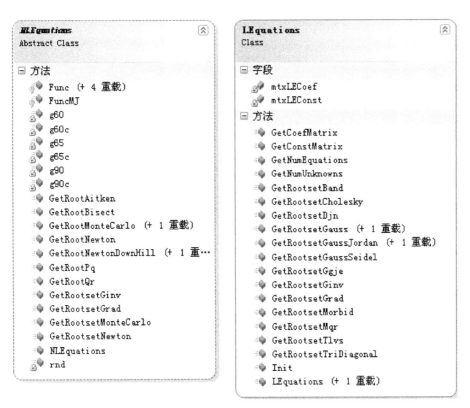

图 8-6　基础数据模型类结构图（b）

8.2.3　空间支持模型库的实现

空间支持模型库的实现主要需要支持地图渲染、地图编辑、空间插值等功能。该模型库的开发主要基于 ESRI 的 AO 组件，将常用的地图显示和地图处理的模型组织分类，编入模型库，从而支持应用模型中的空间显示和处理功能。

空间支持模型库包括空间差值（Interpolation）类、空间对象操作（ObjectClass）类、地图渲染（Rendering）类、工作空间相关操作（WorkspaceModel）类（图 8-7）。

图 8-7 空间插值模型类和地图渲染模型类结构图

空间插值（Interpolation）类实现了反距离加权插值方法 DoIDW、克里金插值方法 DoKriging、邻近插值方法 DoNaturalNeighbor、样条插值方法 DoSpline、趋势面插值方法 DoTrend。

地图渲染（Rendering）类主要实现了地图的分类渲染 SimpleRendering 和 GraduatedRendering、单一值渲染 UniqueValueRendering、饼状图专题图和柱状图专题图 ChartRendering。

空间分析模型的运行依赖特定的空间数据模型，根据决策内容的需要，采用了崇明岛 1km×1km 的矢量网格，用以计算和展现系统各项决策内容在岛域上的空间分异状况。网格数据存储在 SQL Server 数据库中，由 ArcSDE 进行管理；模型对数据的操作通过直接调用 ArcSDE 提供的数据操作接口来实现。

8.2.4 模型管理系统的开发实施

模型描述的是一个相当复杂的实体，它涉及许多不同的参数以及这些参数之间的复杂关系。模型管理系统拓宽了模型的适用范围，从而使决策者能方便地使用模型；同时它还要为决策者提供将现实问题抽象成模型的工具。它是联系决策问题、数据和模型的桥梁。

模型管理系统的主要功能就是对模型库的管理，这一功能可通过模型管理工具来实现。本系统的模型管理工具的开发也采用了面向对象技术，以类为基础，实现了对程序调用过程的合理组织。模型管理分为模型的动态管理和静态管理。模型的静态管理包括模型的添加、删除、修改、查询等功能，模型的动态管理包括模型的调用和组合功能。下面详细阐述以上功能的实现过程。

模型的管理主要通过模型控制（ModelControl）类和数据访问（SqlClass）类两个类实现。类结构图如图 8-8 所示。

8.2.4.1 模型查询

系统提供多种方式的查询功能，如按模型名称查询、按模型类型查询、按模型的功能

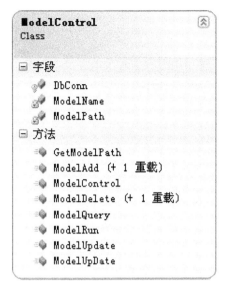 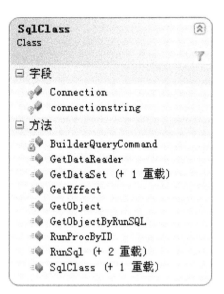

图 8-8　模型控制类和数据访问类结构图

查询以及多方式组合查询等，用户可以根据个人需要按照不同的方式查询。该过程类似于数据库的查询操作。

模型查询的实现方法是 public int ModelQuery。下面是模型查询方法的实现代码。

```
/*
*名称：ModelQuery
*功能：模型查询
*输入参数：string SqlExp-模型查询 SQL 语句
*输出参数：SqlDataReader 返回查询结构集
*描述：通过传入查询 SQL 语句实现模型查询
*说明：DbConn 是 SqlClass 类的一个实例，是 ModelControl 的一个私有属性
*/
public SqlDataReader ModelQuery (string SqlExp)
{
  return this.DbConn.RunSql (SqlExp);
}
```

8.2.4.2　模型添加

模型添加包括两个方面的内容：一是添加逻辑模型不存在但物理模型存在的模型，即模型字典中不存在该模型的信息，但该模型的基本文件具备（如源程序文件、目标程序文件及说明文件等）；二是添加逻辑模型和物理模型均存在，如新开发的模型，这需要开发新模型、编写模型源代码、编译模型、生成相关源程序文件、目标程序文件及说明文件等，或者组合已有模型生成新的模型。

模型添加的实现方法是基于多态的 public int ModelAdd，主要源代码如下。

```
/*
 *名称：ModelAdd
 *功能：模型添加
 *输入参数：string SqlExp - 模型添加 SQL 语句
 *输出参数：int 方法返回操作影响的字典库中对应表的行数
 *描述：通过传入模型添加 SQL 语句实现模型添加
 */
public int ModelAdd (string SqlExp)
{
    int outRow =this.DbConn. RunSql (SqlExp, out outRow);
    return outRow;
}
/*
 * 名称：ModelAdd
 * 功能：模型添加
 * 输入参数：string Table - 模型要存入的模型字典库中模型表名称, string
[,] FieldValue - 传入模型具体属性名和对应的属性值数值
 * 输出参数：int 方法返回操作影响的字典库中对应表的行数
 * 描述：通过传入模型属性值实现模型添加
 */
public int ModelAdd (string Table, string [,] FieldValue)
{
    string sqlAdd = " insert into " + Table;
    string [] sqlFieldName = new string [2];
    string tmp = "";
for (int j = 0; j < FieldValue.GetLength (1); j + +)
{
    if (j < FieldValue.GetLength (1) -1)
        tmp = ",";
    else tmp = "";

    sqlFieldName [0] + = FieldValue [0, j] + tmp;
}
for (int j = 0; j < FieldValue.GetLength (1); j + +)
{
    if (j < FieldValue.GetLength (1) -1)
        tmp = ",";
    else tmp = "";
```

```
sqlFieldName [1] + = "'" +FieldValue[1, j] +"'" +tmp;

}
sqlAdd = sqlAdd + " ( " + sqlFieldName [0] + ") values ( " +
sqlFieldName [1] + ")";
int outRow = this.DbConn.RunSql (sqlAdd, out outRow);
return outRow;
}
```

8.2.4.3 模型修改

模型修改也包括两个方面的内容：一是对模型字典中模型基本信息的修改；二是对于模型的源程序文件和目标程序文件的修改。前者可以通过访问模型字典库直接修改，并对修改的内容加以保存更新；而后者则需要开发人员在相应的开发环境中进行修改。

模型修改的实现方法是 public int ModelUpdate，其代码如下。

```
/*
名称：ModelUpdate
功能：模型更新
输入参数：string SqlExp –模型更新 SQL 语句
输出参数：int 方法返回操作影响的字典库中对应表的行数
描述：通过传入模型添加 SQL 语句实现模型更新
*/
public int ModelUpdate (string SqlExp)
{
    int outRow = this.DbConn.RunSql (SqlExp, out outRow);
    return outRow;
}
/*
名称：ModelUpdate
* 功能：模型更新
* 输入参数：string Table – 要更新的模型在模型字典库中模型表的名称，
string [,] FieldValue – 传入模型具体属性名和对应的属性值数值，string
Where –传入更新模型的条件 SQL 语句
* 输出参数：int 方法返回操作影响的字典库中对应表的行数
* 描述：通过传入模型条件 SQL 语句实现模型更新
*/
public int ModelUpDate (string Table, string [,] FieldValue,
string Where)
```

```
{
    string sqlUpdate = " update " + Table;
    string sqlContent = " set ";
    string tmp = "";

    for (int j = 0; j < FieldValue.GetLength (1); j++)
    {
        if (j < FieldValue.GetLength (1) -1)
            tmp = ",";
        else tmp = "";
        sqlContent += FieldValue [0, j] + " = " + FieldValue [1,
        j] + "'" + tmp;
    }
    sqlUpdate += sqlContent + " where " + Where;
    int outRow = this.DbConn.RunSql (sqlUpdate, out outRow);
    return outRow;
    }
```

8.2.4.4 模型删除

模型删除是指对模型、模型字典、模型文件的删除操作，其包括两个方面的内容：一是逻辑删除，即只删除模型字典中的该模型记录，而保留相应的模型文件组信息，之后若要重新添加该模型，只需要将该模型的基本信息直接录入模型字典即可；二是物理删除，它是要将模型字典中该模型的记录和相应的模型文件组的信息一并删除，若要重新添加该模型，则需要再次创建模型的文件组信息，因此，用户在进行此操作时应慎重考虑，以免造成不必要的损失。

具体设计思路是：首先选择欲删除的模型，确定删除模型的删除信息，然后根据提示，确定是做逻辑删除还是物理删除，如果是逻辑删除，则先到字典库中查找该模型记录并删除；如果是物理删除，则要先根据字典库中该模型的保存路径，将该模型的文件删除，然后再执行逻辑删除操作。

模型删除的实现方法是 public int ModelDelete，其代码如下。

```
/*
*名称：ModelDelete
*功能：模型删除
*输入参数：string SqlExp-模型删除 SQL 语句
*输出参数：int 方法返回操作影响的字典库中对应表的行数
*描述：通过传入模型添加 SQL 语句实现模型删除
*/
public int ModelDelete (string SqlExp)
```

```
    {
        int outRow = this.DbConn.RunSql (SqlExp, out outRow);
        return outRow;
    }
    /*
     * 名称：ModelDelete
     * 功能：模型删除
     * 输入参数：string Table-要删除的模型在模型字典库中模型表的名称,
string Where-传入删除模型的条件 SQL 语句
     * 输出参数：int 方法返回操作影响的字典库中对应表的行数
     * 描述：通过传入模型条件 SQL 语句实现模型删除
     * /
    public int ModelDelete (string Table, string Where)
    {
        string sqlDelete = " delete from " + Table;
        sqlDelete + = " where " + Where;
        int outRow = this.DbConn.RunSql (sqlDelete, out outRow);
        return outRow;
    }
```

8.2.4.5　模型运行调用

本系统中的模型目标程序有两种形式：EXE（可执行文件）和 DLL（动态链接库）。因此模型的运行调用过程也分为两种。可执行文件的调用是通过 public void ModelRun（string modelName）方法来实现的，关键代码如下。

```
    /*
     *名称：ModelRun
     *功能：模型运行
     *输入参数：string modelName – 模型名称
     *输出参数：无
     *描述：通过传入模型名称实现可执行文件的模型运行
     * /
    public void ModelRun (string modelName)
    {
        System.Diagnostics.ProcessStartInfo Info = new
System.Diagnostics.ProcessStartInfo ();
        Info.FileName = this.GetModelPath (this.ModelName);
        System.Diagnostics.Process Proc;
        try
```

```
    }
    Proc = System. Diagnostics. Process. Start (Info);
    }
catch (System. ComponentModel. Win32Exception e)
    {
    return;
    }
    }
```

动态链接库的调用，最重要的就是实现与宿主程序之间的通信。多数空间支持模型的目标文件是以动态链接库的形式存在。本系统的空间支持模型是基于 ArcGIS Engine 开发的；根据 ArcGIS 定义的一系列接口，OnCreate 方法对于实现 ICommand 过程尤为重要：当命令按钮初始化时，此方法被调用并传回一个指向应用程序（Application）的 hook 对象，只要实现 hook 所在类的实例化，就可以实现组件与宿主程序之间的通信。此外，模型的运行还可通过调用 ICommand 接口中的 OnClick 方法来实现。

8.2.4.6 模型组合

模型库管理系统通过基本模型的组合来反映决策问题的集成。为了协助用户快速、有效地组合基础模型，我们在模型库管理系统中提供一个模型的组合接口。用户在创建新模型时，可以根据自己的需要选择已有的基础模型，利用组合接口，将指定的模型按照一定的结构形式进行组合，创建新的模型。

模型的组合有多种形式，用逻辑形式表示为以下几种：①模型间的关系为"与"（and）关系，如"模型 1 and 模型 2"；②模型间的关系为"或"（or）关系，如"模型 3 or 模型 4"；③模型间的关系为组合"闭包"（and丨or）关系，如"模型 1 and 模型 2"或（or）"模型 3 and 模型 4"。

组合语句、子程序和模型的结构形式包括顺序、选择、循环三种。模型的"与"（and）关系采用程序的顺序结构；模型的"或"（or）关系采用程序的选择结构；模型的"闭包"（and丨or）关系采用程序的循环结构。把模型的三种组合关系用程序的三种结构形式来组织并相互嵌套组合，就可以生成复杂的决策问题的程序形式。

8.2.5 生态专题模型库的实现

生态专题模型库是本书模型库设计的核心内容，是根据决策者和崇明生态发展的需要，以重大生态问题为依据来构建的关键模型库。生态专题模型库采用嵌套结构的对应决策问题的多尺度性和多层次性，是由一系列针对较小尺度决策问题的模型组耦合而成的复杂系统。在某一尺度上，每一个模型都是一个综合的、复杂的模型，每个模型对应着若干个小的决策问题；而每个小的决策问题可能通过一个单独的模型或者通过多个单独模型的相互组合进行求解。

根据特定决策问题，生态专题模型库主要包括人口模型、水资源模型、土地资源模型、植被资源模型共四大类生态决策模型（图 8-9）。生态专题模型库将模型设计成如下类：人口模型类 peopleFunc、水面蒸发模型类 Evaporation、土壤饱和持水模型类 Landuse-Saturation、土地灌溉模型类 LanduseIrrigation、土地利用类型降水模型类 LanduseRain、水面降水模型类 WaterSurfaceRain、土地利用类型持水模型类 LanduseImpoundment、陆地产流模型类 RunoffGeneration、总用水模型类 WaterConsumption、生态用水模型类 EcologyWater、生活用水模型类 LifeWater、总输出水模型类 WaterOutput、水源淤积率模型类 Siltation、引潮排水模型类 WaterDivert、工业用水模型类 IndustrialWater、最大有效槽蓄量模型类 MaxImpoundment、总槽蓄量模型类 Impoundment、输入水量模型类 WaterInput、水域面积模型类 WaterArea、土地利用面积模型类 LanduseArea 等。当输入参数被调入入口函数后，入口函数便相继实例化并调用上述模型类中的相应模型，完成各个生态专题问题的决策（图 8-10）。

图 8-9　生态专题模型库功能类

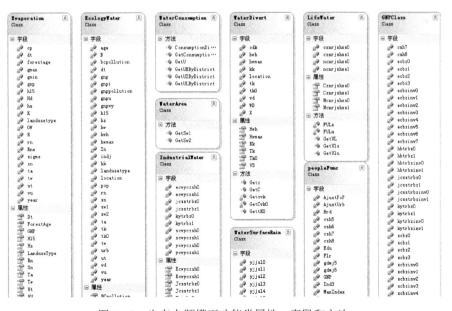

图 8-10　生态专题模型功能类属性、字段和方法

每个生态专题模型都有其自身的特殊性，下面以人口模型的实现为例探讨生态专题模型的建模实现过程。人口模型主要的决策问题有可承载总人口、可承载人口区域分布、人口年龄结构、人口素质结构。人口模型控制变量选择：人均 GDP（GNP）、耕地面积比例（Flr）、城市化水平（Urb）、教育投入（Edu）、三产比例（Ind3）、自然出生率（Brd）。其中，GNP 是必要变量，耕地面积比例（Flr）、城市化水平（Urb）、教育投入（Edu）、三产比例（Ind3）、自然出生率（Brd）是控制变量。如下是人口模型类的结构图和类实现的关键代码（图 8-11）。

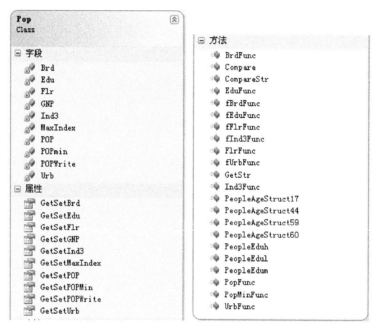

图 8-11　人口模型类结构图

8.2.6　模型字典库的设计开发

随着模型管理的规范化和模型的抽象化程度的提高，模型的特征描述（称为逻辑模型）逐渐与实际的模型文件（称为物理模型）分离开来，可以直接使用模型字典记录模型特征。模型库管理系统通过模型字典实现对模型资源的有效管理。模型字典用来存放模型的描述信息和有关模型数据和算法的存取方法的说明。模型的描述信息主要包括模型的功能、用途、模型的框图和文字说明、建立和修改模型的作者及时间等内容，可为用户和系统人员查询模型时使用。有关模型数据和算法存取的说明主要是说明模型的变量数、存放位置等，以及模型使用的算法程序及其在模型库中的位置，以满足模型运行时自动存取数据和调用算法的需要。此外，模型字典还可以用来存放辅助用户学习使用模型的信息，如模型的结构、性能、求解技术、输入输出的含义以及模型的可靠性等。

本系统通过设计和建立关系数据库形式的模型字典对各种模型元数据和相关文件进行有效的组织和管理。由于本系统层次关系比较复杂，拥有较大数量的 GIS 模型，数据量也将不断扩充，因此必须考虑数据管理的有效性和数据搜索的效率，所以系统采用 Microsoft 公司的 SQL Server 2005 为数据库开发平台，其数据库服务器适用于大中型数据库管理，其功能技术已经比较成熟稳定，是市场上大中型数据库解决方案的首选平台。

下面是模型字典库设计的主要表结构（表8-1～表8-3）。

表8-1 模型基本信息表（Model_ Info）

列名	中文注释	类型	最大长度	可否为空	是否主键	是否外键	备注
ID	模型标识码	Char	9	N	Y	Y	主键
name	模型名称	Char	15	N	N	N	—
inputNum	输入参数个数	Int	—	N	N	N	见输入表
outputNum	输出参数个数	Int	—	N	N	N	见输出表
description	模型功能描述	nVarChar	50	Y	N	N	—
fileName	模型文件名	Char	15	N	N	N	—
filePath	模型文件路径	nVarChar	50	N	N	N	—
fileType	模型文件类型	Char	5	N	N	N	—
modelType	模型类别	nVarChar	20	N	N	N	—
useMethod	建模方法集	nVarChar	30	N	N	N	—
time	模型生成时间	Time	—	Y	N	N	—
memo	备注	nVarChar	50	Y	N	N	—

表8-2 模型输入参数表

列名	中文注释	类型	最大长度	可否为空	是否主键	是否外键	备注
ID	参数标识码	Char	9	N	Y	Y	主键
name	参数名称	Char	15	N	N	N	—
modelID	模型标识码	Char	9	N	N	Y	外键
modelName	模型名称	Char	15	N	N	N	—
type	参数类型	nVarChar	20	N	N	N	—
value	参数值	nVarChar	20	Y	N	N	—
defaultValue	参数默认值	nVarChar	20	Y	N	N	—
minValue	取值下限	nVarChar	20	Y	N	N	—
maxValue	取值上限	nVarChar	20	Y	N	N	—
isMust	是否必输参数	bool	—	N	N	N	—
description	参数描述	Char	50	Y	N	N	—
memo	备注	nVarChar	50	Y	N	N	—

表 8-3　模型输出参数表

列名	中文注释	类型	最大长度	可否为空	是否主键	是否外键	备注
ID	参数标识码	Char	9	N	Y	Y	主键
name	参数名称	Char	15	N	N	N	—
modelID	模型标识码	Char	9	N	N	Y	外键
modelName	模型名称	Char	15	N	N	N	—
type	参数类型	nVarChar	20	N	N	N	—
minValue	取值下限	nVarChar	20	Y	N	N	—
maxValue	取值上限	nVarChar	20	Y	N	N	—
description	参数描述	Char	50	Y	N	N	—
memo	备注	nVarChar	50	Y	N	N	—

　　本系统主要采用 SQL 开发字典库，并采用批处理方式，将字典库源代码组织成一个批处理文件，便于快速构建模型字典库。字典库开发的详细信息可见附录 1 模型字典库源程序。

8.3　基于 Arc SDE & SQL 的空间数据库的实现

　　根据数据库结构设计，数据库系统主要由数据库及其管理系统——数据库管理系统构成。根据数据格式，在本系统中包括非空间数据和空间数据。非空间数据库主要解决的问题是和空间性关系不是十分密切的数据存储、更新及计算，包括空间数据中的属性数据；空间数据库主要解决各种空间数据（矢量数据以及栅格数据）的存储、更新及计算。决策支持系统结构、模型库工作方式以及决策交互过程要求下，系统数据库不仅需要支持对数据源——包括空间与非空间属性数据的统一管理、查询、修改和更新，还需满足系统运行过程中与临时数据表的交互读写、即时更新和与程序平台以及 AO 组件等的多方调用功能。在传统的 Geodatabase 空间数据库的基础上，本系统采用 SQL 与 Arc SDE 联用，作为海量数据库的管理、功能定制模块（图 8-12）。

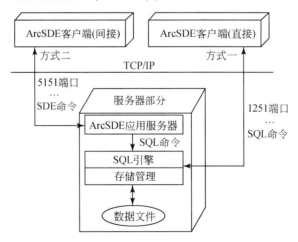

图 8-12　SQL 与 Arc SDE 联用架构

SQL Server 2000 是 Microsoft 公司推出的适用于大型网络环境的数据库产品。它具有良好的安全性、可维护性与易操作性。SQL Server 2000 共提供了 4 种基本的服务类型，即 SQL Server、代理服务（SQL Server Agent）、分布式事务协调器（distributed transaction co-ordinator，DTC）和全文检索服务（Microsoft Search），不同的服务完成不同的功能。SQL Server 直接管理和维护数据库，负责处理所有来自客户端的 Transact-SQL（SQL Server 使用的数据库语言）语句并管理服务器上构成数据库的所有文件，同时还负责处理存储过程，并将执行结果返回给客户端；代理服务能够根据系统管理员预先设定好的计划自动执行相应的功能，同时它还能对系统管理员设定好的错误等特定事件自动报警，并把系统存在的各种问题发送给指定的用户；分布式处理协调器的存在使客户可以在一个事务中访问不同服务器上的数据库；全文检索服务能够对字符数据进行检索。

ArcSDE 属于中间件技术，其本身并不能够存储空间数据，它的作用可以理解为数据库的"空间扩展"。在基于 Oracle 的 ArcSDE 空间数据库中，ArcSDE 保存了一系列 Oracle 对象，用于管理空间信息。这些对象统称为资料档案库（Repository），包含空间数据字典和 ArcSDE 软件程序包。ArcSDE 需要 SDE 用户管理空间资料档案库，这类似于 Oracle 中需要 SYS 用户管理数据字典。Oracle 的数据字典存储在 SYSTEM 表空间中；相应地，在存储 ArcSDE 空间资料档案库时，也需要使用特定的表空间。通常，为了方便起见，默认使用名称也是 SDE 的表空间管理空间数据字典。

Geodatabase 以层的方式来管理地理数据（图 8-13）。具有共同属性项的要素放在同一层中，每个数据库记录对应一个要素。每一个要素类在地理数据库中所对应的表作为一个图层。在此基础上，SDE 为数据库中各层的所有要素都建立了索引，将层从逻辑上分成一个个小块，称为 cell。层中的要素则分解到各 cell 中加以描述，并将此描述信息写到索引表中。SDE 与关系数据库连接方式有两种。本决策支持系统采用 SDE 客户端与数据库间接连接的方式，ArcSDE 在服务器和客户端之间数据传输采用异步缓冲机制，缓冲区收集一批数据然后将整批数据发往客户端应用。ArcSDE 的工作机制中，SDE 用户负责 ArcSDE 与 Oracle 的交互，通过维护 SDE 模式下的空间数据字典以及运行其模式中的程序包，来保证空间数据库的读/写一致性。在 ArcSDE 服务启动的过程中，SDE 用户通过 Oracle 验证、创建和维护一个 Oracle 会话连接，即 ArcSDE 服务器管理进程（giomgr），从而监听用户连接请求，分配相应的 gsrvr 管理进程，进行空间数据字典的维护并完成对空间 SQL 中空间和非空间数据的动态调用和即时交互。

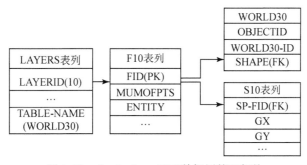

图 8-13 Geodatabase 地理数据层管理架构

第9章 崇明岛生态建设决策支持系统界面设计与操作

9.1 系统交互界面的结构和功能

交互界面由图形控件、平面素材等元素构成是用户向系统输入参数并获取相应反馈信息的图形界面。根据功能偏好不同，系统首页下设决策界面、评估界面、展示界面、技术维护界面、数据共享界面和数据发布界面（图9-1）。决策界面和评估界面面向管理者，是实现决策、评估辅助功能的交互界面。决策界面提供了人口、水资源、土地资源和植被资源四大领域32个问题进行决策辅助选择；展示界面包括岛域社会、经济、资源、环境等发展现状、规划资料、建设成果、风土人情、景点、特色产物等4大类10个子项内容；技术维护界面提供决策支持系统模型库、数据库和知识库专一维护功能；数据共享界面和数据发布界面为用户提供进行数据查询、浏览、编辑、注册、对象操作、发布和下载等功能。

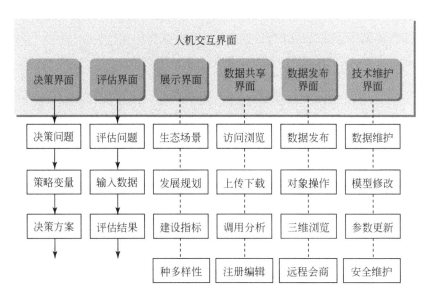

图9-1 交互界面的结构与功能

界面采用了文字、图像、动态Flash、三维虚拟等技术，提供了友好的人机对话场景。

9.2　系统安装、登录和卸载

9.2.1　安装卸载

9.2.1.1　系统需求

1）硬件推荐：①处理器，奔腾 4 双核（Pentium Dual）2.0GHz 以上；②内存，2G；③硬盘空余空间，10G 以上；④光驱，有。

2）软件需求：①操作系统，Windows XP SP2/SP3；②环境软件，.NET Framework 2.0 及以上，ArcGIS Engine，ArcGIS SDE，ArcGIS Desktop 9.2 及以上，SQL Server 2005。

9.2.1.2　安装步骤

1）启动计算机，进入 Windows；

2）完成"软件需求"中环境软件的安装；

3）将安装盘放入光驱；

4）进入光驱，在根目录下点击 setup.exe 文件；

5）根据向导，完成安装步骤（图9-2）；

6）重启计算机。

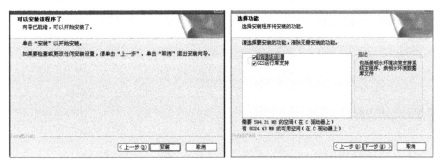

图 9-2　崇明岛生态建设决策支持系统安装界面截图

9.2.1.3　卸载方法

1）进入"控制面板→添加/删除程序"；

2）寻找到安装的软件"崇明生态建设决策支持系统"；

3）点击"添加/卸载"按钮；

4）待自动卸载完成，重启计算机。

9.2.2　用户账户与权限

系统预设的用户账户类型包括 Guest（访客）、Governor（决策者）和 Administrator（管理者）3 类。不同的用户账户类型对不同的系统功能、界面具有不同的访问限定和操作限定。用户账户数量、用户名、密码由软件制作方根据系统接收方授权，在系统内部预先设定。预置账户无需增改、删除。

1）用户类型：Guest（访客）。

数量：无限；

用户名：无；

密码：无；

权限：可以访问"展示界面"、"共享界面"和"发布界面"。

2）用户类型：Governor（决策者）。

数量：有限，根据系统接收方指定；

用户名：系统预先指派；

密码：有，系统预置；

权限：可以访问"决策界面"、"展示界面"、"数据共享界面"和"数据发布界面"。

3）用户类型：Administrator（维护者）。

数量：有限，根据系统接收方指定；

用户名：系统预先指派，如果用户选择了 Governor（决策者）或 Administrator（维护者），请输入预先指派的用户名，否则将无法登录，如果用户选择的"用户类型"为 Guest，用户不需要输入任何用户名；

密码：有，系统预置，用户名与密码密切匹配，由系统预先向用户方发布，若输入了不匹配的用户名和密码，亦无法登录系统，如果选择的"用户类型"为 Guest，用户不需要输入任何用户密码；

权限：可以访问所有功能，"决策界面"、"展示界面"、"数据共享界面"和"数据发布界面"。

9.2.3　登录系统

点击"登录"按钮登录系统。在点击登录按钮之前，或登录失败后，用户可修改希望登录的用户类型、用户名和密码（图9-3）。

图9-3　崇明生态建设决策支持系统主界面截图

登录成功后，系统将显示登录成功信息。用户可以根据用户类型的权限和选择的用户类型，访问不同系统功能。

9.2.4　退出系统

点击"注销"按钮，即可返回登录前的主界面。
点击"退出"按钮，即可退出系统。

9.3　决策/评价界面操作指南

9.3.1　决策/评估功能选择

在主界面点击"评价/决策"，用户即进入图 9-4 所示界面。

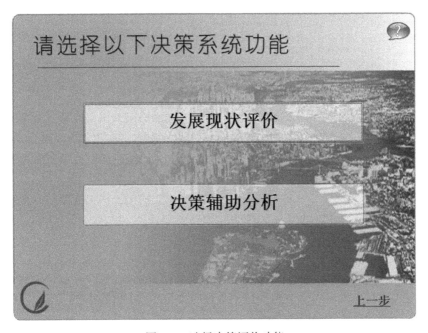

图 9-4　选择决策评价功能

选择"发展现状评价"可进行生态岛发展现状评价与策略模拟。
选择"决策辅助分析"可进行生态岛未来情景预测与决策支持。
点击"上一步"可返回主界面。

9.3.2　决策/评估问题选择

用户点击"发展现状评价"或"决策辅助分析"后，即进入图 9-5 所示的决策问题选择界面。用户可点击选择可承载人口、淡水资源、土地资源或植被资源 4 个评估/决策辅助内容之一。指向按钮可获得关于该问题内容的详细说明（图 9-6）。

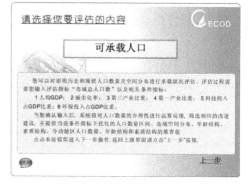

图 9-5　决策问题选择界面　　　　　　图 9-6　决策问题详细说明

点击按钮，即可选择具体评估/决策问题。如图 9-7 所示，以水资源问题为例。

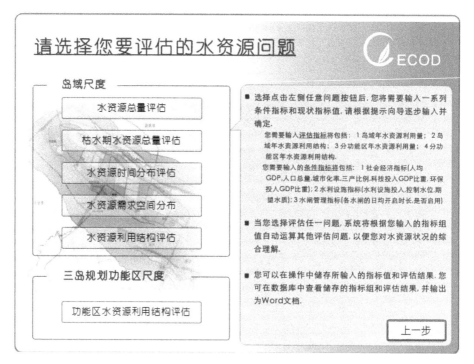

图 9-7　选择具体评估问题

点击"上一步"即可返回步骤 9.3.1。

9.3.3　策略变量/评估数据输入

用户选择具体评估问题按钮后，即进入策略变量/评估数据输入界面（图 9-8 和图 9-

9）。

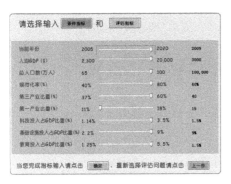

图9-8 策略变量输入界面

图9-9 评估数据输入界面

　　如果用户在步骤9.3.1中选择了"发展现状评价"，将需要输入"条件指标"和"评估数据"。点击按钮即可切换输入面板。如果用户选择了"决策辅助分析"，则需输入"策略变量"。

　　在输入"条件指标"时拖动滑动块，即可输入相应指标数值。输入评估数据时，需在对话框中输入各变量的现状数值。

　　点击"确定"即开始系统运算。点击"上一步"返回步骤9.3.2。

　　如果用户选择了"水资源"评估或决策问题，评估数据或策略变量中还需对水利设施相关参数进行设定。首先，点击"进入水利管理指标输入面板"按钮（图9-10中的A）打开水利管理指标输入面板，移动滑块对其中参数进行设置；其次，点击"打开水闸引排水管理指标面板"按钮（图9-11中的A），进入水闸管理面板（图9-12）。

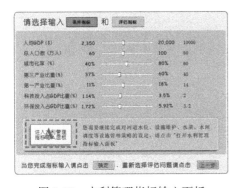

图9-10 水利管理指标输入面板

图9-11 水闸引排水管理指标面板

　　水闸管理面板（图9-12）中，用户首先需要在"预测长江月日均径流量"模块中拖动滑动条以设置各个月份长江径流量情景（A），并点击"完成输入"按钮。否则径流量情景将按照15 000m³/s的默认值进行计算。用户可以选择不同月份（B），在水闸下拉列表（C）中，选择岛域各引水水闸，查看其相关属性（D），并通过"设置日均开启时长"和"是否启用"，对默认的开启时间和开关情况进行修正。未进行调整的水闸将按照默认值运行。

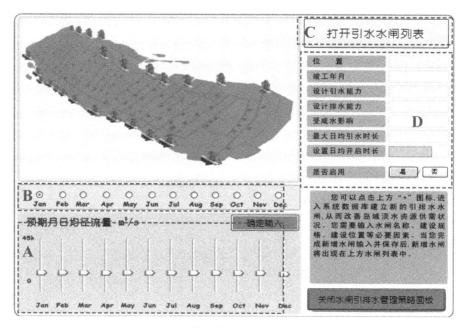

图 9-12　决策支持系统中水闸管理面板

9.3.4　决策/评估分析

用户完成步骤 9.3.3 并点击"确定"，即进入本步骤（图 9-13）。

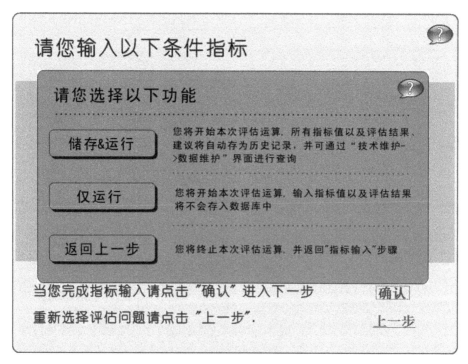

图 9-13　决策功能选择界面

点击"存储＆运行"表示将存储本次运算的指标组以及评估结果；"仅运行"表示不存储本次运算信息而直接运行评估程序，进入步骤 9.3.5；"上一步"表示返回到步骤 9.3.2 窗口。

查询储存的决策记录的操作方法，见 9.6.4 节历史决策情景查看与导出。

9.3.5　决策、评估结果

9.3.5.1　人口问题评估

后台模块计算完毕后，将自动弹出用户所选问题的分析结果。如果用户选择了人口问题的评估，结果将显示如图 9-14 所示的界面。界面内容由图表（A）、评估结果说明（B）和建议（C）构成。当输入的评估指标结果处于合理状况时，系统还将提供适合的岛域人口年龄结构、素质结构与空间分布等推荐内容，可点击相应按钮选择查看（图 9-15，D）。当评估结果处于不合理的承载状况时，推荐信息将无法计算。

点击"上一步"将返回步骤 9.3.3 输入评估数据界面。

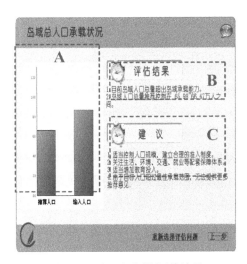 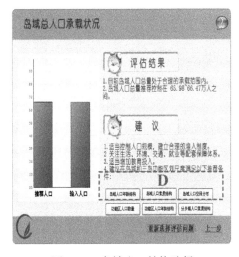

图 9-14　人口问题的评估结果　　　　图 9-15　岛域人口结构选择

9.3.5.2　水资源、土地资源、植被资源评估

水资源、土地资源、植被资源问题评估结果界面类似。以岛域淡水资源总量评估为例（图 9-16）。界面包括结果图表、评估结果说明和建议 3 大部分。

图表中，"基本需求"表示目前条件指标的理论最优利用效率下的需求量。"现状利用"表示由输入的评估指标得到的实际资源利用量。"实际供给"则表示根据条件指标，岛域实际资源的供给量。若界面存在"下一步"按钮，可点击查看相关更多推荐结果。

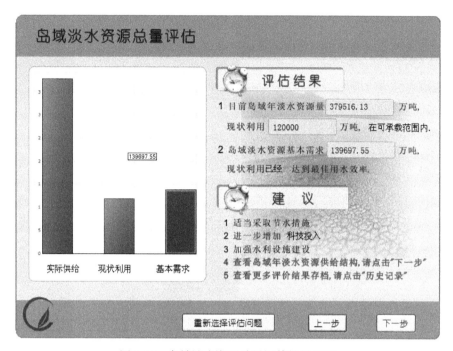

图 9-16　岛域淡水资源总量评估结果界面

点击"重新选择评估问题"可返回步骤 9.3.2。点击"上一步"将返回步骤 9.3.3 指标输入步骤。

9.3.5.3　人口与水资源决策辅助

所有人口与水资源问题的决策辅助分析结果将集成在图 9-17、图 9-18 所示的界面。

图 9-17　可承载人口辅助决策：决策结果（a）　　图 9-18　可承载人口辅助决策：决策结果（b）

策略模拟结果有不可用的项目（图 9-17A），表示有的决策结果项目处于不可承载状态，导致系统无法对其进行进一步分析。用户需要查看可选项目（图 9-17B），获得策略组调整建议（图 9-19C）；当决策分析结果均处于可承载状态时，即可查看所有决策分析内容（图 9-18）。

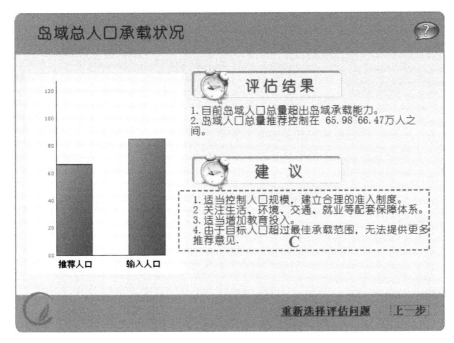

图 9-19　岛屿总人口承载状况界面

点击"重新选择决策问题"可返回步骤 9.3.2。

点击"调整策略变量"可返回步骤 9.3.3。

9.3.5.4　土地资源与植被资源决策辅助

土地资源与植被资源决策辅助分析结果的查看面板如图 9-20 所示。

策略模拟结果被分为岛域尺度、分区尺度和功能区划尺度三组。用户需要首先选择待查看组（A），然后再选择具体问题的分析结果（B）。各问题分析结果的界面结构与图 9-16 类似。

查看的分析结果是"岛域土地资源需求结构"、"分功能区土地资源需求结构"、"功能区划土地资源需求结构"时，点击扇形图中的扇形即可弹出由系统模拟推荐的相应组分在岛域的空间分布情况（图 9-21）。

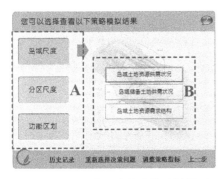

图 9-20　土地资源决策功能选择界面

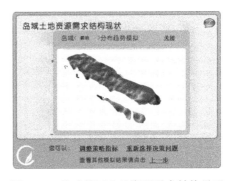

图 9-21　分功能区土地资源需求结构界面

在查看"岛域土地使用功能区划"和"植被格局配置推荐"信息时，用鼠标指向地图（A），即可获取指向区域的土地生态规划属性信息（B），如图9-22所示。

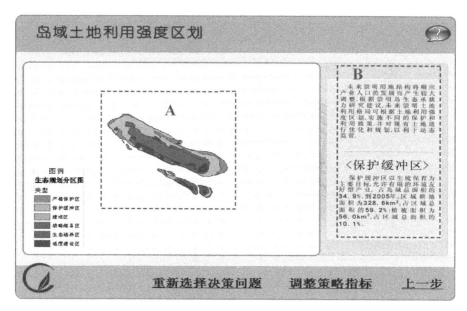

图9-22　岛域土地生态规划属性信息界面

9.4　教育展示界面操作

9.4.1　选择"展示项目"

如果用户在登录系统主界面后选择了"展示界面"，则需要按照以下说明进行操作。本界面操作对所有类型的用户开放。"展示界面"主面板如图9-23所示。面板左侧区域（A）列出了主要的展示内容方面；单击选定某一项目，该条目将以蓝色表示选定，右侧区域（B）则将出现该方面包括的子项内容。

9.4.2　浏览子项内容

单击子项内容下方的图片（如图片C，崇明概况），即可进入各子展示界面，查看各项详细内容。

9.4.3　退出展示界面

单击右下方CECOD标志（区域D），即可返回登录后的主界面（图9-23）。

图 9-23　教育展示界面主面板

9.4.4　展示信息浏览

9.4.4.1　"自然·风光"的浏览操作

1）进入子项目：如图 9-23 所示，点击左侧"自然·风光"条目，右侧即出现 3 个子项包括"崇明概况"、"寰岛览胜"以及"瀛洲特产"。点击各子项下方图片即进入详细内容界面。

2）岛域概况：如图 9-24 所示，本部分可通过手动翻页、自动翻页与标签导航进行浏览。用户可以点击窗体标签（A）进行定位，或点击换页符（B）进行前后手动翻页操作；亦可静候窗体自动翻页，单页停留间隔为 5 秒钟。单击 CECOD 标志即可返回上级界面。

3）寰岛览胜：如图 9-25 所示，本子项对岛域主要景观的分布、特色进行了概括介绍，可通过弹出窗口操作。地图上 图标表示了主要景点的分布，单击 即可打开浮动介绍窗体获取景点内容简介（A）。单击浮动窗体，即可将其关闭，以便点选其他景点图标。单击 CECOD 标志即可返回上级界面。

4）瀛洲特产：操作方法同"岛域概况"。

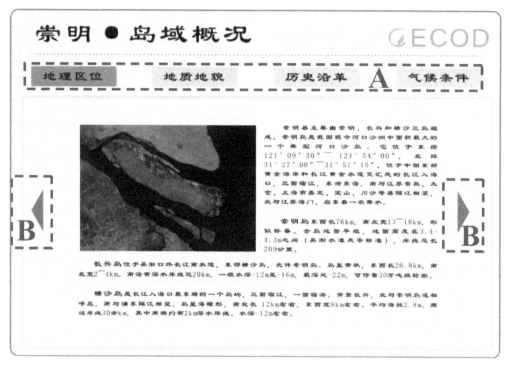

图 9-24　崇明岛屿概况界面

图 9-25　崇明寰岛览胜界面

9.4.4.2 "人居·环境"项目的浏览操作

1）进入项目：在图9-23所示界面中点击左侧"人居·环境"，并选择右侧"社会人居"或"环境质量"条目，即可进入浏览界面。

2）浏览操作："社会人居"浏览界面如图9-26所示。单击左侧选项（A），可切换展示内容子项。各子项内容将显示于右侧窗体区域（B）中，点击左右翻页符（C）即可翻页查看更多内容。点击窗体中的便签图标，可打开弹出窗口，查看更多相关信息。"环境质量"浏览操作方法与"社会人居"浏览操作方法相同。

3）退出项目：可点击左下角"便签"图标（D）。

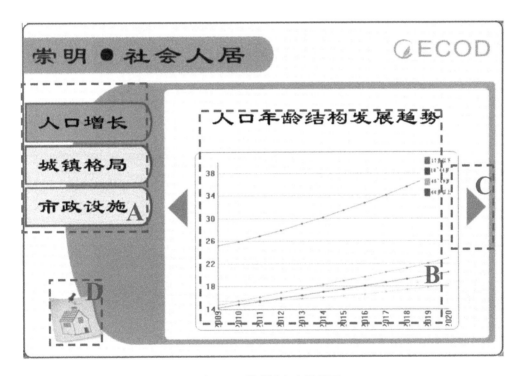

图9-26 崇明社会人居界面

9.4.4.3 "资源·产业"项目的浏览操作

与9.4.4.2节"人居·环境"项目的浏览操作方法相同。

9.4.4.4 "规划·发展"项目的浏览操作

与9.4.4.1节"自然·风光"岛域概况的浏览操作方法相同。

9.5 数据共享和发布操作

9.5.1 登录数据共享和发布界面

在 IE 或 Firefox 等浏览器地址栏内输入：http：∥10.244.25.125：8088/chongming 进入崇明岛生态环境数据共享界面（图 9-27）。

图 9-27 崇明岛生态环境数据共享界面

主页共分为 6 个区域。顶端为菜单导航区，主页左侧由上至下依次为用户登录区、数据查询区和相关链接区。页面中部上端为信息区，其下即为数据列表区。

进入界面后，所有用户可以查看界面建设信息、用户指南，浏览共享数据集元数据信息，并预览共享数据集，还可通过"数据查询"面板对共享数据列表进行快速查询。

9.5.2 数据访问

9.5.2.1 显示数据的详细信息（元数据）

数据列表区列出了各个专题的部分数据名称，双击其中一个数据，将显示该数据的详细信息（元数据）。用户也可以点击每个专题中的"全部数据"按钮，显示该专题的全部数据，并通过点击"详细信息"按钮显示该数据的详细信息（图9-28）。

图9-28　显示某个专题的全部数据

9.5.2.2　数据浏览

单击"数据详细信息"页面下端的"数据预览"按钮，即可对数据进行预览。界面提供了多种类型数据的浏览，如地图数据（包括遥感数据）、表格数据、文本数据以及多媒体数据。

数据浏览页面左侧为"图层控制"面板和"要素查询"面板，中间为地图显示区域，在地图显示区域上方为工具栏，页面右侧为结果显示区。用户可以通过"图层控制"面板控制图层的显示与隐藏。地图数据浏览效果如图9-29所示。

通过地图上方的工具栏，用户可以实现对地图的若干基本操作，包括放大、缩小、平移、点查询、测量距离、测量面积、全图、清除高亮、前一视图、后一视图。

利用查询工具，在地图上点击某个要素，可以将选中的要素的属性信息显示在地图右边的信息查询结果框中（图9-30）。利用"距离测量"和"面积测量"工具，可以在地图上测量距离和面积，测量结果显示在右边的测量结果信息框中。

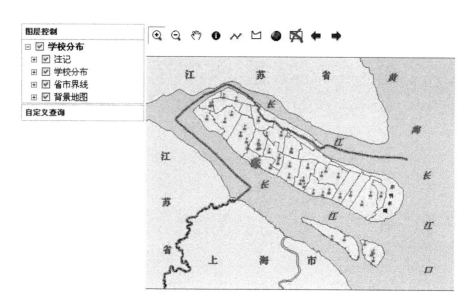

图 9-29　地图数据浏览效果

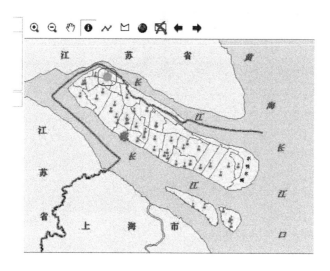

图 9-30　点查询效果图

　　用户还可通过"自定义查询"方式查询包含关键字的记录。例如，在"自定义查询"面板的文本框中输入关键字"新"，所有包含"新"的记录将以列表的形式显示在页面右侧"自定义查询结果"面板中。点击其中一个记录，该记录在地图上将高亮显示（图9-31）。

　　该界面还提供了对基于 RDBMS 存储的表格数据的浏览。例如，对于包含乡镇字段和年份字段的表格数据，可以选择按乡镇（某个乡镇不同年份数据）或按年份（某个年份不同乡镇数据）进行显示；同时，可以选择一个指标显示图表（柱状图或饼图），并可打印生成的图形，如图9-32所示。

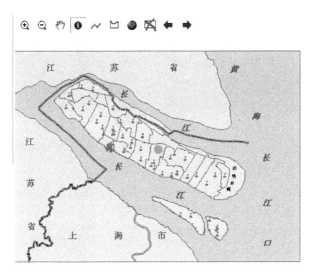

图 9-31　自定义查询结果

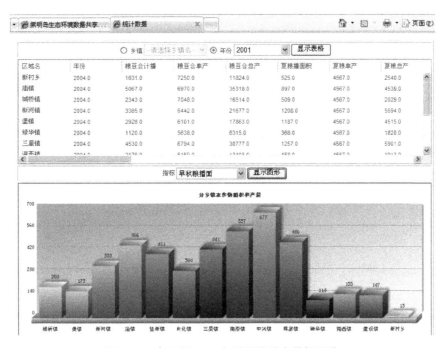

图 9-32　各乡镇 2004 年早秋粮总产数据预览

该界面还提供了对多媒体数据、文本数据（pdf 或 doc 格式）的浏览以及 Excel 文件数据的图形化预览。

9.5.3　数据查询

用户可以在数据查询区输入关键字，查询包含该关键字的数据。例如，输入关键词"土地"，则元数据中含有"土地"的所有数据显示在查询结果列表（图 9-33）。

图 9-33　数据查询结果列表

9.5.4　数据下载

注册用户可以根据权限对特定的数据进行下载。如注册用户对访问的数据有下载权限，则数据详细信息页面的下方将显示"下载数据"按钮。

单击页面中的"下载数据"按钮，即可进入数据下载页面，如图 9-34 所示。保存的数据是一个压缩文件，解压后即可使用。

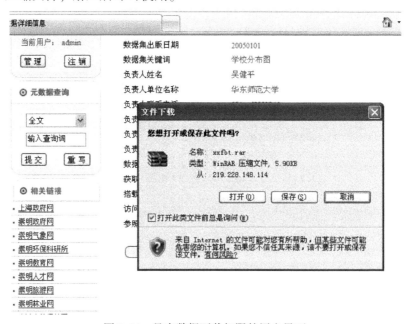

图 9-34　具有数据下载权限的用户界面

9.5.5　数据发布与数据注册

9.5.5.1　数据发布

用户所拥有的数据如需要提供给其他用户共享，则需要对共享数据进行发布并在共享界面上进行注册。

数据拥有者在共享数据前，除了需要注册共享数据集所需的一些元数据信息外，还需将数据发布为相应的数据服务。数据发布可以利用相应桌面软件来完成。以下针对4种不同类型的数据分别介绍数据发布的不同方法。

对于地图数据，系统默认的发布数据类型为ArcGIS所支持的类型。以test.mxd为例，用户可在ArcCatalog中打开test.mxd的右键快捷菜单，选择"Publish to ArcGIS Server…"，即可将服务发布到指定的ArcGIS Server中。如果数据拥有者尚无ArcGIS Server，则需要在ArcCatalog中先新建一个。

表格数据的发布需将表格数据导入到数据库中，并且确保该数据库相应端口已开放。

文本数据的发布需要数据拥有者将文本数据通过Web服务器（如Tomcat）发布为文本服务。

对于多媒体数据的发布，本系统仅支持flv格式的多媒体数据播放，需要数据拥有者将多媒体数据进行预处理为flv格式后，再通过Web服务器（如Tomcat）发布为多媒体服务。

9.5.5.2　数据注册

注册用户或系统管理员登录后，在菜单导航栏内将增加"数据注册"菜单，利用该菜单可以在共享界面上进行数据注册。

点击"数据注册"菜单，进入数据注册页面（图9-35）。在"数据注册"页面中，填写注册数据的元数据（描述信息），其中带红色"＊"号的为必填项。填写结束后，单击"注册"按钮，界面首先检测用户所填元数据信息是否符合要求并对错误信息栏给出警示对话框提示，通过验证后，所注册的元数据信息被提交到后台元数据数据库中，完成数据注册。

在"发布信息"数据项中，选取"发布类型"后（例如"浏览"类型），会生成相应的"数据集资源定位符"一栏。在该数据栏下需要输入3类注册信息。"Excel文件"类型的共享数据，需注册发布Excel文件数据的IP地址或主机名（针对局域网用户），以及文件所处的路径和文件名称；"地图"类型的共享数据，需注册发布地图服务数据的IP地址或主机名（针对局域网用户），以及发布地图服务的GIS Server用户名、密码，以及地图服务的名称；"数据库"类型的共享数据，需注册共享数据集所在服务器的IP地址或主机名（针对局域网用户）、共享数据集所在数据库类型（如Sql Server、Oracle等）、数据库端口号（如Sql Server的端口号为1433）、登录数据库的用户名称及密码、共享数据集所在数据库的库名及共享数据集所在数据表的表名。新注册

图 9-35　元数据注册界面

的数据名称将出现在界面主页面的"数据列表"区内。

9.5.6　数据编辑

9.5.6.1　元数据编辑

注册用户可以根据权限对特定的数据进行元数据编辑。如注册用户对访问的数据有元数据编辑权限，则数据详细信息页面的下方将显示"元数据编辑"按钮。单击"元数据编辑"按钮，进入"元数据信息编辑"页面。界面读取该条元数据记录现有字段值信息，用户只需更改发生变化的字段即可。更改元数据相应字段后，单击页面上的

"提交" 按钮，界面首先检测用户所填元数据信息是否符合要求并对错误信息栏给出警示对话框提示。通过验证后，元数据编辑信息将被提交到后台元数据数据库中，完成元数据编辑。

9.5.6.2　表格数据编辑

注册用户如具有所访问数据的编辑权限，当进入表格数据的预览界面，表格上方将出现 "增加记录"、"删除记录" 和 "保存" 3 个按钮，支持对表格中的字段值进行编辑。点击 "增加记录" 按钮，表格将新增一行；点击 "删除记录" 将删除选中行；点击 "保存" 将保存编辑结果，如图 9-36 所示。

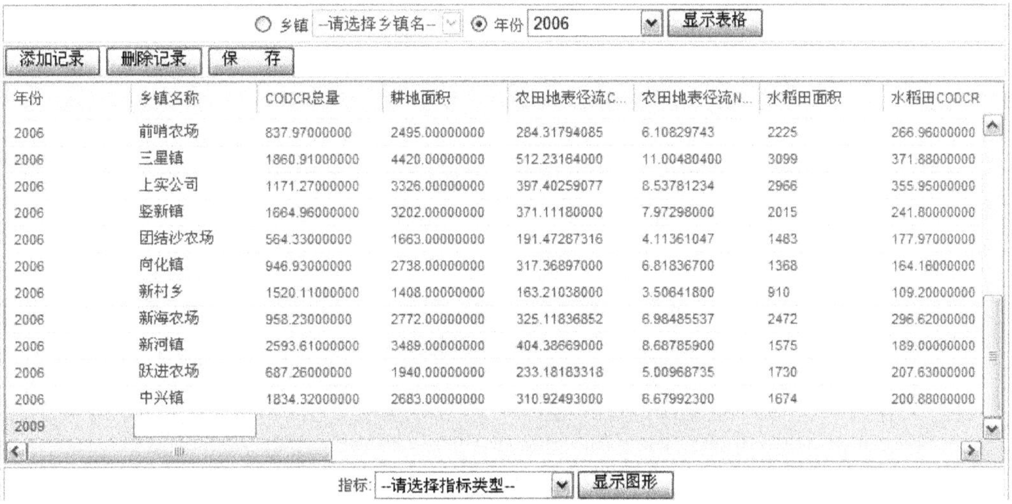

图 9-36　表格数据编辑

9.5.6.3　地图数据编辑

注册用户如具有所访问数据的编辑权限，当其进入地图数据预览界面，在左侧会增加一个 "数据编辑" 面板（图 9-37）。用户可以通过该面板实现地图数据的编辑。

选择 "数据编辑" 面板中的 ✏ （画点）工具，利用该工具可在地图上增加新的点。然后点击 ▦ （属性编辑）工具，在地图的右侧将显示该新增记录的属性表用于输入新增记录的属性数据。点击属性表中的 "保存编辑结果" 按钮，界面将保存编辑结果。同时，可以利用面板中的 ◀ （选择）工具选中记录，然后单击 ▦ （属性编辑）工具，编辑选中记录的属性数据，或者在选中记录后单击 ✖ （删除）按钮，删除该选中记录项。

9.5.6.4　标绘批注

系统为用户提供了标绘批注的功能，即可以在遥感图像上画线、多边形、箭头等，并可根据需要进行保存。该模块的主要菜单都包含在 📍 标绘批注▾ 中。具体功能包括以下几个方面。

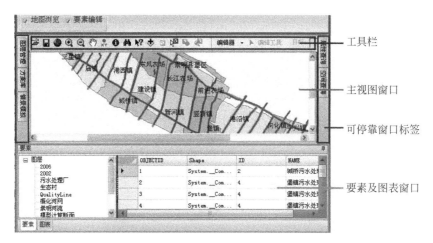

图 9-37　地图数据属性编辑主界面

1）创建折线或路径：图标为 ┐ **添加折线/路径**，该功能主要便于用户在场景中创建折线，通过单击左键，可以创建线的点，通过双击鼠标左键，可以结束画线。画好的线，既可以是一条普通的线，也可以作为后面创建飞机或汽车等动态模型的运动路径。

2）创建多边形：图标为 ◯ **添加多边形**，该功能使用用户可在三维场景中添加多边形标注。

3）创建文本：图标为 T **添加文字标注**，使用用户可在三维场景中添加文字说明。

4）创建箭头：图标为 ➘ **添加箭头**，用户可在三维场景中添加表示运动趋势等的箭头。

5）将标注保存到本地：图标为 将标注保存到本地，可将用户本次创建的所有标注保存到本地，下次打开时可以再加载进来（本地只包含一个保存记录，第二次的保存会覆盖第一次保存的结果）。

6）加载本地标注：图标为 加载本地标注，可将本地保存的标注，再加载到场景中来。

7）创建沿路径飞行的动态模型：图标为 ✈ **沿路径飞行**，允许用户创建飞机、汽车等模型，在三维场景中模拟真实运动效果。使用该功能，必须先创建一条折线，作为该模型的运动轨迹。点击该按钮后，会弹出选择交通工具对话框，选择交通工具后，点击飞行按钮即可按路径进行飞行。选择交通工具对话框如图 9-38 所示。

8）标注编辑：用户如果要改变创建的标注颜色、线条粗细等特征，可以对标注进行编辑，编辑按钮是 ⬙，通过点击该按钮，再点击需要编辑的批注，会弹出批注编辑对话框、文本、多边形和折线等不同的编辑对话框。

9）用户创建的图标：在系统左边图层控制栏中会列出来，双击该图标可以飞行到用户创建的标注。

10）清除标注：用户如果要删除已创建的某个标注，可以通过标注编辑按钮，点击标注，在弹出的标注编辑对话框中删除即可，如果要清除所有创建的标注，可使用右上角的清除标注图标 ⬙，点击该图标即可清除所有创建的标注。

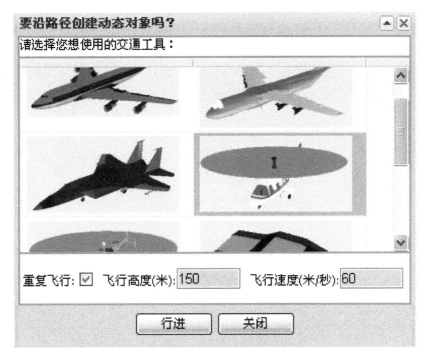

图 9-38　选择交通工具对话框

11）演示：沿指定路径行进展示三维场景。点击"标绘批注"按钮，在弹出的工具箱中选择"添加折线"工具，利用该工具在场景中画运动路径，然后在工具箱中点击"创建动态对象"按钮，将弹出"选择交通工具"对话框用于选择交通工具，选择交通工具并设置相关参数后，点击"行进"按钮，将沿着路径行进展示三维场景。

9.5.7　统计分析

例如，对工业污染源的统计，点击"统计分析"下拉菜单中的"工业污染源统计"，选择统计年份、所处乡镇和单位名称，则年总用水量、年污水排放量、COD、氨氮值显示于右侧表中（图 9-39）。

再如，对崇明岛面源污染的统计，点击"统计分析"下拉菜单中的"面源污染统计"，先设置好统计年份、污染指标、背景色和前景色，再选择污染类型，例如农田地表径流污染排放负荷、畜禽面源污染排放负荷、水稻田面源污染排放负荷、生活污染源排放量和水产养殖污染排放量，最后对此种污染类型的各项污染排放系数和产污系数进行设定，从而使统计结果以统计专题图形式显示于右侧，如图 9-40 所示。

此统计专题图也支持放大、缩小、平移和缩放至全图的功能。另外，用户也可以点击上方的"图表显示"按钮，以图表的形式显示统计结果，如图 9-41 所示。

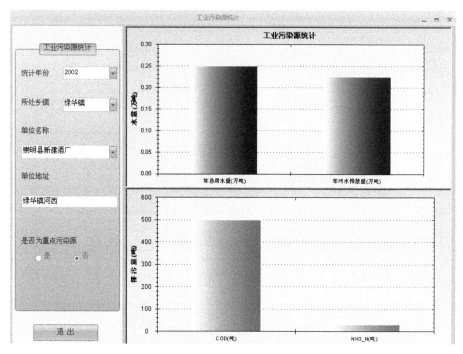

图 9-39   2008 年崇明岛工业污染源的统计

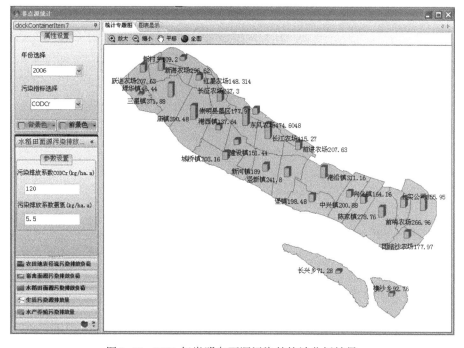

图 9-40   2006 年崇明岛面源污染的统计分析结果

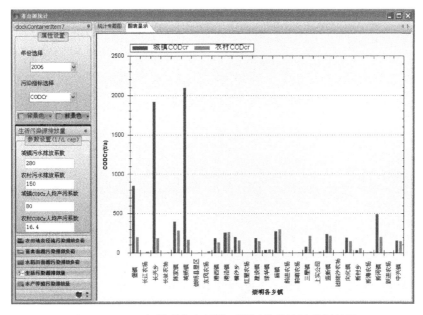

图 9-41　2006 年崇明岛各村镇面源污染的统计分析结果

9.5.8　热点对象管理

热点对象管理是指把一些感兴趣的热点对象分类加到树状书签中，以对这些对象进行快速定位，同时可以显示相关信息，包括文本、照片、视频以及移动车载的实景图像等信息。系统在左侧面板提供热点导航功能，用户可根据热点地标，快速定位到该地点。

热点编辑工具栏（面板上部）支持管理员对热点信息进行单一要素的添加、编辑和删除操作，或通过表单进行批量管理。例如，点击"添加热点"按钮，即可添加新的热点对象（图 9-42）。

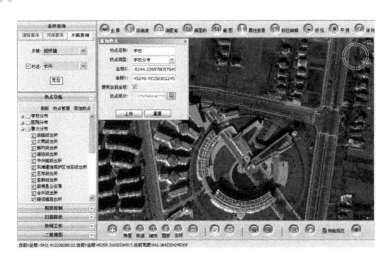

图 9-42　添加热点对象

9.5.9 协同会商

系统具有协同会商功能，允许所有使用本系统的人进行协同操作。参加协同的人可以在同一视图上共享视野，进行协作分析（图9-43）。

图9-43 共享视野

除了视野共享外，参加会议的人还可以用聊天的方式，对会议主题发表看法，进行交流。

参加协同会商的决策者可以在图上勾画自己认为感兴趣的区域，勾画出的图形也会在所有参会者的屏幕上显示出来。

另外，会议创建者还可以对参加会议的人进行主持权限切换，使其他人具有主持权限，这样具有主持权限的人，可以拥有视野控制权，带领其他会议参加者进行场景漫游。

9.6 系统专用维护界面操作

本界面提供决策支持系统专用的服务指南、数据维护、模型维护等功能（图9-44）。用户可以点击左侧3个按钮之一，以选定相应的功能。当鼠标指向某一按钮时，右侧将出现该功能的简介信息。本界面中的所有功能仅对Administrator（管理者）账号开放。点击窗体右下侧"返回"按钮，可返回登录后的主界面。

9.6.1 服务指南

点击主界面中左侧最上方按钮"服务指南"，即可进入本界面（图9-45）。在本界面中，用户可以查看系统帮助文档。左侧栏目（A）为导航区，用户可以点击展开/关闭子项，双击选择，在右侧信息栏（B）内查看该项目的内容。在信息栏中，可以拖动滚动条

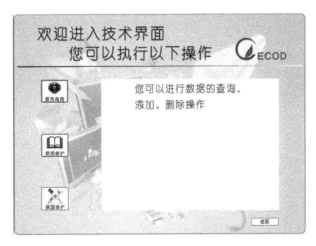

图 9-44　技术维护主界面

或使用鼠标滚轮查看更多内容。

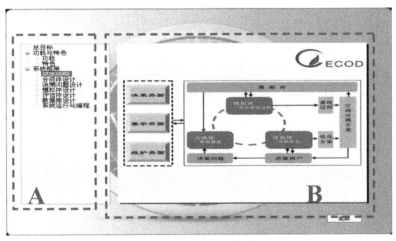

图 9-45　技术维护服务指南界面

9.6.2　数据维护

点击图 9-44 所示界面中"数据维护"按钮即可进入本界面。本界面主要提供数据库管理、查询、修改功能。用户可以完成数据查询、数据修改更新和决策情景查看与导出操作。进入数据维护界面后，左侧导航区（A）将出现数据维护界面的操作选项，包括 3 大类：数据查询、数据更新和决策情景（图 9-46）。

9.6.2.1　选择"数据查询"

点击图 9-46 所示界面中"数据查询"右侧展开按钮 ⬇，用户即可查看数据查询的展开项目。"原始数据"表示岛域总数据库，包括统计年鉴报表、重要设施空间分布等基本情况数据，是决策支持的基础数据。"标准数据"包括对决策支持模型和展示界面内容直接调用的空间网格数据和表单数据；更改这些参数，将直接影响系统的工作和运算结果。

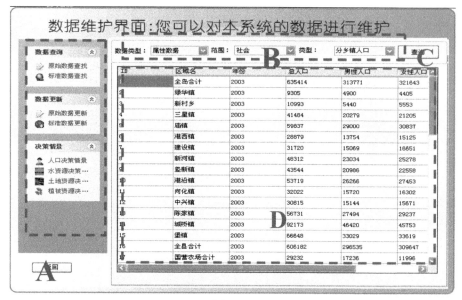

图 9-46　数据维护查询界面

选择"原始数据查找"或"标准数据查找"，右侧信息栏将出现列表选项。用户需要从下拉列表框复选组（B）选择希望查询的项目，点击查询按钮（C），表格/地图控件区（D）即可展示内容信息。点击左下角"返回"按钮即可返回技术界面首页。

9.6.2.2　数据更新

在数据更新栏目的展开项里，用户可以对原始数据或者标准数据进行更新。当点击"原始数据更新"或"标准数据更新"后，右侧信息栏将出现数据更新操作界面。其中包括对象选择列表（A）、功能选项按钮（B）、表单内容展示区（C）、信息更新区（D），如图 9-47 所示。数据更新流程如下。

1）选择待更新的项目。用户可以从对象选择列表中展开，查看所有项目内容，以确定需要更新的项目。

2）选定期望更改、删除的记录。用户可勾选希望修改记录左侧的复选框。

3）选择更新功能。在勾选记录的基础上，可以选择"更改"（更改一条已存在记录）、"删除"（删除一条已存在记录）。如果用户希望"插入"（在表单中插入新纪录）一条新记录或"导入"新的数据表，可直接单击"插入"或"导入"。

4）输入更新信息并提交。选择插入、更改功能将出现"信息更新区"（D）。用户需要输入其中要求的项目，点击"提交"按钮确认，即可完成对表单数据的修改。

如果用户希望更新空间数据，需在 ArcCatalog 中进行。对已有空间数据的修改、新增和删除均需通过"导入"按钮。如果需要替换某一空间文件，用户需要首先将其在 Catalog 中删除。具体操作方式如下。

1）点击图9-47所示的B区"导入"按钮。

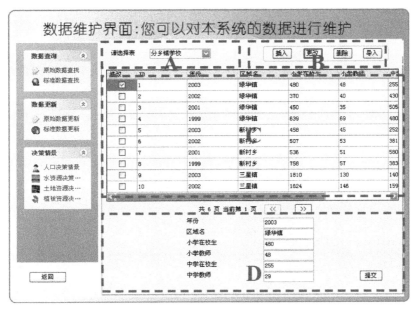

图9-47　数据修改更新

2）点击浏览，弹出 ArcCatalog 程序界面（图9-48）。

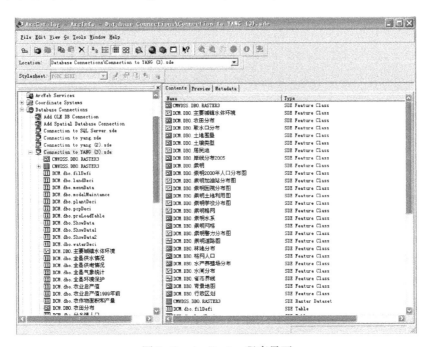

图9-48　ArcCatalog 程序界面

3）建立空间数据库连接，通过 ArcSDE 连接空间数据库。方法是：①点击左侧"Database Connections"选项，将其子项展开；②选择"Add Spatial Database Connection"选项建立空间数据库连接；③设置连接属性，属性设置如图 9-49 所示，图中，Server 是数据库服务名称，Service 是空间数据库引擎 ArcSDE 的名称，Database 是空间数据库名称；④设置好连接属性后，点击 OK 即可连接上空间数据库。

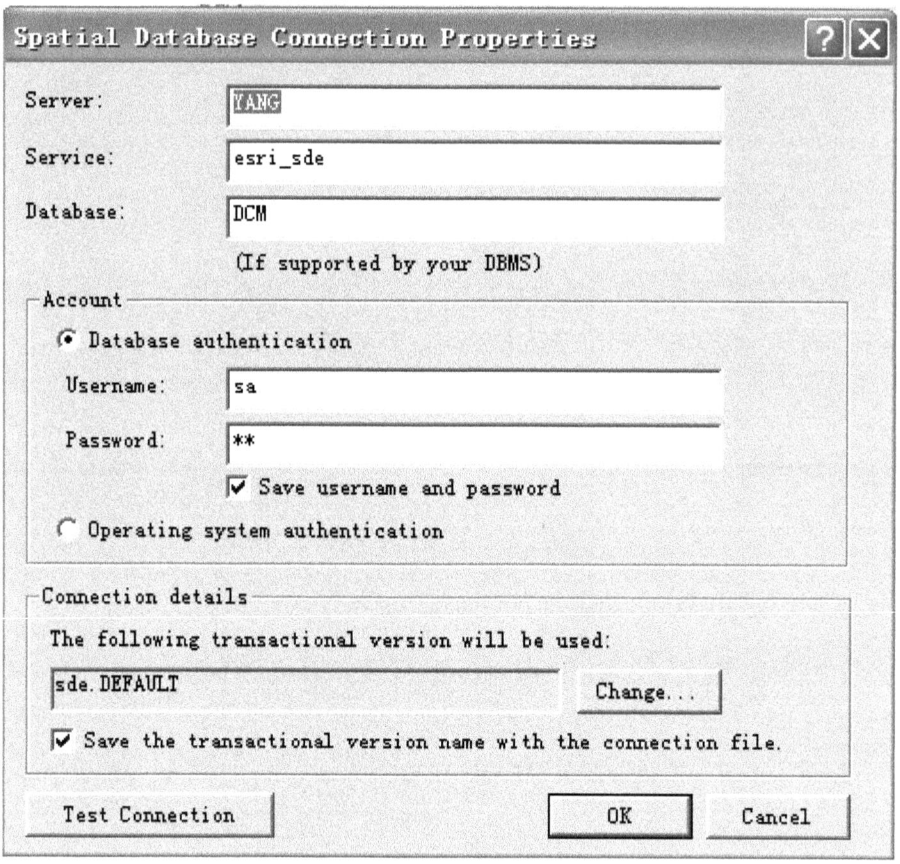

图 9-49　ArcSDE 空间数据库连接

4）对数据库中的空间数据进行编辑：①点击刚才建立的数据库连接，在弹出的菜单中依次选择"Import→Feature Class（multiple）"（图 9-50）；②在弹出的选项框中，点击要导入的空间要素文件（*.shp），点击"OK"，即可完成空间数据的导入（图 9-51）。

图 9-50　数据导入操作（a）

图 9-51　数据导入操作（b）

9.6.2.3　选择区域空间数据库的查询与维护

例如，用户在功能选择界面中选择"湿地数据库"功能，系统进入数据维护界面（图9-52）。本功能的初始界面由地图空间操作区（A）、地图工具条（B）与数据表区（C）组成。下方蓝色按钮表示目前处于"湿地空间数据库"页面。

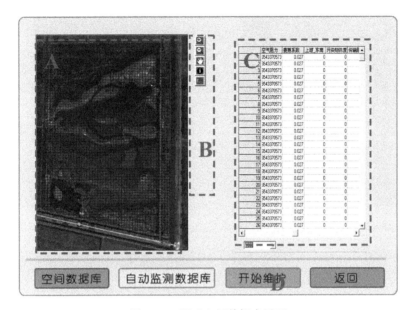

图9-52　湿地空间数据库界面

其中，A区显示了当前湿地示范区航片和矢量网格。选择B区工具条工具，可对航片进行缩放查询或查看矢量网格内容。

1)　🔍——在控件窗体A中放大选定图层的区域；

2)　🔍——在控件窗体A中缩小选定图层的区域；

3)　✋——在控件窗体A中移动图层，以查看更多区域（放大条件下）；

4)　ℹ️——查看点击选中矢量所包含的字段信息，如图9-53所示。

当用户点击"空间数据库"按钮，并在下拉列表框中选中其中项目，则C区中即显示该项目所包含的所有空间网格的属性信息。

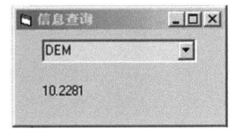

图9-53

用户点击"开始维护"按钮，可以进行数据的手动修改更新。当鼠标在地图上移动、指针变为"十"字形，用户可以自行绘制图形选择需要修改的区域。绘图时，用户需在起始点与拐点处单击、终点处双击，地图上便会自动显示闭合图形及其所覆盖的网格（图9-54）。完成修改区域选定后，用户需要在弹出对话框中选择需要进行修改的字段并确定；接着在文本框中输入新的属性值，点击确定（图9-55），此时数据库中的相应记录便会被更新。

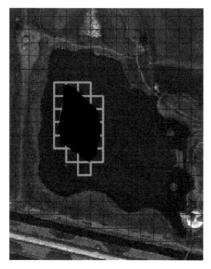

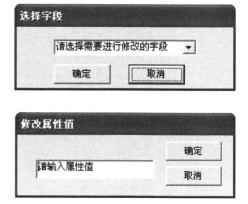

图9-54　通过绘制多边形选择手动更新的矢量　　　　图9-55　选择字段并修改值

9.6.3　在线监测数据库的管理操作

9.6.3.1　在线监测数据查询

在图9-52所示的界面中点击"自动监测数据库"按钮，即可打开在线监测数据库面板，进行查询与维护。点击A区"在线观测"按钮，将显示已有在线监测设备获取的即时参数（图9-56）。其中，用户需要在B区通过单选框选择数据来源（包括2个通量站和3个水质监测点），通过下拉列表框选择指标字段，以及需要查询的起止时间。系统将在C区显示选择参数在查询时间内的变化曲线。

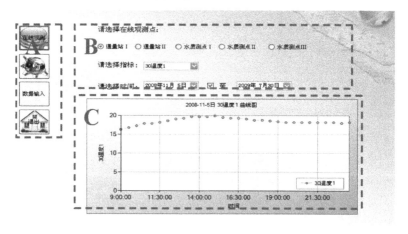

图9-56　在线观测数据查询界面

9.6.3.2　定期监测数据查询

点击图 9-56 所示的 A 区"定点监测"按钮，即可查询特定区域土壤、植被调查的采样样点、简介信息、各样点在历次采样的时间、获取的参数值等，如图 9-57 所示。

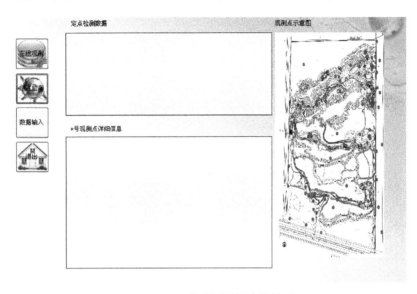

图 9-57　定点监测数据查询界面

9.6.3.3　监测数据手动录入

点击图 9-56 所示的 A 区"数据输入"按钮，即进入如图 9-58 所示的监测数据输入界面。用户可以对在线监测数据、定点监测数据和其他多媒体或矢量数据进行手动录入，从而实现对数据库的修复或更新。

图 9-58　数据手动录入界面

首先，选择希望维护的数据类型，点击"设置"按钮，界面将弹出路径对话框，由用户从对话框中指定数据源在硬盘中的路径，并点击"打开"（图 9-59）；其次，指定数据在数据库中的备份目录，使用系统默认路径即可。最后，点击"转换"或"录入"，即完成数据的格式转换和录入工作，使用户可查询获取其更新的资料信息。系统支持 Excel、Access 数据库格式的数据录入。

图 9-59　源数据路径指派

9.6.4　历史决策情景查看与导出

用户可以查看在决策界面操作过程中的步骤 9.3.4 中保存的决策策略组信息以及相应的计算结果。界面如图 9-60 所示。

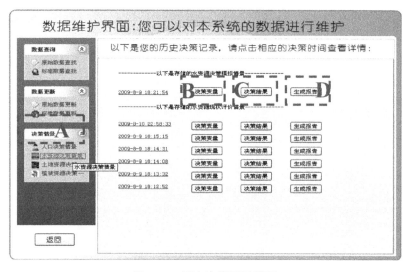

图 9-60　历史决策记录界面

1）首先用户需要展开"决策情景"列表（A）。其中对应于决策问题方向，将呈现人口决策情景、水资源决策情景、土地资源决策情景以及植被资源决策情景4个选项。选择其中任意选项，即可在右侧信息栏中显示相关历史记录。

2）历史记录将按储存时间进行排列。点击相应时间条目下的"决策变量"（B），即可查看储存该条目时定制的决策变量组。点击"决策结果"（C）即可翻页查看在该决策变量组下生成的策略模拟结果。

3）点击"生成报告"按钮（D），即可将决策变量组以及决策模拟结果自动导入 Office，生成 doc 格式的 Word 自动报告文档。

9.6.5　模型维护

9.6.5.1　选择需要维护的模型组

点击系统维护主界面（图9-44）中"模型维护"按钮，即进入本界面（图9-61）。系统模型被分为人口承载模型、水资源模型、土地资源模型和植被资源模型4大类模型组，用户需要仔细阅读维护说明（A），选择需要维护的模型组名称（B），并点击"开始维护"按钮（C）进入图9-62所示的界面（以人口承载模型为例）。返回系统维护主界面可点击"退出维护"。

图9-61　模型维护界面

9.6.5.2　选择需要维护的模型参数

在图9-62所示界面中，用户需要首先查看 paraDescrip 列中各个参数的含义（A），寻找需要修改的参数；然后通过单选框从列表中勾选需要修改的模型参数（B）。点击"开始修改"按钮即进入下一步。

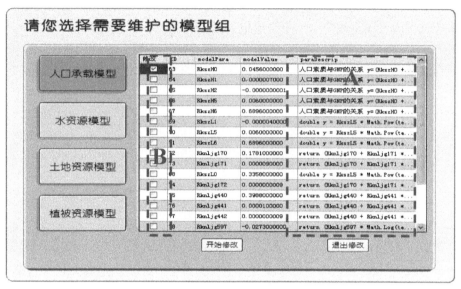

图9-62 人口承载模型维护界面

9.6.5.3 修改参数值

如图9-63所示，用户需要在"参数值"一栏中输入修改后的值，点击"提交修改"，即可实现对参数的修改。点击"返回"即可返回图9-61所示的界面。不过，修改参数前需仔细阅读并确认修改的参数，并做好备份记录。

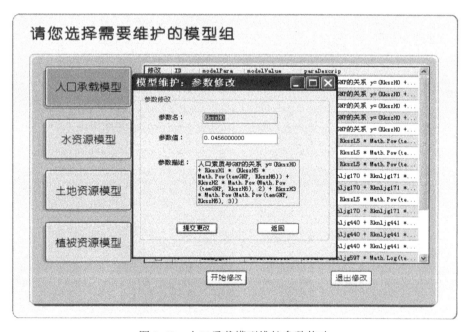

图9-63 人口承载模型维护参数修改

参 考 文 献

蔡自兴，徐光 . 1996. 人工智能及其应用 . 北京：清华大学出版社 .

常晋义，张渊智 . 1996. 空间决策支持系统及其应用 . 遥感技术与应用，11（1）：33-39.

陈崇成，王钦敏，汪小钦等 . 2002. 空间决策支持系统中模型库的生成及与 GIS 的紧密集成——以厦门市环境管理空间决策支持系统为例 . 遥感学报，6（3）：168-172.

陈崇成，肖桂荣，孙飒梅等 . 2001. 空间决策支持系统的集成体系结构及其实现途径 . 计算机工程与应用，37（15）：55-57.

陈氢 . 2005. 几种新型决策支持系统的比较研究 . 情报科学，23（1）：102-105.

陈文伟 . 1998. 智能决策技术 . 北京：电子工业出版社 .

陈文伟 . 2000. 决策支持系统及其开发 . 北京：清华大学出版社 .

陈晓红 . 2000. 决策支持系统理论与应用 . 北京：清华大学出版社 .

崇明县水资源普查报告联席会议办公室 . 2001. 崇明县水资源普查报告 . 上海：崇明县水资源普查报告联席会议办公室 .

崇明县统计局 . 2005. 崇明县统计年鉴 . 上海：崇明县统计局 .

逯燕玲 . 2001. 基于面向对象模型的管理软件系统开发平台研究 . 北京联合大学学报，15（4）：74-77.

邓建华，高国安 . 1998. 面向对象的模型库管理系统分析与设计 . 计算机工程与应用，34（1）：38，39.

杜江，孙玉芳 . 2000. 基于面向对象模型库的 DSS 可重用体系结构研究 . 系统工程理论与实践，20（1）：1-6.

方卫国，周乱 . 1999. 分布式智能决策支持系统设计研究 . 系统工程理论与实践，6：16-21.

方晓航，仇荣亮 . 2003. 有机磷农药在土壤环境中的降解转化 . 环境科学与技术，26（3）：57-62.

费翔林，张帆 . 1995. 面向对象分析方法综述 . 小型微型计算机系统，16（9）：14-20.

傅可文 . 1985. 农业环境中的化学污染 . 北京：农业出版社 .

高洪深 . 2000. 决策支持系统（DSS）– 理论·方法·案例（第二版） . 北京：清华大学出版社 .

高素芳，张继福，张素兰 . 2004. 决策支持系统结构框架的研究 . 计算机工程与应用，40（23）：195-197.

国家统计局 . 2003. 中国统计年鉴 . 北京：中国统计出版社 .

韩保新，林奎 . 1998. 沿海水环境决策支持系统的研制与应用 . 海洋环境科学，17（4）：70-74.

胡彬华，李晓，刘红烁等 . 2002. 基于构件方法在智能决策支持系统中的应用 . 计算机应用研究，19（4）：100-102.

胡东波 . 2009. 模型驱动的决策支持系统研究 . 南京：东南大学 .

胡胜利，郑瑞娟 . 2006. 基于面向对象技术的 DSS 模型设计与实现 . 安徽理工大学学报（自然科学版），26（1）：33-37.

胡四一，宋德敦 . 1996. 长江防洪决策支持系统总体设计 . 水科学进展，7（4）：283-295.

胡铁松，郭元裕 . 1998. 多目标线性规划的神经网络方法 . 电子学报，26（2）：106-108.

黄华民 . 2000. 外商直接投资与我国实质经济关系的实证分析 . 南开经济研究，8：18-22.

黄明，唐焕文 . 1999. 决策支持系统中模型表示法的研究进展 . 管理工程学报，13（2）：53-56.

黄梯云 . 2000. 管理信息系统 . 北京：高等教育出版社 .

黄梯云 . 2001. 智能决策支持系统 . 北京：电子工业出版社 .

黄梯云，李一军 . 1998. 模型管理系统及其发展 . 管理科学学报，1（1）：57-63.

黄梯云，周宽久，卢涛 . 1999. 建模支持系统中模型类的管理与组织 . 运筹与管理，8（1）：98-105.

黄添强，王钦敏，邹群勇 . 2002. 环境调控空间决策支持系统的设计与实现——福建海岸带环境调控决策支持系统．福州大学学报（自然科学版），30（5）：538-541．

黄杏元，马劲松．2001．地理信息系统概论．北京：高等教育出版社．

黄跃进，反伟胜，朱云龙．2000．空间决策支持系统模型库系统研究．信息与控制，29（3）：219-224．

贾永刚，广红，王义．2001．GIS 和 SDSS 在高速公路选线之中的应用．地球科学——中国地质大学学报，26（6）：653-656．

江小涓．1999．利用外资与经济增长方式的转变．管理世界，2：8-14．

康塔尼克．2003．数据挖掘：概念、模型、方法和算法．闪四清等译．北京：清华大学出版社．

蓝运超，黄正东，谢榕．1999．城市信息系统．武汉：武汉大学出版社．

李超锋．2002．模型库管理系统中构模管理分析．中南民族大学学报（自然科学版），21（3）：58-61．

李东．1998．关系模型库的理论及应用．系统工程理论与实践，18（8）：39-43．

李京，孙颖博，刘智深等．1998．模型库管理系统的设计和实现．软件学报，9（8）：613-618．

李牧南，彭宏．2006．基于 Agent 的模型表示与模型复合．计算机应用，26（4）：891-894．

李荣钧．2001．多目标线性规划模糊算法与折衷算法分析．运筹与管理，10（3）：13-18．

李旭祥．2003．GIS 在环境科学与工程中的应用．北京：电子工业出版社．

李一智，徐选华．2003．商务决策数量方法．北京：经济科学出版社．

李勇，肖智，陈玲．2003．一类 DSS 方法库的可重用体系结构．重庆大学学报，26（31）：102-105．

李云峰，史忠植，潭宁．1999．一种新的 DSS 模型描述方法．计算机研究与发展，36（5）：584-588．

李子奈．2002．计量经济学．北京：高等教育出版社．

梁旭，黄明．2000．DSS 中模型的自动机表示方法．吉林化工学院学报，17（4）：54-58．

林杰斌，陈湘，刘明德．2003．数据挖掘与 OLAP 理论与实务．北京：清华大学出版社．

林杰，雷星晖，王效俐．2004．基于 Web 服务的分布模型管理系统的研究．计算机应用，24（4）：80-82．

刘东苏，兰军．1997．DSS 中模型库管理系统设计与实现．现代电子技术，（4）：9-13．

刘晓镜．1995．国外教育投资对经济增长贡献的计量方法．教育与经济，12（2）：234-238．

刘永，李伟华．2004．IDSS 中面向对象模型库动态链接的研究．微电子学与计算机，21（8）：48-50．

刘志辉．2000．流域供水管理决策支持系统总体设计．干旱区地理，23（3）：259-263．

马锐，尤定华．2001．决策支持系统开发工具的模型管理技术．北京理工大学学报，21（2）：12-17．

马彦辉．2002．区域可持续发展决策支持系统模型库的研究与实现．河北：河北工业大学．

孟波．2001．计算机决策支持系统．武汉：武汉大学出版社．

赛英，董宁，聂培尧．2007．面向对象的模型库与数据库接口技术．计算机工程与设计，28（1）：13-15．

上海市规划局．2006a．崇明三岛总体规划．上海：上海市规划局．

上海市规划局．2006b．上海市城市总体规划（1999~2020 年）．上海：上海市规划局．

上海市社会科学研究院．2006．崇明岛域度假旅游业发展总体规划．上海：上海市社会科学研究院．

上海市水务局．2001．上海市水资源普查报告．上海：上海市水务局．

上海市质量技术监督局．2000．安全卫生优质农产品（或原料）产地环境标准（DB31/T 252 – 2000）．上海：上海市质量技术监督局．

沈莎，阎守邕．2000．全国农业投资空间决策支持系统实现方法的试验研究．遥感信息，5：15-18．

史忠植．1988．知识工程．北京：清华大学出版社．

史忠植．1998．高级人工智能．北京：科学出版社．

帅琴，杨薇，郑岳君．2003．固相微萃取与气相色谱 – 质谱联用测定有机磷杀虫剂的残留．色谱，21（3）：273-274．

孙启宏，乔琦，薛萍．1994．城市环境实用决策支持系统（UEDSS）的研制．环境科学研究，7（4）：51-54．

陶树平，沈旭升．1997. IDSS 中的多库集成模型及其实现．计算机工程，23（2）：27-32.

汪盛，袁捷，李宗岩等．2001. 基于组件技术的模型管理．计算机工程，27（1）：38-40.

王保江，怀进鹏，夏乃强．1998. 基于构件的模型库和方法库的设计和实现．北京航空航天大学学报，24（4）：418-421.

王德俊，邵伟民，陆菊康．1999. 分布式智能空间决策支持系统的研究探讨．上海大学学报（自然科学版），5：40-44.

王恒山，张琪．2000. 决策支持系统与地理信息系统的集化研究．计算机工程与应用，36（5）：176-178.

王金南．1991. 国家环境质量决策支持系统的研制与开发．环境科学研究，4（6）：25-28.

王开运．2007. 生态承载力复合模型系统与应用．北京：科学出版社．

王开运，邹春静，孔正红等．2006. 生态承载力与崇明岛生态建设．应用生态学报，16（12）：10-15.

王一军．2009. 环境决策支持系统的关键技术研究．湖南：中南大学．

王云，汪雅谷，罗海林等．1992. 上海市土壤环境背景值．北京：中国环境科学出版社．

乌伦，刘瑜，张晶等．2001. 地理信息系统——原理、方法和应用．北京：科学出版社．

吴泉源．2001. 龙口市水资源环境管理决策支持系统构建研究．地理科学，21（5）：464-466.

吴信才．1998. 地理信息系统的基本技术与发展动态．地球科学，23（4）：329-332.

吴信才．2002. 地理信息系统设计与实现．北京：电子工业出版社．

谢榕．2000. 数据仓库及其在城市规划决策支持系统中的应用探讨．武汉测绘科技大学学报，25（2）：172-177.

谢勇，王红卫．2002. 基于逆向推理策略的模型集成．计算机集成制造系统，8（9）：690-695.

谢勇，王红卫．2005. 模型集成及其优化策略．计算机集成制造系统，11（1）：58-62.

阎守邕，陈文伟．2000. 空间决策支持系统开发平台及其应用实例．遥感学报，4（3）：239-244.

阎守邕，田青，王世新等．1996. 空间决策支持系统通用软件工具的试验研究．环境遥感，11（1）：68-78.

杨善林．2005. 智能决策方法与智能决策支持系统．北京：科学出版社．

杨善林，倪志伟．2004. 机器学习与智能决策支持系统．北京：科学出版社．

殷春霞，胡铁松．2000. 多目标线性规划的 TH 网络方法及其应用．武汉水利电力大学学报，33（3）：98-103.

殷宏，张宏军．2001. 理论层模型库管理系统的实现研究．计算机工程与应用，37（5）：50-53.

余达征，索丽生，史金松．2001. 基于数据仓库的数据开采技术及其在防洪调度智能决策支持系统（FCDIDSS）中的应用．水文，21（2）：5-8.

俞瑞钊，陈奇．2000. 智能决策支持系统实现技术．杭州：浙江大学出版社．

俞文彬，谢康林，张忠能．2000. 基于数据仓库的决策支持系统框架研究．上海交通大学学报，34（6）：810-812.

曾凡棠，林奎，沈茜．2000. 潮汐河网区环境管理决策支持系统开发与应用研究．水动力学研究与进展，15（3）：359-365.

曾珍香，任锦鸾，张闽．2000. 决策支持中心——DSS 的发展趋势．系统工程与电子技术，2：13-16.

张宏军．1999. 决策支持系统中模型表示方法及 DSS 生成器实现技术研究．南京：南京理工大学．

张慧勤，高树婷，王秋玲等．1991. 国家环境宏观决策支持系统的研究．环境科学研究，4（4）：57-64.

张家生，宁慧．2002. 一个基于组件技术的商业 DSS 设计与实现．计算机应用研究，19（6）：106-108.

张建中，许绍吉．1990. 线性规划．北京：科学出版社．

张显峰，崔伟．1997. 建立面向区域农业可持续发展的空间决策支持系统的方法探讨．遥感学报，1（3）：231-236.

张学民，仝凌云，张闽．1996. DSS 中模型管理子系统的理论及构造研究．河北工业大学学报，25（3）：51-55.

张玉峰．2004. 决策支持系统．武汉：武汉大学出版社．

张玉兰，贾丽．2004. 崇明岛地区 6500 年以来植被、气候演化．同济大学学报：自然科学版，32（3）：18-24.

张治．2004. DSS 模型库管理系统设计．河南科技大学学报（自然科学版），25（5）：38-42.

郑颖华，武根友．2006. 智能决策支持系统中的模型库及其管理系统．科学技术与工程，6（9）：1312-1315.

中华人民共和国农业部．2000. 绿色食品产地环境技术条件．北京：中华人民共和国农业部．

中华人民共和国农业部．2001. 无公害食品产地环境条件．北京：中华人民共和国农业部．

钟仪华，王昱，江茂泽．2000. 求解多目标线性规划问题的内点新算法．西南石油学院学报，22（4）：80-83.

周宽久，黄梯云．1997. 面向对象的模型表示与模型复合．哈尔滨工业大学学报，29（4）：18-20.

朱春龙，周明耀，王文远．2001. 城市水环境控制决策支持系统的研究．扬州大学学报（自然科学版），4（1）：58-62.

Alter S. 2004. A work system view of DSS in its fourth decade. Decision Support Systems, 38（3）：319-327.

Amold U, Orlob G T. 1989. Decision support system for estuarine water quality management. Journal of Water Resource Planning and Management, 115（6）：775-792.

Arbel A, Shmuel S O. 1996. Using approximates gradients in developing an interactive interior primal- dual multiobjective linear programming algorithm. European Journal of Operational Research, 89（1）：202-211.

Becerra-Fernandez I, Sabherwal R. 2001. Organization knowledge management：a contingency perspective. Journal of Management Information Systems, 18（1）：23-55.

Belew R K. 1985. Evolution decision support systems：an architecture based on information structure. Knowledge Representation for Decision Support System, 10：30-34.

Bennett D A. 1997. A framework for the integration of geographical information systems and model-base management. International Journal of Geographical Information Science, 11（4）：337-357.

Bhatt G D, Zaveri J. 2002. The enabling role of decision support systems in organizational learning. Decision Support Systems, 32（3）：297-309.

Bidleman T F, Leonel A D. 2004. Soil-air exchange of organochlorine pesticides in the Southern United States. Environmental Pollution, 128（1/2）：49-57.

Blanning R W. 1986. An entity-relationship approach to model management. Decision Support Systems, 2（1）：65-72.

Bonczek R H, Holsapple C W, Whinston A B. 1981a. A generalized decision support system using predicate calculus and network data base management. Operations Research, 29（2）：263-281.

Bonczek R H, Holsapple C W, Whinston A B. 1981b. Foundations of Decision Support Systems. New York：Academic Press.

Borenstein D. 1998. IDSS Flex：an intelligent DSS for the design and evaluation of flexible manufacturing systems. The Journal of the Operational Research Society, 49（7）：734-744.

Burrough P A, McDonnel R. 1998. Principles of Geographical Information Systems. Oxford：Clarendon Press.

Camara A S. 1990. Decision support system for estuarine water quality management. Journal of Water Resource Planning and Management, 116（3）：417-432.

Carlson E, Sprague R H. 1982. Building Effective Decision Support Systems. NJ：Prentice- Hall.

Chari K. 2003. Model composition in a distributed environment. Decision Support Systems, 35 (3): 399-413.

Chen H K, Chou H W. 1996. Solving multiobjective linear programming problems—a generic approach. Fuzzy Sets and Systems, 82 (1): 35-38.

Chen H, Sinha D. 1996. An inventory decision support system using the object-oriented approach. Computers & Operations Research, 23 (2): 153-170.

Chi R T, Whinston A B, Kiang M Y, et al. 1993. Case based reasoning to model building. Proceeding of the Twenty-sixth Hawaii International Conference on System Sciences. Wailea, HI, USA: IEEE Computer Society Press.

Chuang T T, Yadav S B. 1998. The development of an adaptive decision support system. Decision Support Systems, 24 (2): 73-87.

Codd E F, Codd S B, Salley C T. 1993. Providing OLAP (On-line Analytical Processing) to User-Analysts: An IT Mandate. USA: E. F. Codd & Associates.

Crossland M D, Wynne B E, Perkins W C. 1995. Spatial decision support Systems: an overview of technology and a test of efficacy. Decision Support Systems, 14: 219-235.

Cunningham P, Bonzano A. 1999. Knowledge engineering issues in developing a case-based reasoning application. Knowledge-Based Systems, 12 (7): 371-379.

Davis J R. 1991. Prototype decision support system for analyzing impact of catchment policies. Journal of Water Resource Planning and Management, 117 (4): 399-414.

Densham J, Maguire D J. 1991. Spatial decision support system: principles and applications. Geographic Information System: 403-412.

Densham P J, Goodchid M F. 1989. Spatial decision support system: a research agenda. Proceeding of GIS/LIS' 89. Virginia: ACSM/ASPRS.

Dolk D R. 1986. A generalized model programming. ACM Transactions Management System for Mathematical on Mathematical Software, 12 (2): 92-126.

Dolk D R. 1988. Model management and structured modeling: the role of an information resource dictionary system. Communications of the ACM, 31 (6): 704-718.

Du J, Zhou J, Xiao R B. 1996. A study of object oriented techniques of modeling mechanism in decision. IEEE International Conference on System: Man and Cybernetics. Beijing: IEEE Computer Society.

Dunn S M, Mackay R, Adams R, et al. 1996. The hydrological component of the NELUP decision-support system: an appraisal. Journal of Hydrology, 177: 213-235.

Dutta A, Basu A. 1984. An artificial approach to model management in decision support systems. IEEE Computer, 17 (9): 89-97.

Etzioni O, Weld D S. 1995. Intelligent agents on the internet: fact, fiction and forecast. IEEE Expert, 4 (1): 44-49.

Fazlollahi B, Parikh M A, Verma S. 1997. Adaptive decision support systems. Decision Support Systems, 20 (4): 297-315.

Fisher B A. 1989. Small Group Decision Making: Communication and the Group Process. New York: McGraw Hill.

Francisco C, Brunto R. 1991. A River Water Quality Management Model for Ganal De Isabel II: Comunidad De Madrid. Berlin: Springer-Verlag.

Gagliardi M, Spera C. 1995. Some new results in model integration. Proceedings of the Twenty-eighth Annual Hawaii International Conference on System Sciences. Wailea, HI, USA: IEEE Computer Society Press.

Geoffrion A M. 1987. An introduction to structured modeling. Management Science, 33 (5): 547-588.

Geoffrion A M. 1992a. The SML language for structured modeling：levels 1 and 2. Operations Research，40（1）：38-57.

Geoffrion A M. 1992b. The SML language for structured modeling：levels 3 and 4. Operations Research，40（1）：58-75.

Geoffrion A M. 2007. Structured modeling：survey and future research directions. http：//www. anderson. ucla. edu/faculty/art. geoffrion/home/csts/［2007-01-26］.

Ghiaseddin N. 1986. An environment for development of decision support systems. Decision Support Systems，2（3）：195-212.

Gorry G A，Scott M M. 1971. A framework for management information systems. Sloan Management Review，13（1）：55-70.

Gray P. 1987. Group decision support systems. Decision Support Systems，3（3）：233-237.

Gray P. 1988. Using Group Decision Support for Crisis Management. California：Claremont Graduate School，Information Science Application Center.

Grigori D，Casati F，Castellanos M，et al. 2004. Business process intelligence. Computers in Industry，53（3）：321-343.

Hackman J R，Kaplan R E. 1974. Intervention into group process an approach to improving the effectiveness of groups. Decision Sciences，5（3）：459-480.

Haimes Y Y，Hall W A. 1974. Multiobjectives in water resources systems analysis：the surrogate worth trade off method. Water Resources Research，10（4）：615-623.

Hamer T，Wideman J L，Jantunen L M M. 1999. Residues of organochlorine pesticides in Alabama soils. Environmental Pollution，106（3）：323-332.

Hardman J G，Limbird L E，Molinoff P B. 2003. Organochlorine pesticides in surface waters of Northern Greece. Chemosphere，50（4）：507-516.

Haseman H C. 1977. GPLAN：an operational DSS. Data Base，8（3）：15-21.

Holsapple C W，Pakath R，Jacob V S，et al. 1993. Learning by problem processors：adaptive decision support systems. Decision Support Systems，10（2）：85-108.

Huh S. 1993. Modelbase construction with object-oriented constructs. Decision Sciences，24（2）：409-434.

Inmon W. 1992. Building the Data Warehouse. New York：Wiley.

Inmon W H. 2002. ERP and data warehouse：reading the tea leaves HYPERLINK. http：//www. billinmon. com/ library larticles/arterpfu. asp 18/10/2001/［2001-10-18］.

Inmon W H，Rudin K，Buss C K，et al. 1999. Data Warehouse Performance. The Caribbean：Johw Wiley & Sons，Iic.

Jankowski P，Nyerges T L，Smith A，et al. 1997. Spatial group choice：a SDSS tools for collaborative spatial decision-making. International Journal of Geographical Information Science，11（6）：577-602.

Jone A，Kaufmann A，Zimmermann H J. 1986. Fuzzy Sets Theory and Applications. Dordrecht：Reidel.

Jones M，Taylor G. 2004. Data integration issues for a farm decision support system. Transactions in GIS，8（4）：459-477.

Kahneman D，Slovic P，Tversky A. 1982. Judgment under Uncertainty：Heuristics and Biases. Cambridge，MA：Cam bridge University Press.

Kahneman D，Tversky A. 2000. Choices，Values，and Frames. New York：Cambridge University Press.

Keen P G W，Scott M M S. 1978. Decision Support System：An Organizational Perspective Reading. M A：Addison-Wesley.

Kersten G E, Mallory G R. 1990. Supporting problem representations in decisions with strategic interactions. European Journal of Operational Research, 46（2）: 200-215.

Kim H D. 2001. An XML-based modeling language for the open interchange of decision models. Decision Support Systems, 31（4）: 429-441.

Kim J H, Smith A. 2001. Distribution of organochlorine pesticides in soils from South Korea. Chemosphere, 43（2）: 137-140.

Koutsoukis N S, Mitra G, Lucas C. 1999. Adapting on-line analytical processing for decision modeling: the interaction of information and decision technologies. Decision Support Systems, 26（1）: 1-30.

Kudyba S, Hoptroff R. 2001. Data Mining and Business Intelligence: A Guide to Productivity. Hershey, PA, USA: Idea Group Publishing.

Lazimy R. 1993. Object-oriented modeling support system: model representation, and incremental modeling. Proceedings of the Twenty-sixth Annual Hawaii International Conference on System Sciences. Wailea, HI, USA: IEEE Computer Society Press.

Lenard M L. 1986. Representing models as data. Journal of Management Information Systems, 24: 36-48.

Lenard M L. 1993. An object-oriented approach to model management. Decision Support Systems, 9（1）: 67-73.

Leung Y. 1997. Intelligent Spatial Decision Support Systems. Heidelberg: Springer.

Liang T. 1987. Development of a knowledge-based model management system. Operations Research, 36（6）: 849.

Liang T. 1993. Analogical reasoning and case-based learning in model management systems. Decision Support Systems, 10（2）: 137-160.

Liang T P. 1988. Development of a knowledge-based model management system. Operations Research, 36: 846-863.

Limayem M, Banerjee P, Ma L. 2006. Impact of GDSS: opening the black box. Decision Support Systems, 42（2）: 945-957.

Liu D, Stewart T J. 2004. Object-oriented decision support system modelling for multicriteria decision making in natural resource management. Computers & Operations Research, 31（7）: 985-999.

Longley P A, Goodchild M F. 2001. Geographic Information Systems and Science. The Caribbean: Wiley Press.

Ma J. 1995. An object-oriented framework for model management. Decision Support Systems, 13（2）: 133-139.

Ma J. 1997. Type and inheritance theory for model management. Decision Support Systems, 19（1）: 53-60.

March J G, Olsen J P. 1976. Ambiguity and Choice in Organizations. Bergen: Universitetsforlaget.

Mayer M K. 1998. Future trends in model management systems: parallel and distributed extensions. Decision Support Systems, 22（4）: 325-335.

Mikiko K. 2001. Integrated decision support system for environment planning. IEEE Trans Syst Man and Cyb, 20（4）: 777-790.

Mittra G. 1988. Mathematical Models for Decision Support. NATO ASI Series, Vol. F48. New York: Springer-Verlag.

Muhanna W A, Pick R A. 1994. Meta-modeling concepts and tools for model management: a systems approach. Management Science, 40（9）: 1093-1123.

Nemati H R, Steiqer D M, Lyer L S, et al. 2002. Knowledge warehouse: an architectural integration of knowledge management. Decision Support Systems, 33（2）: 143-161.

Pervan G P. 1998. A review of research in group support systems: leaders, approaches and directions. Decision Support Systems, 23（2）: 149-159.

Pillutla S N, Nag B N. 1996. Object-oriented model construction in production scheduling decisions. Decision

Support Systems, 18 (3, 4): 357-375.

Pinson S D, Loucä J A, Moraitis P. 1997. A distributed decision support system for strategic planning. Decision Support Systems, 20 (1): 35-51.

Raghunanthan S. 1996. A structured modeling based methodology to design decision support systems. Decision Support Systems, 17 (4): 299-312.

Ramirez R G, Ching C, Louis R D S. 1993. Independence and mappings in model-based decision support systems. Decision Support Systems, 10 (3): 341-358.

Rizzoli A E, Davis J R. 1998. Model and data integration and re-use in environmental decision support systems. Environmental Decision, 24 (2): 127-144.

Santhanam R, Guimanaes T, George J F. 2000. An empirical investigation of ODSS impact on individuals and organizations. Decision Support Systems, 30 (1): 51-72.

Schwabl A. 1988. Environmental planning with the aid of a decision support system. Computer Techniques in Environmental Studies: ENVIROSOFT 88. 2nd International Conference. Porto Carras, Greece: ENVIROSOFT 88.

Scott-Morton M S. 1971. Management Decision Support Systems: Computer-based Support for Decision Making. Cambridge, MA: Harvard University.

Shaw M J, Tu P L, Prabuddha D. 1988. Applying machine learning to model management in decision support systems. Decision Support Systems, 4 (3): 285-305.

Shim J P, Warkentin M, Courtney J F, et al. 2002. Past present and future of decision support technology. Decision Support Systems, 33 (2): 111-126.

Simon H A. 1977. Models of Discovery. New York: Rsidel Press.

Sprague J R. 1980. A framework for the development of decision support systems. MIS Quarterly, 4 (4): 1-26.

Sprague R H, Carlson E D. 1982. Building Effective Decision Support Systems. NJ: Prentice-Hall.

Spyros K G, Anastasia D N, Maria N K. 2003. Organochlorine pesticides in the surface waters of Northern Greece. Chemosphere, 50 (4): 173-177.

Turban E, Aronson J E. 2000. Decision support systems and intelligent systems. N J: Prentice-Hall.

Wallenius J. 1975. Interactive Multiple Criteria Decision Methods: An Investigation and Approach. Helsinki: The Helsinki School of Economics.

Wilhelm J. 1975. Objectives and Multi-objective Decision Making under Uncertainty. New York: Spring-Verlag.

Wu F, Simland L. 1988. A prototype to simulate land conversion through the integrated GIS and CA with AHP-Derived transition rules. International Journal of Geographical Information System, 12 (1): 363-382.

Yee L. 1997. Intelligent Spatial Decision Support Systems. Heidelberg: Springer.

Yeh A G, Qiao J J. 2005. Model objects—a model management component for the development of planning support systems. Computers, Environment and Urban Systems, 29 (2): 133-157.

Zifrirnermann H J. 1985. Applications of fuzzy set theory to mathematical programming. Information Sciences, 36 (1-2): 29-58.

Zimmermann H J. 1978. Fuzzy sets theory and mathematical programming. Fuzzy Sets and Systems, 1 (1): 45-55.

附录1 模型字典库源程序

本书主要采用 SQL 开发字典库，并通过批处理方式，将字典库源代码组织成一个批处理文件，便于快速构建模型字典库。本附录给出字典库开发的详细信息，即模型字典库源程序。

模型字典库所涉及的源代码文件及其说明如附表 1-1 所示。

附表 1-1 模型字典库源程序文件列表

文件名	文件功能说明
CMModelInstall. bat	批处理主文件
createbase. sql	创建数据库
createtables. sql	创建表
createview. sql	创建视图
createproc. sql	创建存储过程
createindex. sql	创建索引
createtypes. sql	定义自定义类型
defaultconst. sql	定义常数
prikey. sql	创建主键
forkey. sql	创建外键

1）CMModelInstall. bat 关键代码如下。

```
echo off
    rem       *****************************************
    rem                        CMModelInstall.BAT.
    rem       This file builds the CMModel database for
    rem           use in the Microsoft SQL Server.
    rem           All right reserved @ 2008/05/10 by wzh
    rem
    rem       *****************************************

    cls
    color fc
    type readme.txt
    pause
```

```
echo on

del CMModel.log

echo ...Creating CMModel database
osql /E /S%1 /n /i createbase.sql >> CMModel.log
rem -------------------------------------------------------
echo ...Creating user-defined datatypes in the CMModel database
osql /E /S%1 /n /i createtypes.sql >> CMModel.log
echo ...Creating tables in the CMModel database
osql /E /S%1 /n /i createtables.sql >> CMModel.log


rem -------------------------------------------------------
echo ...Creating Primary Key Constraints in the CMModel database
osql /E /S%1 /n /i prikey.sql >> CMModel.log
echo ...Creating Foreign Key Constraints in the CMModel database
osql /E /S%1 /n /i forkey.sql >> CMModel.log
echo ...Creating Check Constraint in the CMModel database
osql /E /S%1 /n /i chkconst.sql >> CMModel.log
echo ...Creating Default Constraint in the CMModel database
osql /E /S%1 /n /i defaultconst.sql >> CMModel.log


rem -------------------------------------------------------
echo ...Creating Indexes in the CMModel database
osql /E /S%1 /n /i createindex.sql >> CMModel.log


rem -------------------------------------------------------
echo ...Creating Views in the CMModel database
osql /E /S%1 /n /i createview.sql >> CMModel.log

echo off
type over.txt
type CMModel.log
pause
echo on

: EndBatch
```

2）createbase. sql 文件创建数据库关键代码如下。

```
/*
Creates the CMModel database.
Sizes are specified in megabytes.
NOTE：this script is hard coded assuming a database location of C：
\ Program Files \ Microsoft SQL
Server \ MSSQL.1 \ MSSQL \ Data. You must change this path if you want the
database created on a different drive or path.
* /


USE master
SET nocount ON
go


/* Drop the Library Database if it already exists * /
IF DB_ ID （'CMModel'） IS NOT NULL
BEGIN
    DROP DATABASE CMModel
END



CREATE DATABASE CMModel
ON
PRIMARY (
    NAME = CMModeldat,
    FILENAME ='C：  \ Program Files \ Microsoft SQL
  Server \ MSSQL.1 \ MSSQL \ Data \ CMModel.mdf',
    SIZE = 20,
    MAXSIZE = UNLIMITED,
    FILEGROWTH = 10% )
LOG ON
( NAME = CMModellog,
  FILENAME ='C：  \ Program Files \ Microsoft SQL
Server \ MSSQL.1 \ MSSQL \ Data \ CMModel_ log.ldf',
  SIZE = 10,
  FILEGROWTH = 10% )
GO
```

```
PRINT ''
IF db_ id ('CMModel') IS NOT NULL
  PRINT 'CREATED DATABASE " CMModel"'
ELSE
  PRINT 'CREATE DATABASE " CMModel" FAILED'
PRINT ''
GO
```

3）createtables. sql 创建表结构关键代码如下。

```
/*
This script file creates all of the tables for the CMModel database.
Tables are dropped first in case this is a re-creation
*/

USE CMModel

IF OBJECT_ ID ('dbo.Model_ Info') IS NOT NULL
    DROP TABLE dbo.Model_ Info
IF OBJECT_ ID ('dbo.Input') IS NOT NULL
    DROP TABLE dbo.Input
IF OBJECT_ ID ('dbo.Output') IS NOT NULL
    DROP TABLE dbo.Output

GO

/* ----------- CREATE TABLES --------------------- */

CREATE TABLE Model_ Info
(

    mCode          char (9)           NOT NULL
    , name          varChar (15)       NOT NULL
    , inputNum      int                NOT NULL
    , outputNum     int                NOT NULL
    , description   nvarChar (50)      NULL
    , fileName      varChar (15)       NOT NULL
    , filePath      nvarChar (50)      NOT NULL
    , fileType      varchar (10)       NOT NULL
```

```
        , modelType        varChar (10)        NOT NULL
        , useMethods       nvarChar (50)       NULL
        , autoTimeStamp    timestamp           NULL
        , memo             nvarChar (50)       NULL
)


CREATE TABLE Input
(
          inCode           char (9)            NOT NULL
        , name             varChar (15)        NOT NULL
        , mCode            char (9)            NOT NULL
        , mName            varChar (15)        NOT NULL
        , dataType         varChar (15)        NOT NULL
        , value            varChar (20)        NULL
        , defaultValue     varChar (20)        NULL
        , minValue         varChar (20)        NULL
        , maxValue         varChar (20)        NULL
        , isMust           Char (1)            NOT NULL
        , description      nvarChar (50)       NULL
        , memo             nvarChar (50)       NULL
)


CREATE TABLE Output
(
          outCode          char (9)            NOT NULL
        , name             varChar (15)        NOT NULL
        , mCode            char (9)            NOT NULL
        , mName            varChar (15)        NOT NULL
        , dataType         varChar (15)        NOT NULL
        , minValue         varChar (20)        NULL
        , maxValue         varChar (20)        NULL
        , description      nvarChar (50)       NULL
        , memo             nvarChar (50)       NULL
)


/* Display results */


SELECT 'TABLES' = name
```

```
FROM sysobjects
WHERE type = 'U'
SELECT '' = ''
GO


BACKUP LOG CMModel WITH TRUNCATE_ ONLY
GO
```

附录 2　模型库中的类描述

本附录给出了本书提供的崇明生态模型库中 3 类模型里部分重要模型类以及模型控制类的调用指南。

模型库中顶层命名空间是 CMEcology，它包含模型库对应的 3 类模型：基础数学模型、空间支持模型和生态专题模型，以及模型管理子命名空间 ModelControl，3 类模型库分别对应命名空间是 MathModel、SpatialModel、AppModel。其中包含的类如附表 2-1 所示。

附表 2-1　CMEcology 命名空间中包含的类

类名	子命名空间	功能
Statistics	CMEcology. MathModel	基础统计类
Distribution	CMEcology. MathModel	F 分布函数
Interpolation	CMEcology. MathModel	数值插值类
Matrix	CMEcology. MathModel	矩阵类
LEquations	CMEcology. MathModel	线性方程组的求解类
NLEquations	CMEcology. MathModel	非线性方程组的求解类
Integral	CMEcology. MathModel	数值积分类
CorrelationAnalysis	CMEcology. MathModel	相关分析类
Regression	CMEcology. MathModel	回归分析类
Interpolation	CMEcology. SpatialModel	空间插值类
Rendering	CMEcology. SpatialModel	专题图渲染类
Pop	CMEcology. AppModel	人口模型类
WaterConsumption	CMEcology. AppModel	总供水模型类
WaterOutput	CMEcology. AppModel	总输出水模型类
WaterInput	CMEcology. AppModel	总输入水模型类
LandResources	CMEcology. AppModel	土地资源模型类
VegetationResources	CMEcology. AppModel	植被资源模型类
Environment	CMEcology. AppModel	环境容量模型类
Energy	CMEcology. AppModel	能量模型类
Impoundment	CMEcology. AppModel	槽蓄量类
WaterDivert	CMEcology. AppModel	引潮排水类
RunoffGeneration	CMEcology. AppModel	陆地产流类
ModelControl	CMEcology. ModelControl	模型控制类
SqlClass	CMEcology. ModelControl	数据访问类

下面给出部分类的接口描述信息。

（1） Statistics 类

方法名：SortShell

方法签名：public static double ［］SortShell（double ［］y）

功能：排序

参数：y，待排序的数组

返回值：排序后的数组

方法名：GetRMS

方法签名：public static double GetRMS（double ［］x）

功能：求标准差

参数：x，数值序列

返回值：标准差值

方法名：GetAsymmetryCoefficient

方法签名：public static double GetAsymmetryCoefficient（double ［］x）

功能：求偏度系数

参数：x，数值序列

返回值：偏度系数值

方法名：GetDeviationSqrSum

方法签名：public static double GetDeviationSqrSum（double ［］x）

功能：求离差平方和

参数：x，数值序列

返回值：离差平方和值

（2） Distribution 类

方法名：FDistribute

方法签名：public static void FDistribute（int na，int nb，double F，ref double p，ref double d）

功能：计算 F 分布的分布函数

参数：na，自由度1；nb，自由度2；F，F 值；p，下侧概率；d，概率密度

返回值：无

方法名：GAMMA

方法签名：public static double GAMMA（double x）

功能：求 Gamma 函数值

参数：x，自变量

返回值：无

方法名：TDistribution

方法签名：public static void TDistribution（int n, double t, ref double pp, ref double dd）

功能：计算 t 分布的分布函数

参数：n，自由度；t，t 值；pp，下侧概率；dd，概率密度

返回值：无

（3）Interpolation 类

方法名：DoIDW

方法签名：public static void DoIDW（IFeatureClass pFC, IField z, string workDir, string outputName）

功能：反距离加权插值

参数：pFC，要素类；z，字段；workDir，工作空间；outputName，输出名称

返回值：无

方法名：DoNaturalNeighbor

方法签名：public static void DoNaturalNeighbor（IFeatureClass pFC, IField z, string work-Dir, string outputName）

功能：邻近插值

参数：pFC，要素类；z，字段；workDir，工作空间；outputName，输出名称

返回值：无

方法名：DoSpline

方法签名：public static void DoSpline（IFeatureClass pFC, IField z, string workDir, string outputName）

功能：样条插值

参数：pFC，要素类；z，字段；workDir，工作空间；outputName，输出名称

返回值：无

方法名：DoTrend

方法签名：public static void DoTrend（IFeatureClass pFC, IField z, string workDir, string outputName）

功能：趋势面插值

参数：pFC，要素类；z，字段；workDir，工作空间；outputName，输出名称

返回值：无

（4） Rendering 类

方法名：SimpleRending

方法签名：public static void SimpleRending（string field，double［］ numArray，int grade，IFeatureLayer pFeatureLayer）

功能：随机色渲染

参数：field，渲染字段；numArray，分级取值范围；grade，分级个数；pFeatureLayer，渲染图层

返回值：无

方法名：GraduatedRendering

方法签名：public static void GraduatedRendering（string field，double［］ numArray，int grade，IFeatureLayer pFeatureLayer）

功能：渐变色渲染

参数：field，渲染字段；numArray，分级取值范围；grade，分级个数；pFeatureLayer，渲染图层

返回值：无

方法名：UniqueValueRendering

方法签名：public static void UniqueValueRendering（string field，int grade，IFeatureLayer pFeatureLayer）

功能：独立值渲染

参数：field，渲染字段；grade，分级个数；pFeatureLayer，渲染图层

返回值：无

方法名：ChartRendering

方法签名：public static void ChartRendering（int chartType，IFeatureLayer pFeatureLayer，string［］ rendererFields）

功能：专题图渲染

参数：chartType，图表类型；pFeatureLayer，渲染图层；rendererFields，渲染字段

返回值：无

（5） Pop 类

方法名：PeopleEduh

方法签名：public double PeopleEduh（double temGNP）

功能：大专以上教育人口比例

参数：temGNP，GNP

返回值：double 型，大专以上教育人口比例

方法名：PeopleEdum

方法签名：public double PeopleEdum（double temGNP）

功能：中学教育人口比例

参数：temGNP，GNP

返回值：double 型，中学教育人口比例

方法名：PeopleEdul

方法签名：public double PeopleEdul（double temGNP）

功能：小学教育人口比例

参数：temGNP，GNP

返回值：double 型，小学教育人口比例

方法名：PeopleEduu

方法签名：public double PeopleEduu（double temGNP）

功能：未受教育人口比例

参数：temGNP，GNP

返回值：double 型，未受教育人口比例

方法名：PeopleAgeStruct17

方法签名：public double PeopleAgeStruct17（double temGNP）

功能：计算 17 岁以下人口比例

参数：temGNP，GNP

返回值：double 型，17 岁以下人口比例

方法名：PeopleAgeStruct44

方法签名：public double PeopleAgeStruct44（double temGNP）

功能：计算 18 ~ 44 岁以上人口比例

参数：temGNP，GNP

返回值：double 型，18 ~ 44 岁以上人口比例

方法名：PeopleAgeStruct59

方法签名：public double PeopleAgeStruct59（double temGNP）

功能：计算 45 ~ 59 岁以上人口比例

参数：temGNP，GNP

返回值：double 型，45 ~ 59 岁以上人口比例

方法名：PeopleAgeStruct60

方法签名：public double PeopleAgeStruct60（double temGNP）

功能：计算 60 岁以上人口比例

参数：temGNP，GNP

返回值：double 型，60 岁以上人口比例

方法名：PopMinFunc

方法签名：public double PopMinFunc（double temGNP）

功能：人口随 GNP 变化的下限

参数：temGNP，GNP

返回值：double 型，人口下限

方法名：PopMaxFunc

方法签名：public double PopMaxFunc（double temGNP）

功能：人口随 GNP 变化的上限

参数：temGNP，GNP

返回值：double 型，人口上限

方法名：UrbFunc

方法签名：public double UrbFunc（double temGNP）

功能：城市化率随 GNP 变化的函数

参数：temGNP，GNP

返回值：double 型，城市化率

方法名：EduFunc

方法签名：public double EduFunc（double temGNP）

功能：教育投资比例随 GNP 变化的函数

参数：temGNP，GNP

返回值：double 型，教育投资比例

方法名：Ind3Func

方法签名：public double Ind3Func（double temGNP）

功能：三产比例随 GNP 变化的函数

参数：temGNP，GNP

返回值：double 型，三产比例

方法名：FlrFunc

方法签名：public double FlrFunc（double temGNP）

功能：耕地面积比例随 GNP 变化的函数

参数：temGNP，GNP

返回值：double 型，耕地面积比例

方法名：BrdFunc

方法签名：public double BrdFunc（double temGNP）

功能：自然出生率随 GNP 变化的函数

参数：temGNP，GNP

返回值：double 型，自然出生率

方法名：fUrbFunc

方法签名：public double fUrbFunc（double temUrb）

功能：GNP 随城市化率变化的函数

参数：temUrb，城市化率

返回值：double 型，GNP

方法名：fEduFunc

方法签名：public double fEduFunc（double temEdu）

功能：GNP 随教育投资率变化的函数

参数：temEdu，教育投资率

返回值：double 型，GNP

方法名：fInd3Func

方法签名：public double fInd3Func（double temInd3）

功能：GNP 随三产比例变化的函数

参数：temInd3，三产比例

返回值：double 型，GNP

方法名：fFlrFunc

方法签名：public double fFlrFunc（double temFlr）

功能：GNP 随耕地面积比例变化的函数

参数：temFlr，耕地面积比例

返回值：double 型，GNP

方法名：fBrdFunc

方法签名：public double fBrdFunc（double temBrd）

功能：GNP 随自然出生率变化的函数

参数：temBrd，自然出生率

返回值：double 型，GNP

方法名：CompareStr

方法签名：public string CompareStr（double pop，double popwrite）

功能：人口比较

参数：pop，计算所得人口数；popwrite，用户输入人口策略变量

返回值：string 型，人口比较结果

方法名：CompareVar

方法签名：public string CompareVar（double［］arrayValue，string［］arrayStr）

功能：判断策略变量，寻找抑制变量

参数：arrayValue，策略变量对应的 GNP；arrayStr，策略变量的名字

返回值：string 型，抑制变量

（6）WaterConsumption 类

方法名：GetU

方法签名：public double［］GetU（int landusetype，int b，double pop，double gnp，double［］indj，double［］gnpi，double gnppollution，int dt，double gnpu，double urb，double［,］bcpollution，int age，double gnpvy，double［］h15，double［］hs，double hw，double［］hwh，double［］hwmax，double［］In，int［,］kk，double［］rn，double sn，double sw1，double sw2，double［］ta，double［］tw，double［］ut，double vd，double［］vu，int year）

功能：总用水

参数：landusetype，土地利用类型；n，污染类型；b，期望水质等级；pop，总人口；gnp，年人均 GDP；indj，各产业所占比重；gnpi，COD/NH_3 的 GNP，和 n 对应；dt，时间步长；gnpu，城市化率对应的 GNP；urb，城市化率；bcpollution，长江 COD/NH_3 浓度；age，林龄；gnpvy，淤积率对应的 GNP；h15，空气相对湿度；hs，地下水水位；hw，下限控制水位；hwh，河道控制水位；hwmax，河道最大槽蓄高程；In，灌溉；kk，水闸开关；rn，日均净辐射；sn，第 n 类土地利用类型面积；sw1，湖泊面积；sw2，河道面积；ta，空气温度；tw，地面温度（水体）；ut，水面以上 1.5m 处的风速；vd，长江大通站月均径流量；vu，地表风速；year，系统年份，必须输入

返回值：无

方法名：ConsumptionDistributed

方法签名：public void ConsumptionDistributed（string workDir，string field，IFeatureLayer pFeatureLayer，double ui，double ul，double ue）

功能：水资源需求分布模型

参数：workDir，工作空间；field，字段名称；pFeatureLayer，图层；ui，工业用水；ul，生活用水；ue，生态用水

返回值：无

方法名：GetConsumptionByDistrict

方法签名：public double［］GetConsumptionByDistrict（string workDir, string field, IFeatureLayer pFeatureLayer, double ui, double ul, double ue）

功能：分区淡水资源需求构成

参数：workDir, 工作空间；field, 字段名称；pFeatureLayer, 图层；ui, 工业用水；ul, 生活用水；ue, 生态用水

返回值：无

（7）**WaterOutput** 类

方法名：GetQ

方法签名：public double［］GetQ（int year, double［］ta, double［］tw, int landusetype, int dt, double gnp, int age, double sn, double［］ut, double［］hs, double［］h15, double［］vu, double［］rn, double hw, double［］hwh, double［］hwmax, double［,］tk, double gnpvy, int b, double pop, double［］indj, double［］gnpi, double gnppollution, double gnpu, double urb, double［,］bcpollution, double［］In, int［,］kk, double sw1, double sw2, double［］vd）

功能：分区淡水资源需求构成

参数：year, 系统年份；ta, 空气温度；tw, 地面温度（水体）；landusetype, 土地利用类型；n, 污染类型；dt, 步长；gnp, 年人均GDP；age, 林龄；sn, 第 n 类土地利用类型面积；ut, 水面以上 1.5m 处的风速；hs, 地下水水位；h15, 空气相对湿度；vu, 地表风速；rn, 日均净辐射；hw, 下限控制水位；hwh, 河道控制水位；hwmax, 河道最大槽蓄高程；tk, 水闸 k 日均排水时间；gnpvy, 淤积率对应的 GNP；b, 期望水质等级；pop, 总人口；indj, 各产业所占比重；gnpi, COD/NH$_3$ 的 GNP, 和 n 对应；gnpu, 城市化率对应的 GNP；urb, 城市化率；bcpollution, 长江 COD/NH$_3$ 浓度；In, 灌溉；kk, 水闸开关；sw1, 湖泊面积；sw2, 河道面积；vd, 长江大通站月均径流量

返回值：无

（8）**LandResources** 类

方法名：GetAreaPopulation

方法签名：public double［］GetAreaPopulation（double totalPop）

功能：得到分区人口数量

参数：totalPop, 总人口

返回值：无

方法名：GetSlrg

方法签名：public double GetSlrg（int year, double gnp）

功能：储备土地资源供需情况

参数：year, 年份；gnp, 人均 GDP 值

返回值：无

（9）VegetationResources 类

方法名：GetVxw

方法签名：public double GetVxw（double gnpx）

功能：湿地需求

参数：gnpx，人均 GNP

返回值：无